教育部高职高专规划教材

传感器及应用技术

第三版

沈聿农　主　编
王永红　副主编
董尔令　主　审

化学工业出版社
·北京·

本书主要对工业自动化专业所涉及的常用传感器的基本原理、结构和应用技术进行了完整介绍。本教材具有一定的理论深度，较宽的专业覆盖面，同时强化技术性，注重应用性，增加了相关的实验内容，以方便组织教学、提高学生的工程实践能力为其特色。

第一章阐述检测技术领域的一些基本概念及测量方法、误差分析的基础理论和测量数据的误差分析计算方法，对传感器的一般特性及评价方法做了理论上的分析及论证，对各种常用传感器的发展趋势进行了探讨。从第二章至第八章主要对电阻式与电容式、自感式、压电式、热电式、光电式、霍尔式、超声波与微波式等常用传感器，从工作原理、结构、测量电路和应用实例等几个方面较为详细地加以介绍。本书对最新技术进行了介绍，在第九章介绍了物联网的基本概念，物联网中的传感器技术，对物联网中传感器技术的应用由浅入深地进行了阐述。在第十章还针对企业生产工艺流程介绍传感器的应用，对传感器应用技术进行了描述，使学生了解和掌握常用传感器使用和工程设计的主要方法。

本书可作为高职高专院校检测技术、仪器仪表、工业自动化等专业的教材，也可作为有关专业人员的参考书。

图书在版编目(CIP)数据

传感器及应用技术/沈聿农主编．—3版．—北京：化学工业出版社，2014.1（2025.3重印）
教育部高职高专规划教材
ISBN 978-7-122-19213-4

Ⅰ.①传…　Ⅱ.①沈…　Ⅲ.①传感器-高等职业教育-教材　Ⅳ.①TP212

中国版本图书馆CIP数据核字（2013）第290601号

责任编辑：廉　静　　文字编辑：云　雷
责任校对：陶燕华　　装帧设计：刘亚婷

出版发行：化学工业出版社（北京市东城区青年湖南街13号　邮政编码100011）
印　　装：北京云浩印刷有限责任公司
787mm×1092mm　1/16　印张13½　字数354千字　2025年3月北京第3版第14次印刷

购书咨询：010-64518888　　售后服务：010-64518899
网　　址：http://www.cip.com.cn
凡购买本书，如有缺损质量问题，本社销售中心负责调换。

定　价：38.00元　

第三版前言

根据教育部高等教育司的要求，化学工业出版社在2001年陆续出版了电类专业教材共20种。此套教材立足高职高专教育培养目标，遵循社会的发展需求，突出应用性和针对性，加强实践能力的培养，为高职高专教育事业的发展起了很好的推动作用。一些教材多次重印，受到了广大院校的好评。通过近四年的教学实践和全国高等职业教育如何适应各院校各学科体制的整合、专业调整的需求，于2004年底对此套教材组织了修订工作。

2013年本教材为适应这种新形势，在满足教学大纲要求和新技术发展的需要，大部分保持原教材内容不变的情况下，也对部分内容作出了相应的增减，使其更加符合职业教育教学的要求。

传感器作为测控系统中对象信息的入口，它在现代化事业中的重要性已被人们所认识。随着信息时代的到来，国内外已将传感器技术列为优先发展的科技领域之一。国内也有很多高等院校开设了相应的课程，所使用的教材在原理性与实用性、传统性与新型性，以及广度与深度上各有侧重。

针对近年来传感器新技术飞速发展的现状，本书通过精选内容，以有限的篇幅取得比现有教材更大的覆盖面，在不削弱传统的较为成熟传感器基本内容的前提下，以较大的篇幅充实了新技术和目前使用较多的传感器内容，随着物联网技术的发展增加了第九章物联网传感器技术的基本知识的内容、第七章霍尔式传感器和第八章超声波微波式传感器的内容，目的是适应本教材的专业应用面，同时也更加适应传感器的开发和应用的需要。

鉴于传感器的种类繁多，涉及的学科广泛，不可能也没有必要对各种具体传感器逐一剖析。本书在编写中力求突出共性基础及误差分析；对各类传感器则注重机理分析与应用介绍，并在附录中增加常用传感器的实验、实训内容，以配合教材的使用，使本书更加适应高等职业技术学院学生的学习。

本书由沈聿农主编，王永红为副主编，沈聿农编写了第四、五、七、九章，王永红编写了第二、六、八、十章，王彤编写了第一、三章，王永红和李剑编写了附录部分，张媛媛、蒋有斌为第三版教材的出版做了大量的工作。全书由沈聿农负责统稿，并由南京航空航天大学董尔令教授负责审稿。

本书在编写过程中，得到了参编老师所在院校的大力支持，在此深表谢意。传感器技术涉及的学科众多，而作者学识有限，书中难免有不足之处，恳请读者批评指正！

编者

2013年12月

目 录

第一章

测量技术概述

内容提要：本章首先介绍测量的概念及测量的一般方法，然后简要讨论用于对测量结果进行分析的误差理论的基本知识，最后概述在测量中最广泛使用的传感器的概念、分类、组成、发展及其特性。

第一节　测量的一般知识

一、测量的基本概念

在生产过程、科学实验或日常生活中，人们常常必须知道一些量（如温度、压力、人的身高、体重等）的大小，这时就需要对这些量进行测量。

要进行测量，首先要确定一个测量的标准，也就是所谓测量单位。例如要测量温度的高低，就以℃（摄氏度）或℉（华氏度）为测量单位；要测量人的身高，就以m（米）或cm（厘米）为测量单位。所谓测量，就是将被测量与测量单位进行比较，得到被测量是测量单位的多少倍，并用数字和单位表示出来。

若要测量被测量X，先选定测量单位U，然后求出二者的比值$n=\frac{X}{\mathrm{U}}$，则被测量就可表示为

$$X=n\mathrm{U} \tag{1-1}$$

例如要测量人的身高h，先选定测量单位为cm，然后用cm去量度人的身高，可确定h是cm的170倍，于是测量的结果就表示为$h=170\mathrm{cm}$。

再例如要测量温度T，先选定测量单位为℃，然后用℃去量度温度，可确定T是℃的-5倍，于是测量的结果就表示为$T=-5$℃。

由上可见，测量实际上是一个比较的过程；测量的结果应包含两部分：一部分是一个数值的符号（正或负）和大小，另一部分是测量单位。没有测量单位，测量结果是没有意义的。

二、测量方法

有些情况下进行测量的方法很简单，例如要测量人的身高，就用刻有长度单位的尺子进行量度；要测量水杯中水的温度，就用刻有温度单位的温度计进行量度。但有些情况下，由于被测量的种类及数值大小、被测物的形态及测量的环境条件、对测量精度与速度的要求等

因素的不同，所需采用的测量方法并非总是这么简单，甚至是非常复杂的。

总的来说，测量方法分为直接测量和间接测量两大类。

（一）直接测量

所谓直接测量，就是能直接得到被测量的数值的测量方法，以下几种常用的测量方法都属于直接测量。

1. 直接比较测量法

上述测量温度及人的身高就是采用的直接比较测量法，即将被测量直接与已知其值的同类量进行比较，从而求出被测量的测量方法。

直接比较测量法所使用的测量工具一般是直读指示式仪表，如标度尺、玻璃温度计、电流表、电压表等。测量仪表已预先用标准量具进行了分度和校准。测量过程中，测量人员根据被测量对应在仪表上的刻度，读出其指示值，再乘以测量仪器的常数或倍率，即可完成对被测量的测量。

显然，这种测量方法的测量过程非常简单、方便，在实际工作中广泛使用。

2. 微差测量法

先举一个日常生活中的例子。某人（称为甲）想知道另一人（称为乙）的身高，但没有足够长的尺子。若甲知道自己的准确身高为 170cm，他只需和乙并排站在一起，用一个短尺量出乙比他高出 5cm，于是就测量出了乙的身高为 175cm。

上述例子就是采用的微差测量法，它是将被测量和与其量值只有微小差别的已知量进行比较，测出这两个量值间的差值，从而确定被测量的测量方法。

这种测量方法的优点是，当已知量的精确度很高，而其值又很接近被测量时，用较低精度的测量仪表，也能得到高精确度的测量结果。关于这一点，将在本章第二节中进行进一步分析。

由于微差测量法具有上述优点，所以获得了极广泛的应用。例如在计算机控制的连续轧钢生产线上，为了保证钢板厚度的均匀，将板厚的设定值取为已知的标准量，用 X 射线测厚仪来测量实际的板厚与设定值的偏差，并将检测结果输入计算机，由计算机据此发出相应的调整命令。

3. 零位测量法

很多人在中学的化学实验中都使用过或至少看到过天平称重：将被测物放入天平的一个托盘，在另一个托盘中加上不同的砝码，当天平达到平衡时，则被测物的重量就等于加砝码的重量之和。

上述天平称重使用的就是零位测量法，即通过调整与被测量有已知平衡关系或其数值已知的一个或几个量，从而确定被测量的测量方法，也称为平衡测量法或补偿测量法。

使用这种方法的测量仪表中，应包括标准量具和一个指零部件。在测量过程中，手动或自动地调整标准量具，使之与被测量的偏差达到零，这个过程称为平衡操作或补偿操作，偏差为零的状态成为平衡状态。当测量系统被调整到平衡状态时，标准量具对应的数值就是被测量的测量结果。

零位测量法的优点是可获得较高的精确度；缺点是测量中需进行平衡操作，测量过程较复杂。这种测量方法在工程参数测量和实验室测量中应用很普遍，如上述的天平称重、电位差计和平衡电桥测毫伏信号或电阻值、零位式活塞压力计测压等。

（二）间接测量

先来看一个例子。图 1-1 所示为一个均匀长方体，现需测量其密度 ρ。

密度的单位为千克/米^3（kg/m^3），对于具有这种单位的量值，显然无法直接进行测量。因此只能先直接测量出该长方体的三个边长 a、b、c 及其质量 m，然后利用公式 $\rho=\frac{m}{abc}$ 求出密度 ρ。

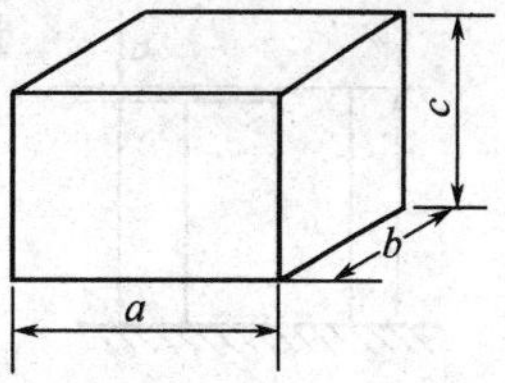

上例所使用的测量方法是，先对一个或几个与被测量有确定函数关系的量进行直接测量，然后通过代表该函数关系的公式、曲线或表格求得被测量，这类测量方法就称为间接测量。

图 1-1 均匀长方体

一般来说，间接测量法需要测量的量较多，因此测量和计算的工作量较大，引起误差的因素也较多。通常在采用直接测量很不方便或误差较大，或缺乏直接测量仪器时，才使用间接测量。

第二节 误差理论基础

一、误差的基本概念

要取得任何一个量的值，都必须通过测量完成。但实际上，任何测量方法测出的数值都不可能是绝对准确的，即总是存在所谓的“误差”。

任何一个量的绝对准确的值只是一个理论概念，称之为这个量的真值，指严格定义的一个量的理论值。真值在实际中永远也无法测量出来，因此为了使用的目的，通常用约定真值来代替真值。所谓约定真值，就指的是与真值的差可以忽略而可以代替真值的值。

在实际中，用测量仪表对被测量进行测量时，测量的结果与被测量的约定真值之间的差别就称为误差。

根据不同的标准，可对误差进行以下分类。

（一）按表示方法对误差的分类

1. 绝对误差

绝对误差就是测量结果减去被测量的约定真值所得的差值，可用下式表示：

$$\Delta x=x-x_0 \tag{1-2}$$

式中 Δx——绝对误差；

x——测量结果，也称测量值或示值；

x_0——约定真值。

测量仪器应定期送计量部门进行检定（即校准），由上一级标准给出该仪器的修正值。所谓修正值，就是与绝对误差大小相等、符号相反的量，用 C 表示，则 $C=-\Delta x=x_0-x$。于是被测量的约定真值 $x_0=x+C$。

应该说明的是，修正值必须在仪器检定的有效期内使用，否则要重新检定，以获得准确的修正值。

2. 相对误差

相对误差就是绝对误差除以被测量的约定真值，并用百分数表示

$$\delta=\frac{\Delta x}{x_0}\times 100\% \tag{1-3}$$

【例 1-1】 图1-2所示为采用微差测量法测量某物体的高度 L。现已知标准量块的高度 $l=500$mm，测量工具是存在 $\Delta=0.05$mm 绝对误差的标尺，测出微差 $a=5$mm。试比较测

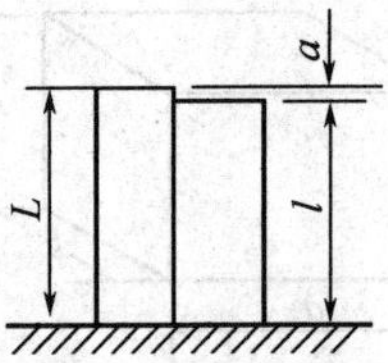

图 1-2　微差测量法

量 a 与 L 的相对误差。

解　测量 a 时的相对误差为：

$$\frac{\Delta}{a}\times100\%=\frac{0.05}{5}\times100\%=1\%$$

认为已知量 l 的精度很高，所以微差测量法测量 L 的相对误差为

$$\frac{\Delta}{L}\times100\%=\frac{\Delta}{l+a}\times100\%=\frac{0.05}{500+5}\times100\%\approx0.01\%$$

显然，$\frac{\Delta}{L}\ll\frac{\Delta}{a}$，这一结果就印证了本章第一节所提到的采用微差测量法时，用较低精度的测量仪表，也能得到较高精度的测量结果，当然前提是已知量的精确度要足够高。

3. 引用误差

任何测量仪表都存在误差，但是不同的仪表，由于其制造精度的不同，在测量同一个被测量时，误差就不尽相同。那么如何来衡量不同仪表的测量误差呢？

相对误差比较全面地表征了测量的精度，但它与被测量数值的大小有关，在一个仪表的整个测量范围内并不是一个定值。因此，选用仪表在其极限测量值时的相对误差这一定值，来对不同仪表的测量精度进行比较，这一定值就是所谓的引用误差，它等于绝对误差除以仪表的量程，并用百分数表示：

$$\gamma\%=\frac{\Delta x}{x_m}\times100\%=\frac{\Delta x}{x_{max}-x_{min}}\times100\% \tag{1-4}$$

式中　x_m——仪表的量程；

x_{max}——仪表量程的上限值；

x_{min}——仪表量程的下限值。

通常以最大引用误差来定义测量仪表的精度等级，即

$$s\leqslant\gamma_m=\frac{\Delta x_m}{x_m}\times100\% \tag{1-5}$$

式中　γ_m——最大引用误差；

Δx_m——仪表量程内出现的最大绝对误差；

s——仪表的精度等级。

关于精度等级，将在本章第四节中做进一步说明。

【例 1-2】　已知某一被测电压约 10V，现有如下两块电压表：①150V，0.5 级；②15V，2.5 级。问选择哪一块表测量误差较小？

解　用①表时，其 $s=0.5$，即 $\gamma_m=0.5\%$，故测量中可能出现的最大绝对误差为

$$\Delta U_m=U_m\gamma_m=150\times0.5\%=0.75(\text{V})$$

用②表时　$\Delta U_m=U_m\gamma_m=15\times2.5\%=0.375(\text{V})$

显然，①表的精度等级高于②表，但因其量程较大，可能出现的最大绝对误差反而大于②表，所以用精度等级较低的②表测量 10V 左右的电压，测量误差反而较小。

由此例可见，选用测量仪表时，不能单纯追求精度等级，还要考虑到量程是否合适等因素。

（二）按性质对误差的分类

要对测量误差进行分析和处理，首先必须弄清楚误差是如何造成的。根据误差出现的原因即误差的性质，可将测量误差分为以下三类。

1. 随机误差

在相同条件下，对同一被测量进行多次等精度测量时，由于各种随机因素（如温度、湿度、电源电压等时刻不停地在其平均值附近波动等）的影响，各次测量值之间存在一定差异，这种差异就是随机误差。

2. 粗大误差

在相同条件下，对同一被测量进行多次等精度测量时，有个别测量结果的误差远远大于规定条件下的预计值。这类误差一般是由于测量者粗心大意（如错读、错记、错算等）或测量仪表突然出现故障等造成的，故称之为粗大误差。

3. 系统误差

在相同条件下，对同一被测量进行多次等精度测量时，由于测量仪表不准确、测试方法不完善或环境因素的影响等，造成各次测量值之间存在一定差异，但各次测量误差保持为常数或按一定规律变化。这种测量误差就称为系统误差。

下面对以上三种不同性质的误差分别进行讨论。

二、随机误差

（一）随机变量及其概率密度函数

测量中出现的随机误差是由大量相互独立的随机因素造成的，其中每一个因素所起的作用都很微弱。在测量时无法准确预测每一次测量的结果，而只能通过研究来估计每一次测量值落入某一区间的可能性（或者说概率）有多大。如果将测量值看作一个随机变量 X，那么它落入某一区间（x_1，x_2）的概率可表示为

$$P\{x_1 < X \leqslant x_2\} = P\{X \leqslant x_2\} - P\{X \leqslant x_1\} \tag{1-6}$$

式（1-6）可结合图 1-3 来理解。因为区间（x_1，x_2）是任意的，所以要研究 $P\{x_1 < X \leqslant x_2\}$，只要研究 $P\{X \leqslant x\}(-\infty < x < +\infty)$ 就可以了。如果对于 $P\{X \leqslant x\}(-\infty < x < +\infty)$ 存在非负的函数 $f(x)$，使对于任意的实数 x 有

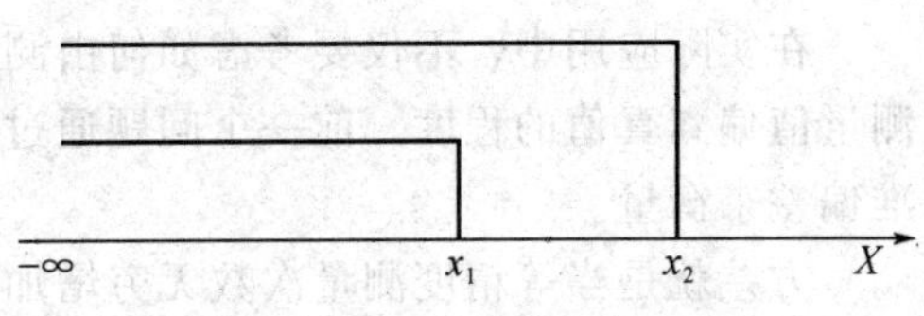

图 1-3 随机变量 X 的取值区间（x_1，x_2）

$$P\{X \leqslant x\} = \int_{-\infty}^{x} f(t)\mathrm{d}t \tag{1-7}$$

则 $f(x)$ 称为随机变量 X 的概率密度函数。

（二）正态分布随机误差的性质

大量实验表明，测量过程中出现的随机误差一般符合正态分布，即具有如下性质。

1. 对称性

绝对值相等的正负误差出现的概率相同。

2. 单峰性

绝对值大的误差出现的概率小，绝对值小的误差出现的概率大，而误差为零出现的概率最大。

3. 有界性

绝对值很大的误差出现的概率几乎为零。

4. 抵偿性

在同一条件下，测量次数趋于无穷多时，全部误差的代数和趋于零。

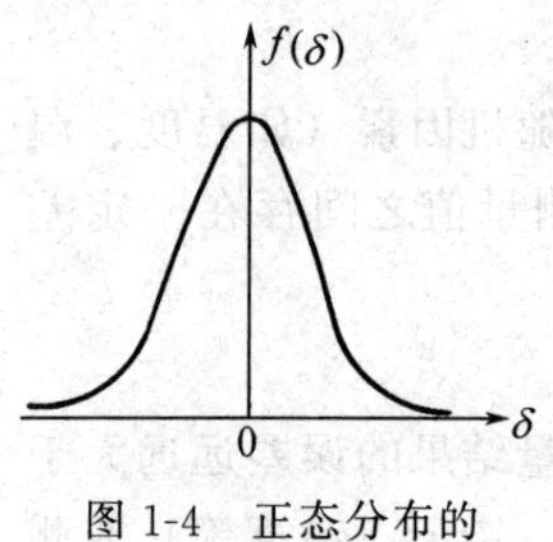

图 1-4　正态分布的概率密度函数

设正态分布的随机变量 X 的误差为：$\delta = X - \mu$，μ 为被测量的真值，则随机误差 δ 的概率密度函数 $f(\delta)$ 如图 1-4 所示。

（三）正态分布随机变量的数字特征

随机变量的统计规律性由概率密度函数进行了全面的描述，而数字特征则通过一些简单的数据来反映随机变量的某些关键特征。

1. 算术平均值

由上述正态分布的抵偿性可知

$$\lim_{n\to\infty}\frac{\sum_{i=1}^{n}\delta_i}{n}=0$$

即：

$$\lim_{n\to\infty}\frac{\sum_{i=1}^{n}(x_i-\mu)}{n}=\lim_{n\to\infty}\frac{\sum_{i=1}^{n}x_i-n\mu}{n}=\lim_{n\to\infty}\frac{\sum_{i=1}^{n}x_i}{n}-\mu=0$$

所以：

$$\mu=\lim_{n\to\infty}\frac{\sum_{i=1}^{n}x_i}{n}=\lim_{n\to\infty}\bar{x} \tag{1-8}$$

式中，$\bar{x}=\frac{\sum_{i=1}^{n}x_i}{n}$ 为算术平均值。

式（1-8）表明，当等精度测量次数无穷增加时，被测量的真值就等于测量值的算术平均值，即算术平均值是被测量真值的最佳估计值。

2. 方差和标准偏差

在实际应用中，不仅要考虑如何由测量值来对被测量值的真值进行最佳估计，还应注意测量值偏离真值的程度。前一个问题通过算术平均值来解决，而后一个问题则由方差或由标准偏差来衡量。

方差就是当等精度测量次数无穷增加时，测量值与真值之差的平方和的算术平均值，用 σ^2 表示，即

$$\sigma^2=\lim_{n\to\infty}\frac{\sum_{i=1}^{n}(x_i-\mu)^2}{n}=\lim_{n\to\infty}\frac{\sum_{i=1}^{n}\delta^2}{n} \tag{1-9}$$

方差的正平方根称为标准偏差，用 σ 表示，即

$$\sigma=\sqrt{\sigma^2}=\lim_{n\to\infty}\sqrt{\frac{\sum_{i=1}^{n}(x_i-\mu)^2}{n}}=\lim_{n\to\infty}\sqrt{\frac{\sum_{i=1}^{n}\delta_i^2}{n}} \tag{1-10}$$

符合正态分布的随机误差，其概率密度函数的数学表达式为

$$f(\delta)=\frac{1}{\sqrt{2\pi}\sigma}e^{-\frac{\delta^2}{2\sigma^2}} \tag{1-11}$$

式中，$\delta = x_i - \mu$

概率密度函数曲线的形状取决于 σ。首先，σ 是曲线上拐点的横坐标值。其次，σ 值越小，则分布曲线越陡，随机误差的分散程度越小，这是人们所希望的；σ 值越大，则分布曲线越平坦，随机误差越分散。如图 1-5 所示。

若随机变量 X 具有形式为式（1-11）的概率密度函数，则称 X 服从参数为 μ、σ^2 的正

态分布，记为$X \sim N(\mu, \sigma^2)$。

利用式（1-10）计算标准偏差是在真值已知、且测量次数$n \to \infty$的条件下定义的，在实际中无法使用。因此σ的精确值是无法得到的，只能求得其最佳估计值$\hat{\sigma}$。

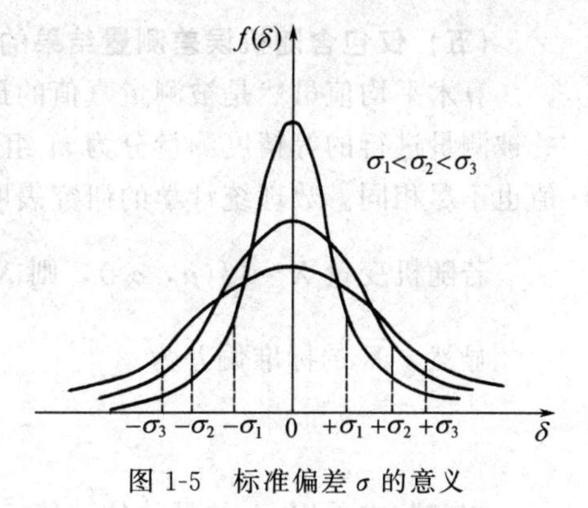

图 1-5　标准偏差 σ 的意义

数理统计的研究表明，$\hat{\sigma}$可由如下的贝塞尔公式计算

$$\hat{\sigma} = \sqrt{\frac{\sum_{i=1}^{n}(x_i - \bar{x})^2}{n-1}} = \sqrt{\frac{\sum_{i=1}^{n} v_i^2}{n-1}} \tag{1-12}$$

式中，$v_i = x_i - \bar{x}$为第i次测量值的残差。

（四）置信区间与置信概率

被测量的测量值是一个随机变量X，显然，随机误差$\delta = X - \mu$也是一个随机变量。通常需要确定δ落入某一区间$(a, b]$的概率有多大。由式（1-6）、式（1-7）和式（1-11）可知

$$P\{a < \delta \leqslant b\} = \int_{-\infty}^{b} f(\delta)\mathrm{d}\delta - \int_{-\infty}^{a} f(\delta)\mathrm{d}\delta = \int_{a}^{b} f(\delta)\mathrm{d}\delta = \int_{a}^{b} \frac{1}{\sqrt{2\pi}\sigma} \mathrm{e}^{-\frac{\delta^2}{2\sigma^2}} \mathrm{d}\delta \tag{1-13}$$

随机变量δ的取值范围$(a, b]$称为置信区间，而随机变量在置信区间内取值的概率$P\{a < \delta \leqslant b\}$则称为置信概率。由于概率密度函数$f(\delta)$曲线具有对称性，并且其形状取决于$\sigma$，所以置信区间一般以$\sigma$的倍数$\pm k_p\sigma$表示，其中$k_p$称为置信系数。

在式（1-13）中，设$\delta/\sigma = Z$，则置信概率可表示为

$$P\{-k_p\sigma < \delta \leqslant +k_p\sigma\} = \int_{-k_p}^{+k_p} \frac{1}{\sqrt{2\pi}\sigma} \mathrm{e}^{-\frac{Z^2}{2}} \sigma \mathrm{d}Z = \frac{2}{\sqrt{2\pi}} \int_{0}^{k_p} \mathrm{e}^{-\frac{Z^2}{2}} \mathrm{d}Z \tag{1-14}$$

式（1-14）中的函数称为概率积分函数（或拉普拉斯函数），并将其表示为

$$\Phi(Z = k_p) = \frac{2}{\sqrt{2\pi}} \int_{0}^{k_p} \mathrm{e}^{-\frac{Z^2}{2}} \mathrm{d}Z \tag{1-15}$$

表 1-1 列出了置信系数k_p取不同值时$\Phi(Z)$的数值。

表 1-1　正态分布下概率积分函数数值表

Z	$\Phi(Z)$	Z	$\Phi(Z)$	Z	$\Phi(Z)$	Z	$\Phi(Z)$
0	0.00000	0.9	0.63188	1.9	0.94257	2.7	0.99307
0.1	0.07966	1.0	0.68269	1.96	0.95000	2.8	0.99489
0.2	0.15852	1.1	0.72867	2.0	0.95450	2.9	0.99627
0.3	0.23585	1.2	0.76986	2.1	0.96427	3.0	0.99730
0.4	0.31084	1.3	0.80640	2.2	0.97219	3.5	0.999535
0.5	0.38293	1.4	0.83849	2.3	0.97855	4.0	0.999937
0.6	0.45149	1.5	0.86639	2.4	0.98361	4.5	0.999993
0.6745	0.50000	1.6	0.89040	2.5	0.98758	5.0	0.999999
0.7	0.51607	1.7	0.91087	2.58	0.99012	∞	1.000000
0.8	0.57629	1.8	0.92814	2.6	0.99068		

例如$P\{-\sigma < \delta \leqslant +\sigma\} = \Phi(1) = 0.68269$，说明随机误差落入区间$(-\sigma, +\sigma]$的概率为 68.269%。

（五）仅包含随机误差测量结果的表达

算术平均值虽然是被测量真值的最佳估计值，但仍存在误差。如果把在相同条件下对同一被测量进行的等精度测量分为 m 组，每组重复进行 n 次测量，则各组测量值的算术平均值也不尽相同。数理统计学的研究表明，这种误差也符合随机误差的性质，并有如下定理：

若随机变量 $X \sim N(\mu, \sigma^2)$，则 $\overline{X} \sim N(\mu, \frac{\sigma^2}{n})$。

显然，$\overline{X}$ 的标准偏差为

$$\sigma_{\bar{x}} = \frac{\sigma}{\sqrt{n}} \tag{1-16}$$

在实际中采用 $\sigma_{\bar{x}}$ 的最佳估计值 $\hat{\sigma}_{\bar{x}}$，并且

$$\hat{\sigma}_{\bar{x}} = \frac{\hat{\sigma}}{\sqrt{n}} \tag{1-17}$$

式中，$\hat{\sigma}$ 可由式（1-12）的贝塞尔公式求出。

设测量值的算术平均值 $\bar{x}$ 相对被测量真值的误差为 $\delta_{\bar{x}} = \bar{x} - \mu$，则因为

$$P\{-\hat{\sigma}_{\bar{x}} < \delta_{\bar{x}} \leqslant +\hat{\sigma}_{\bar{x}}\} = P\{\bar{x} - \hat{\sigma}_{\bar{x}} \leqslant \mu < \bar{x} + \hat{\sigma}_{\bar{x}}\} = 0.68269$$

即 μ 落入置信区间 $[\bar{x} - \hat{\sigma}_{\bar{x}}, \bar{x} + \hat{\sigma}_{\bar{x}})$ 内的置信概率可达 68.269%，所以一般就将被测量 x 的测量结果表示为

$$x = \bar{x} \pm \hat{\sigma}_{\bar{x}} \tag{1-18}$$

三、粗大误差

当置信系数 k_p 取 3，即置信区间设定为 $(-3\sigma, +3\sigma]$ 时，相应的置信概率为

$$P\{-3\sigma < \delta \leqslant +3\sigma\} = \Phi(3) = 0.99730$$

说明测量误差在 $(-3\sigma, +3\sigma]$ 范围内的概率达 99.73%，超出 $(-3\sigma, +3\sigma]$ 范围的概率仅为 0.27%，即一般情况下测量误差的绝对值大于 3σ 的可能性极小。因此，如果某次测量结果出现了这一小概率情况，就认为该测量结果存在粗大误差，应予以剔除，以消除其对测量结果的影响。

实际使用中常采用拉依达准则，即当测量次数足够多时，如果

$$|v_i| = |x_i - \bar{x}| > 3\hat{\sigma} \tag{1-19}$$

那么第 i 次测量值 x_i 就存在粗大误差。

四、系统误差

已经知道，在相同条件下对同一个量进行的多次等精度测量中，如果仅存在随机误差，那么可用多次测量值的算术平均值 $\bar{x}$ 作为被测量真值 μ 的最佳估计，即认为 $\bar{x}$ 就是被测量的约定真值 x_0。这时某次测量值的绝对误差

$$\Delta x_i = x_i - x_0 = x_i - \bar{x} = v_i \tag{1-20}$$

可见，如果仅存在随机误差，残差 v_i 就是该次测量的随机误差。但是，在许多测量中发现，$\bar{x}$ 与 x_0 之间存在明显的偏差，并且这种偏差常常保持为常数，或按某一确定的规律变化。显然，这是与随机误差性质不同的另一类误差。分析表明，造成这类误差的原因可能是测量仪器不准确，测量方法不完善，或环境因素影响等。这种性质的误差就称之为系统误差。

对式（1-20）进行如下变换：

$$\Delta x_i = x_i - x_0 = (x_i - \bar{x}) + (\bar{x} - x_0) = v_i + \varepsilon \tag{1-21}$$

式中，残差 v_i 是每次测量的随机误差，而 ε 就是在多次等精度测量中出现的系统误差。

在多次等精度测量中，如果系统误差 ε 的大小和符号保持不变，称之为恒定系统误差；如果 ε 按某一确定的规律变化，就称之为可变系统误差，而这种确定的变化规律可能是线性的、周期性的或更为复杂的。

那么如何才能知道测量中存在系统误差呢？下面介绍几种简单和常用的判别方法。

（一）残差观察法

由式（1-21）可知，如果在相同条件下，对某一量进行的多次等精度测量中没有系统误差，即 $\varepsilon=0$，则各次测量值的残差 v_i（$i=1, 2, 3, \cdots, n$）应符合随机误差的分布规律（一般为正态分布）。否则就说明测量中存在系统误差。

如果 v_i 的绝对值很小，出现的正数和出现的负数也大体相当，且无显著变化规律，如图 1-6 所示，则可认为测量中不存在系统误差。

如果 v_i 的大小和符号基本保持不变，如图 1-7 所示，则说明测量中存在恒定系统误差。

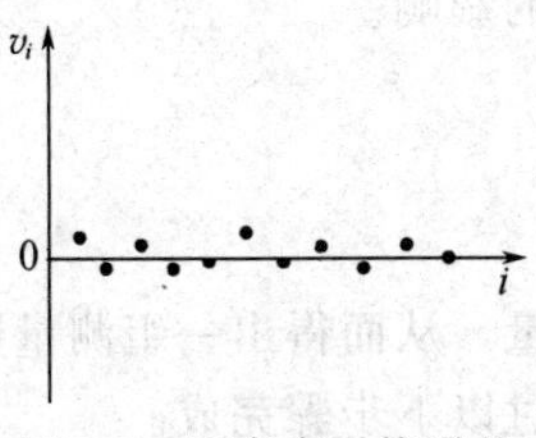

图 1-6　不存在系统误差

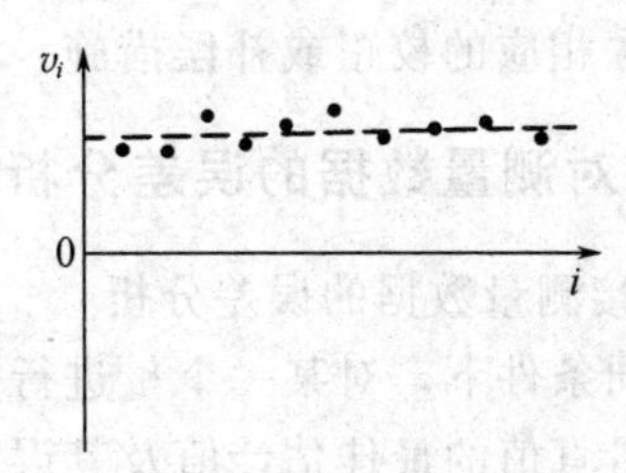

图 1-7　恒定系统误差

如果 v_i 的大小有规律地向一个方向变化，符号由正变负或由负变正，如图 1-8 所示，则说明测量中存在线性系统误差。

如果 v_i 有规律地交替变化，如图 1-9 所示，说明测量中存在周期性系统误差。

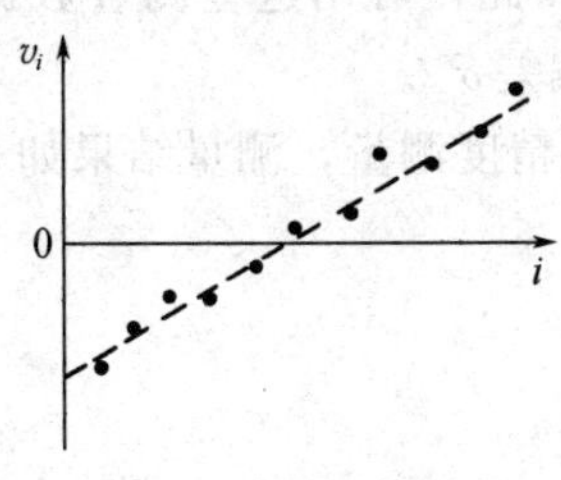

图 1-8　线性系统误差

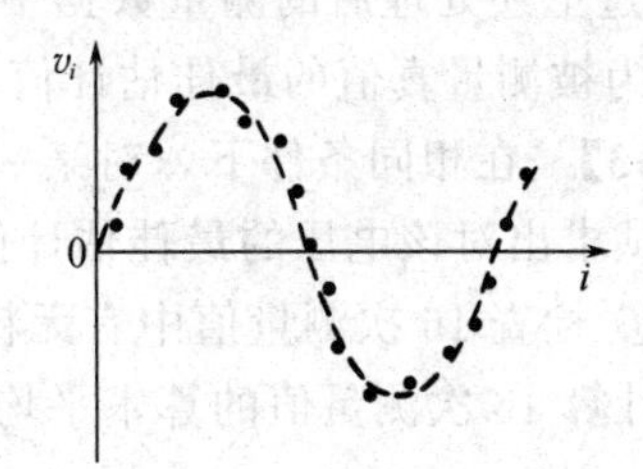

图 1-9　周期性系统误差

需要指出的是，测量中不可避免地存在随机误差，因此，上述残差 v_i 的变化规律中一般存在微小的波动。

残差观察法简单、方便，但当系统误差相对于随机误差不显著，或残差变化规律较为复杂时，这种方法常常就不适用了，此时就需要借助一些判据。

（二）判据判别法

以下简单介绍两种常用的判据。

1. 马利科夫判据

将一组等精度测量值顺序排列并分成两组，分别求出两组残差和 $\sum_{i=1}^{k} v_i$、$\sum_{i=k+1}^{n} v_i$ 。当 n

为偶数时取 $k=\frac{n}{2}$；当 n 为奇数时取 $k=\frac{n+1}{2}$。若

$$M=\left|\sum_{i=1}^{k}v_i-\sum_{i=k+1}^{n}v_i\right|>|v_i|_{max} \tag{1-22}$$

式中 $|v_i|_{max}$——残差绝对值的最大值。

则说明测量中存在线性系统误差。

2. 阿贝-赫梅特判据

将一组等精度测量值顺序排列，并求出

$$A=\left|\sum_{i=1}^{n-1}(v_iv_{i+1})\right|=|v_1v_2+v_2v_3+\cdots+v_{n-1}v_n| \tag{1-23}$$

若

$$A>\sqrt{n-1}\hat{\sigma}^2 \tag{1-24}$$

则说明测量中存在周期性系统误差。

如果在测量结果中发现含有系统误差，就要根据具体情况分析其产生的原因，然后有的放矢地采取相应的校正或补偿措施，以消除其对测量结果的影响。

五、对测量数据的误差分析

1. 直接测量数据的误差分析

在相同条件下，对某一个量进行多次等精度的直接测量，从而得出一组测量数据。为了求出被测量真值的最佳估计值及其误差范围，一般需要通过以下步骤完成。

① 检查测量数据中有无粗大误差，若有则剔除该测量值；然后重复上述步骤，直至剩余的数据中不再有粗大误差。

② 检查剔除粗大误差后的测量数据中有无系统误差，若有则采取相应的校正或补偿措施，以消除其对测量结果的影响。

③ 经过上述处理后的测量数据中只存在随机误差，因此，可用这些测量数据的算术平均值 $\bar{x}$ 作为被测量真值的最佳估计值，并给出 $\bar{x}$ 的标准偏差 $\hat{\sigma}_{\bar{x}}$。

【例 1-3】 在相同条件下，对某一电压进行了 16 次等精度测量，测量结果如表 1-2 前两列所示，试求出对该电压的最佳估计值及其标准偏差。

解 ① 检查 16 次测量值中有无粗大误差。

首先计算 16 次测量值的算术平均值

$$\bar{x}=\sum_{i=1}^{16}x_i=205.3$$

填入表 1-2 第二列的最后一行。

再计算各次测量值的残差 $v_i=x_i-\bar{x}$，分别填入表 1-2 的第三列。

然后根据贝塞尔公式计算

$$\hat{\sigma}=\sqrt{\frac{\sum_{i=1}^{16}v_i^2}{16-1}}=\sqrt{\frac{2.9585}{15}}=0.444$$

$$3\hat{\sigma}=1.332$$

因为 $|v_5|=1.35>3\hat{\sigma}$

所以第 5 次测量值含有粗大误差，即剔除 x_5。

表 1-2 【例 1-3】测量结果及分析

测量顺序号 i	测量值 x_i/V	残差 v_i/V	剔除 x_5 以后		
			i'	v'_i/V	v_iv_{i+1}/V^2
1	205.30	0.00	1	0.09	−0.0243
2	204.94	−0.36	2	−0.27	−0.1134
3	205.63	0.33	3	0.42	0.0126
4	205.24	−0.06	4	0.03	−0.0072
5	206.65	1.35	—	—	
6	204.97	−0.33	5	−0.24	−0.0360
7	205.36	0.06	6	0.15	−0.0075
8	205.16	−0.14	7	−0.05	0.0180
9	204.85	−0.45	8	−0.36	0.1836
10	204.70	−0.60	9	−0.51	−0.2550
11	205.71	0.41	10	0.50	0.0700
12	205.35	0.05	11	0.14	0
13	205.21	−0.09	12	0.00	0
14	205.19	−0.11	13	−0.02	0
15	205.21	−0.09	14	0.00	0
16	205.32	0.02	15	0.11	
	$\bar{x}=205.30$ $\bar{x}'=205.21$				$A=0.1592$

② 检查余下的 15 次测量值中有无粗大误差。

对余下的 15 次测量值重编顺序号 $i'=1\sim15$，检查方法与第①步类似。

$$\bar{x}'=\frac{\sum_{i'=1}^{15}x_i}{15}=205.21,\quad \hat{\sigma}'=\sqrt{\frac{\sum_{i'=1}^{15}v_i'^2}{15}}=\sqrt{\frac{1.0127}{14}}=0.269,\quad 3\hat{\sigma}'=0.807$$

显然，余下的 15 次测量值中已不包含粗大误差。

③ 检查余下的 15 次测量值中有无系统误差。

因为
$$M=\left|\sum_{i'=1}^{8}v'_i-\sum_{i'=9}^{15}v'_i\right|=|(-0.23)-0.22|=0.45$$

而
$$|v'_i|_{\max}=|V_{10}|=0.51>M$$

所以根据马利科夫判据知，测量结果中不包含线性系统误差。

又因为
$$A=\left|\sum_{i'=1}^{14}v'_i v'_{i+1}\right|=0.1592$$

而
$$\sqrt{n'-1}\hat{\sigma}'^2=\sqrt{15-1}\times0.269^2=0.2708>A$$

所以根据阿贝-赫梅特判据知，测量结果中不包含周期性系统误差。

综上所述可认为，剔除 x_5 以后，余下的 15 次测量值中不包含粗大误差和系统误差，而仅有随机误差。

④ 写出测量结果的表达式。

现已求出 $\bar{x}'=205.21$，其标准偏差为

$$\hat{\sigma}_{\bar{x}'}=\frac{\hat{\sigma}'}{\sqrt{n'}}=\frac{0.269}{\sqrt{15}}\approx0.07$$

所以测量结果可表示为

$$x=\bar{x}'\pm\hat{\sigma}_{\bar{x}'}=205.21\pm0.07(\text{V})$$

2. 对间接测量数据的误差分析

间接测量是通过与被测量有确定函数关系的其它量进行测量，从而得到被测量值的方法。要求出被测量的最佳估计值及其标准偏差，一般需要通过以下步骤完成。

① 对于与被测量 y 有函数关系 $y=f(x_1,x_2,\cdots,x_n)$ 的每一个量 $x_1,x_2,\cdots,x_n$，都分别在相同条件下进行同样次数的等精度测量，从而各自得出一组测量数据。然后采用上述对直接测量数据的误差分析方法，分别求出每一个量的最佳估计值及其标准偏差

$$x_i=\bar{x}_i\pm\hat{\sigma}_{\bar{x}_i} \tag{1-25}$$

式中，$i=1,2,\cdots,n$。

② 根据第①步的误差分析结果，求出被测量 y 的最佳估计值及其标准偏差如下：

$$y=\bar{y}\pm\hat{\sigma}_{\bar{y}} \tag{1-26}$$

其中
$$\bar{y}=f(\bar{x}_1,\bar{x}_2,\cdots,\bar{x}_n) \tag{1-27}$$

$$\hat{\sigma}_{\bar{y}}=\sqrt{\sum_{i=1}^{n}\left[\left(\frac{\partial f}{\partial x_i}\right)\bigg|_{x_i=\bar{x}_i}\hat{\sigma}^2_{\bar{x}_i}\right]} \tag{1-28}$$

式（1-28）的推导过程从略。

【例 1-4】 为了测量一直流电能损耗 A，根据函数式 $A=I^2Rt$，在相同条件下多次等精度直接测量 I、R 和 t，并分别对这三个量的测量结果进行误差分析，得到其测量结果分别为

$$I=10.23\pm0.15(\text{A})$$
$$R=11.68\pm0.01(\Omega)$$
$$t=405.2\pm0.2(\text{s})$$

试求电能损耗 A 的最佳估计值及其标准偏差。

解 A 的最佳估计值为

$$\bar{A}=\bar{I}^2\bar{R}\bar{t}=10.23^2\times11.68\times405.2=495.29\ (\text{kJ})$$

用 $\bar{A}$ 估计 A 的标准偏差为

$$\hat{\sigma}_{\bar{A}}=\sqrt{\left(\frac{\partial A}{\partial I}\right)^2\hat{\sigma}^2_{\bar{I}}+\left(\frac{\partial A}{\partial R}\right)^2\hat{\sigma}^2_{\bar{R}}+\left(\frac{\partial A}{\partial t}\right)^2\hat{\sigma}^2_{\bar{t}}}$$
$$=\sqrt{(2\bar{I}\bar{R}\bar{t})^2\hat{\sigma}^2_{\bar{I}}+(\bar{I}^2\ \bar{t})^2\ \hat{\sigma}^2_{\bar{R}}+(\bar{I}^2\ \bar{R})^2\ \hat{\sigma}^2_{\bar{t}}}$$

$$=\sqrt{(\bar{I}^2\ \bar{R}\,\bar{t})^2\left[\left(\frac{2}{\bar{I}}\hat{\sigma}_{\bar{I}}\right)^2+\left(\frac{\hat{\sigma}_{\bar{R}}}{\bar{R}}\right)^2+\left(\frac{\hat{\sigma}_{\bar{t}}}{\bar{t}}\right)^2\right]}$$

$$=\bar{A}\sqrt{\left(\frac{2\times0.15}{10.23}\right)^2\times\left(\frac{0.01}{11.68}\right)^2+\left(\frac{0.2}{405.2}\right)^2}$$

$$=495.29\times0.0293$$

$$=14.53(\mathrm{kJ})$$

因此，该直流电能损耗 A 的测量结果为

$$A=\bar{A}\pm\hat{\sigma}_{\bar{A}}=495.29\pm14.53(\mathrm{kJ})$$

第三节　传感器概述

一、传感器的定义和作用

人的行动受大脑支配，而大脑发出各种行动指令的依据，则是人的五官，即眼（视觉）、耳（听觉）、鼻（嗅觉）、舌（味觉）、身（触觉）感知和接收的外界信号。没有五官的帮助，高度发达的大脑将毫无用武之地。

目前，无论在生产、科学实验，还是在日常生活中，计算机都已得到了极大的发展和应用。人们常把计算机比作人的大脑而称之为“电脑”。而计算机发出各种指令的依据，则是对各被控制量的测量结果。对被控制量的测量一般是由传感器来完成的。因此传感器的作用就像人的五官一样，可称之为“电五官”。

广义地说，传感器是指能感知某一物理量、化学量或生物量等的信息，并能将之转化为可加以利用的信息的装置。人的五官就可广义地看做传感器，又例如测量仪器就是将被测量转化为人们可感知或定量认识的信号的传感器。传感器狭义的定义是：感受被测量，并按一定规律将其转化为同种或别种性质的输出信号的装置。由于电信号易于保存、放大、计算、传输，且是计算机唯一能够直接处理的信号，所以，传感器的输出一般是电信号（如电流、电压、电阻、电感、电容、频率等）。

随着科技的进步，传感器的应用越来越广泛，早已引起世界各国的重视。日本在 20 世纪 80 年代将传感器技术列为该国优先发展的十大技术之首；美国学术界认为 20 世纪 80 年代是传感器的时代。目前，传感器已渗入到各行各业的各个角落，例如家用电冰箱是由温控器来控制压缩机的开关而达到温度控制的目的。如果温控器中的温度传感器损坏，则电冰箱就无法正常工作了。再比如一架现代波音飞机中的各种传感器达千只以上。传感器在航空航天、国防、能源开发、工业自动化、科学研究、医疗卫生、环境保护、家用电器等各个领域的应用实例可说是不胜枚举。

二、传感器的分类

由于传感器的快速发展，其品种已达数万，可从不同角度对其进行不同的分类。

1. 按被测量（或传感器的用途）分类

如被测量为温度、压力、流量、位移、速度等时，则相应的传感器分别称为温度传感器、压力传感器、流量传感器、位移传感器、速度传感器等。常见的其他被测量还有：热量、比热容、压差、力、力矩、应力、质量、振幅、频率、加速度、噪声、浓度、黏度、密

度、相对密度、酸碱度（pH 值）、颜色、透明度等，其相应的传感器一般以被测量命名。这种分类方法为使用者提供了方便，可方便地根据测量对象选择所需的传感器。

2. 按工作原理分类

传感器的工作原理主要是基于电磁原理和固体物理学理论。据此可将传感器分为电阻式、电感式、电容式、阻抗式（电涡流式）、磁电式、热电式、压电式、光电式（包括红外式、光导纤维式）、谐振式、霍尔式（磁式）、超声式、同位素式、电化学式、微波式等类别。这种分类方法有利于传感器的专业工作者从原理与设计上作归纳性的分析研究。

3. 按输出信号的性质分类

根据传感器输出信号的性质，可将其分为模拟传感器和数字传感器两大类。前者输出模拟信号，如果要与计算机连接，则需要引入模－数转换环节，而后者则不需要。数字传感器一般将被测量转换成脉冲、频率或二进制数码输出，抗干扰能力较强。

此外，传感器还有一些其他的分类标准，不再一一列举。

三、传感器的组成

传感器的作用一般是把被测的非电量转换成电量输出，因此它首先应包含一个元件去感受被测非电量的变化。但并非所有的非电量都能利用现有手段直接变换成电量，这时需要将被测非电量先变换成易于变换成电量的某一中间非电量。传感器中完成这一功能的元件称为敏感元件（或预变换器）。例如应变式压力传感器的作用是将输入的压力信号变换成电压信号输出，它的敏感元件是一个弹性膜片，其作用是将压力转换成膜片的变形。

传感器中将敏感元件输出的中间非电量转换成电量输出的元件称为转换元件（或转换器），它是利用某种物理的、化学的、生物的或其他的效应来达到这一目的。例如应变式压力传感器的转换元件是一个应变片，它利用电阻应变效应（金属导体或半导体的电阻随着它所受机械变形的大小而发生变化的现象），将弹性膜片的变形转换为电阻值的变化。

需要说明的是，有些被测非电量可以直接被变换为电量，这时传感器中的敏感元件和转换元件就合二为一了。例如热电阻温度传感器利用铂电阻或铜电阻，可直接将被测温度转换成电阻值输出。

转换元件输出的电量常常难以直接进行显示、记录、处理和控制，这时需要将其进一步变换成可直接利用的电信号，而传感器中完成这一功能的部分称为测量电路。例如应变式压力传感器中的测量电路是一个电桥电路，它可以将应变片输出的电阻值转换为一个电压信号，经过放大后即可推动记录、显示仪表的工作。测量电路的选择视转换元件的类型而定，经常采用的有电桥电路、脉宽调制电路、振荡回路、高阻抗输入电路等。有的传感器还需要有辅助电源。

综上所述，传感器一般由敏感元件、转换元件、测量电路和辅助电源四部分组成，如图 1-10 所示。其中敏感元件和转换元件可能合二为一，而有的传感器不需要辅助电源。

四、传感器的发展趋势

1. 新材料的开发、应用

半导体材料在敏感技术中占有较大的技术优势，半导体传感器不仅灵敏度高、响应速度

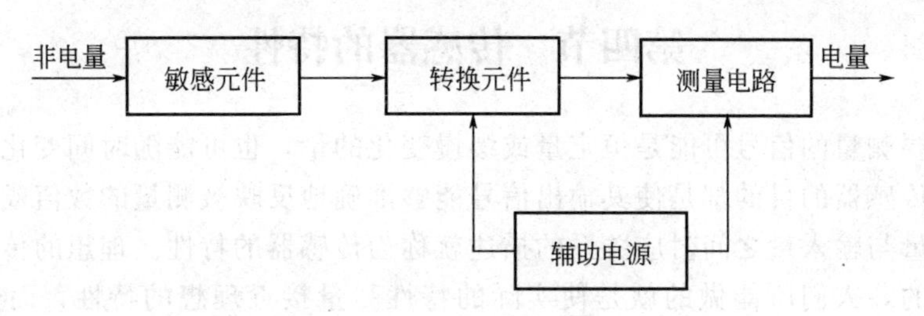

图 1-10　传感器的组成框图

快、体积小、重量轻，且便于实现集成化，在今后的一个时期，仍占有主要地位。

以一定化学成分组成、经过成型及烧结的功能陶瓷材料，其最大的特点是耐热性，在敏感技术的发展中具有很大的潜力。

此外，采用功能金属、功能有机聚合物、非晶态材料、固体材料、薄膜材料等，都可进一步提高传感器的产品质量及降低生产成本。

2. 新工艺、新技术的应用

将半导体的精密细微加工技术应用在传感器的制造中，可极大提高传感器的性能指标，并为传感器的集成化、超小型化提供了技术支撑。借助半导体的蒸镀技术、扩散技术、光刻技术、静电封接技术、全固态封接技术等，也可同样取得类似的功效。

3. 利用新的效应开发新型传感器

随着人们认识自然的深化，会不断发现一些新的物理效应、化学效应、生物效应等。利用这些新的效应可开发出相应的新型传感器，从而为提高传感器性能和拓展传感器的应用范围提供了新的可能。

4. 传感器的集成化

利用集成加工技术，将敏感元件、测量电路、放大电路、补偿电路、运算电路等制作在同一芯片上，从而使传感器具有了体积小、重量轻、生产自动化程度高、制造成本低、稳定性和可靠性高、电路设计简单、安装调试时间短等优点。

5. 传感器的多维化

一般的传感器只限于对某一点物理量的测量，而利用电子扫描方法，把多个传感器单元做在一起，就可以研究一维、二维以至三维空间的测量问题，甚至向包含时间系的四维空间发展。X 射线的 CT 就是多维传感器的实例。

6. 传感器的多功能化

一般一个传感器只能测量一种参数，多功能化则意味着一个传感器具有多种参数的检测功能，如压力和温度，或温度和湿度等。

7. 传感器的智能化

智能化传感器将数据的采集、存储、处理等一体化，显然，它自身必须带有微型计算机，从而还具备自诊断、远距离通信、自动调整零点和量程等功能。

以上所介绍的传感器“三新四化”的发展趋势是相互交叉、渗透和相辅相成的。事实上，这远远不能完全描绘传感器的前景。虽然传感器只是一个小小的装置，但它涉及的学科非常广泛，如物理、化学、生物、医学、电子、材料、工艺等。随着在任何一个领域中研究的深入，都会对传感器的发展起到推进作用。此处所涉及的充其量只是传感器目前的一些主流发展方向而已。

第四节　传感器的特性

传感器所要测量的信号可能是恒定量或缓慢变化的量，也可能随时间变化较快，无论哪种情况，使用传感器的目的都是使其输出信号能够准确地反映被测量的数值或变化情况。对传感器的输出量与输入量之间对应关系的描述就称为传感器的特性。理想的传感器特性在实际中是不存在的，人们所能做的就是使实际的特性尽量接近理想的特性，而这种接近的程度，通常用一些性能指标来加以衡量。输入量恒定或缓慢变化时的传感器特性称为静态特性，相应地用静态性能指标来描述；输入量变化较快时的传感器特性称为动态特性，由动态性能指标表示。

一、传感器的静态特性

理想情况下，传感器的输出量 y 与输入量 x 之间应为线性关系，其静态特性可表示为

$$y=a_1x \tag{1-29}$$

式中　a_1——线性静态特性的斜率。

严格地说，实际的传感器的静态特性都是非线性的，可一般性地用一个多项式表示为

$$y=a_0+a_1x+a_2x^2+\cdots+a_nx^n \tag{1-30}$$

式中　a_0、a_1、a_2、…、a_n——系数。

常用的静态性能指标包括：灵敏度、精确度、测量范围与量程和线性度误差等。

1. 灵敏度

传感器的灵敏度 K 是指达到稳定工作状态时，输出变化量 Δy 与引起此变化的输入变化量 Δx 之比，即

$$K=\frac{\Delta y}{\Delta x} \tag{1-31}$$

灵敏度反映了传感器对被测参数变化的灵敏程度，其数值较大时，传感器的信号处理电路就较为简单。

显然，线性传感器的灵敏度就是其静态特性的斜率；而非线性传感器的灵敏度则是其静态特性曲线某点处切线的斜率，它随输入量的变化而变化。

2. 精确度

传感器的精确度是指传感器的输出指示值与被测量约定真值的一致程度，它反映了传感器测量结果的可靠程度。

工程上，根据传感器的最大引用误差来划分精确度等级，常用的有 0.1、0.2、0.5、1.0、1.5、2.5、4.0、5.0 等档次。例如 0.5 级的仪表，即表示其允许的最大引用误差为 0.5%。

3. 测量范围与量程

传感器的测量范围是指按其标定的精确度可进行测量的被测量的变化范围，而测量范围的上限值 y_{max} 与下限值 y_{min} 之差就是传感器的量程 y_m，即

$$y_m=y_{max}-y_{min} \tag{1-32}$$

例如某温度计的测量范围为－20～100℃，则其量程 y_m＝100℃－(－20℃)＝120℃。

有的传感器一旦过载（即被测量超出测量范围）就将损坏，而有的传感器允许一定程度的过载，但过载部分不作为测量范围，这一点在使用中应加以注意。

4. 线性度误差

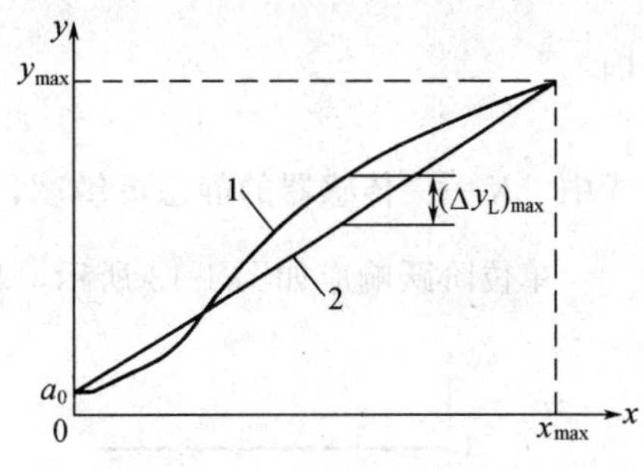

图 1-11　传感器的线性度误差

传感器的线性度误差 γ_L 是指实际的静态特性曲线与规定直线之间，在垂直方向上的最大偏差 $|(\Delta y_L)_{max}|$ 与最大输出 y_{max} 的百分比，如图 1-11 所示。

$$\gamma_L=\frac{|(\Delta y_L)_{max}|}{y_{max}}\times 100\% \tag{1-33}$$

图中 a_0 称为零位输出，即被测量为零时传感器的指示值。

γ_L 数值小则线性度高，这样的传感器在电路上处理较方便，测量精度也高；非线性大的传感器一般要采用线性化补偿电路或机械式的非线性补偿机构，造成其电路及机构均较复杂，调试也较繁琐。近年来，智能化的传感器常采用软件进行线性化处理，就比较方便了。

传感器的其他一些静态性能指标，如回差（或迟滞）、死区、阈值、分辨率、重复性、漂移等，在此不做一一介绍。

为了使测量准确，要求静态响应良好，即希望所采用的传感器有合适的测量范围和量程，足够高的精确度、灵敏度、分辨率和重复性，尽量小的线性度误差、回差、死区、阈值和漂移。

需要指出的是，传感器一般都有其规定的工作环境条件，如温度范围和湿度范围等。只有在满足这些条件的情况下，才能保证传感器的各项性能指标达到其标定值。

二、传感器的动态特性

当传感器的输入信号随时间较快变化时，由于传感器内的各种运动惯性及能量传递需要时间，传感器的输出无法瞬时地完全追随输入量而变化。例如将温度计插入待测液槽时，不能立即准确显示液体的温度值，而要经过一段时间达到平衡后才行。那么在整个过程中，输出量与输入量之间的关系到底是怎样的呢？这就是动态特性所要解决的问题。

在研究传感器的动态特性时，为了避免复杂的数学问题，通常忽略传感器的非线性和随机变化等因素，将其看成一个集中参数系统，用常系数线性微分方程来描述其输出量（或称响应）y 与输入量（或称激励）x 的关系，即

$$a_n\frac{d^n y}{dt^n}+a_{n-1}\frac{d^{n-1}y}{dt^{n-1}}+\cdots+a_1\frac{dy}{dt}+a_0 y=b_m\frac{d^m x}{dt^m}+b_{m-1}\frac{d^{m-1}x}{dt^{m-1}}+\cdots+b_1\frac{dx}{dt}+b_0 x \tag{1-34}$$

式中　a_n、a_{n-1}、…、a_1、a_0、b_m、b_{m-1}、…、b_1、b_0——结构常数，由传感器的物理参数决定。

由于输入量变化越快，输出量越不易跟随，所以一般以最坏情况即阶跃信号（如图 1-12 所示）作为激励，来研究动态特性，而此时的输出称为阶跃响应。

从数学模型的角度看，也可将传感器分为零阶、一阶、二阶、三阶等传感器，下面就常见的前三种传感器做一讨论。

1. 零阶传感器

例如线性电位器就属于零阶传感器。作为式（1-34）的特例，其数学模型的一般形式是：

$$a_0y=b_0x \tag{1-35}$$

即

$$y=\frac{b_0}{a_0}x=Kx \tag{1-36}$$

式中　K——传感器的静态灵敏度，$K=\frac{b_0}{a_0}$。

单位阶跃响应如图 1-13 所示，显然，零阶传感器对任何输入理论上均无时间滞后。

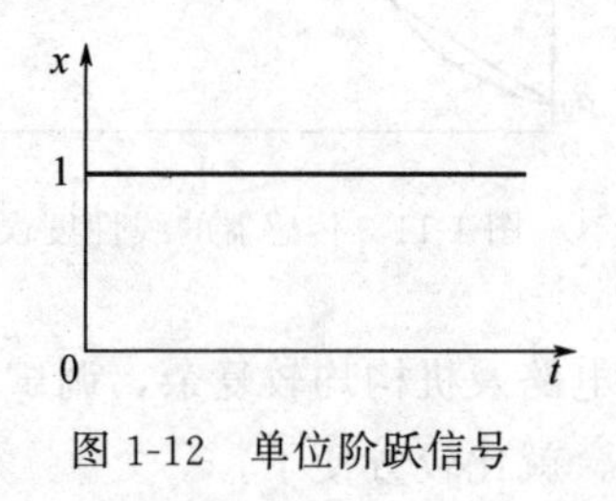

图 1-12　单位阶跃信号

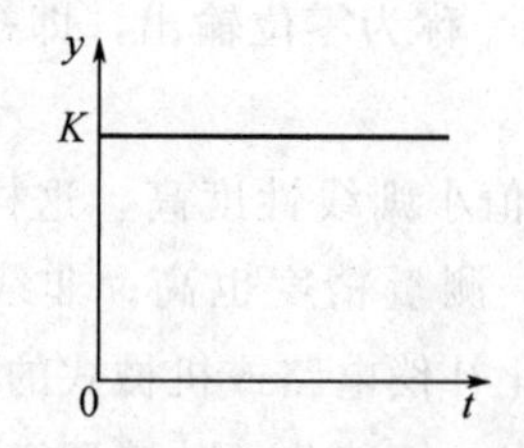

图 1-13　零阶传感器的单位阶跃响应

2. 一阶传感器

例如用以测量温度的不带保护套管的热电偶，就属于一阶传感器。作为式（1-34）的特例，其数学模型的一般形式是

$$a_1\frac{\mathrm{d}y}{\mathrm{d}t}+a_0y=b_0x \tag{1-37}$$

假设初始条件为 $t=0$、$y=0$，解方程式（1-37），即可得到当输入 x 从 0 跃变为 1 时，输出响应为

$$y=K(1-\mathrm{e}^{-\frac{t}{T}}) \tag{1-38}$$

式中　$K=\frac{b_0}{a_0}$——传感器的静态灵敏度；

$T=\frac{a_1}{a_0}$——传感器的时间常数。

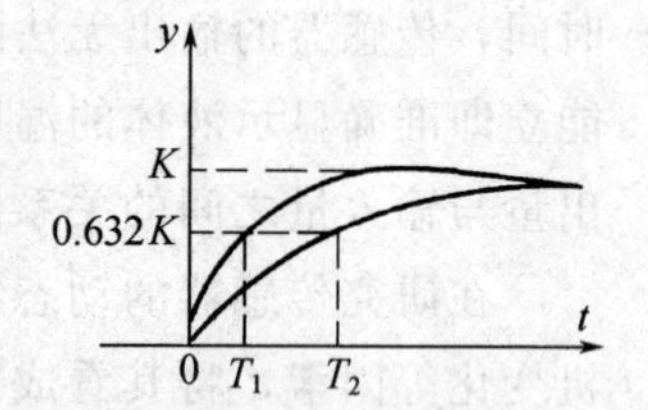

图 1-14　一阶传感器的单位阶跃响应

单位阶跃响应如图 1-14 所示。显然，只有当 $t\to\infty$时，y 才能达到其稳态值 K。因此一般根据 y 达到其稳态值的 63.2%（即 0.632K）所用的时间 T，来衡量一个传感器动态响应的速度。T 值越大，则动态响应越慢，动态误差越大且存在时间越长。T 称为时间常数，是一阶传感器的主要动态性能指标，一般希望它越小越好。

本章小结

所谓测量，就是将被测量与测量单位进行比较，得到被测量是测量单位的多少倍，并用数字和单位表示出来。测量方法分为两大类：一类是能直接得到被测量数值的直接测量法，常用的具体方法包括直接比较测量法、微差测量法和零位测量法等；另一类是间接测量法，即先对一个或几个与被测量有确定函数关系的量进行直接测量，然后通过代表该函数关系的公式、曲线或表格求得被测量。

任何测量都不可能是绝对准确的，因此任何一个量的真值永远也无法测量出来，在实际使用中通常用约定真值来代替。测量中存在的误差一般有三种表示方法：绝对误差、相对误差和引用误差。根据误差产生的原因，可将其分为粗大误差、系统误差和随机误差三类。

由于任何测量中必然存在误差，所以，为了获得某一个量的尽可能准确的值，通常在相同条件下，对该量进行多次等精度测量，从而得出一组测量数据。然后通过误差分析，求出该被测量真值的最佳估计值及其误差范围。通常对直接测量数据的误差分析包括三个大的步骤：

① 首先检查测量数据中有无粗大误差，若有则剔除该测量值，并重复以上步骤，直至剩余的数据中不再有粗大误差；

② 然后在余下的不包含粗大误差的数据中，检查是否存在系统误差，若有则需采取相应的校正或补偿措施，以消除其对测量结果的影响；

③ 经过以上两步处理后的测量数据中，将只存在随机误差，这类误差是不可能消除的，但它服从一定的统计规律，大多呈现正态分布，因此利用数理统计分析，即可求出被测量真值的最佳估计值及其误差范围。

进行任何测量都需要测量工具，而传感器就是最有力的测量工具。它一般由敏感元件、转换元件、测量电路和辅助电源组成，可感受被测量，并按一定规律将其转化成同种或别种性质的输出信号（一般是电信号）。利用各种电磁原理和固体物理学理论等，可制成各种工作原理的传感器，用于测量各种物理量、化学量、生物量等，既有输出模拟信号的，也有输出数字信号的，其应用和发展的前景极为广阔。

使用传感器的目的是使其输出信号能准确地反映被测量的数值或变化情况，对传感器的输出量与输入量之间对应关系的描述称为传感器的特性。传感器的实际特性与理想特性的接近程度，通常用一些性能指标加以衡量。当输入量恒定或缓慢变化时，常使用以下的静态性能指标：灵敏度、精确度、测量范围、量程、线性度、回差、死区、阈值、分辨率、重复性、漂移等。当输入信号随时间较快变化时，常通过阶跃响应来研究传感器的动态特性。零阶传感器的阶跃响应在理论上无任何时间滞后；一阶传感器的阶跃响应最重要的动态性能指标是时间常数，一般希望它越小越好。

1-1 直接测量和间接测量的含义是什么？直接测量主要包括哪些具体的测量方法？各有什么特点？

1-2 测量误差主要有哪些表示方法？它们分别是怎样定义的？

1-3 试解释下列名词术语的含义：真值、约定真值、测量值、修正值。

1-4 使用一只0.2级、量程为10V的电压表，测得某一电压为5.0V，试求此测量值可能出现的绝对误差和相对误差的最大值。

1-5 现对一个量程为100mV，表盘为100等分刻度的毫伏表进行校准，测得数据如下。

仪表刻度值/mV	0	10	20	30	40	50	60	70	80	90	100
标准仪表示值/mV	0.0	9.9	20.2	30.4	39.8	50.2	60.4	70.3	80.0	89.7	100.0
绝对误差/mV											
修正值/mV											

试将各校准点的绝对误差和修正值填入上表中，并确定该毫伏表的精度等级。

1-6 测量误差按照其性质可分为哪几类？它们产生的原因分别是什么？

1-7 已知对某电阻的测量值中仅有随机误差且服从正态分布，该电阻的真值10Ω，测量值的标准偏差为 0.2Ω，求测量值出现在 9.5～10.5Ω 之间的置信概率。

1-8 为什么要以"均方根误差"作为衡量测量精度的标准？在实际生产中，均方根误差如何计算？

1-9 甲、乙二人分别用不同的方法，对同一电感进行多次测量，结果如下（假设均无粗大误差和系统误差）。

甲 x_a(mH)：1.28，1.31，1.27，1.26，1.19，1.25

乙 x_b(mH)：1.19，1.23，1.22，1.24，1.25，1.20

试根据以上数据粗略评价哪个人的测量精密度较高。

1-10 对某零件长度进行12次等精度测量，测量数据如下。

x_i：20.46，20.52，20.50，20.52，20.48，20.47，20.50，20.49，20.47，20.49，20.51，20.51

设系统误差已基本消除，试进行误差分析，并写出最后的测量结果。

1-11 传感器一般由哪几部分组成？它们分别起什么作用？

1-12 传感器主要有哪些静态和动态性能指标？静态响应与动态响应良好的标志是什么？

第二章

电阻与电容式传感器

内容提要：将位移、应变、振动等非电量的变化转换成导电材料的电阻变化的装置，称为电阻式传感器。本章共分三部分：①电位器式传感器；②应变片式传感器；③压阻式传感器。本章重点介绍了测量原理和方法，并针对常见的检测过程列举了大量的实例，对于理解和掌握本章的内容有很大的帮助。

电容式传感器是将被测参数变换成电容量的一种传感器，它的转换元件实际上就是一个具有可变参数的电容器。用两块金属平板作电极，即可构成最简单的电容器。当忽略边缘效应时，其电容量为

$$C=\frac{\varepsilon S}{d}=\frac{\varepsilon_0\varepsilon_r S}{d}$$

电容量 C 的大小与 S、d 和 ε 有关，若保持这三个参数中的两个不变而改变另一个，则 C 就会发生变化。这实际上就是电容式传感器的基本原理。根据发生变化的参数的不同，电容式传感器相应地分为以下三种类型：变面积型、变间隙型、变介电常数型。电容式传感器不但广泛地用于精确测量位移、厚度、角度、振动等机械量，还可进行力、压力、差压、流量、成分、液位等参数的测量。

电阻式传感器是一种能把非电物理量（如位移、力、压力、加速度、扭矩等）转换成与之有确定对应关系的电阻值，再经过测量电桥转换成便于传送和记录的电压（电流）信号的一种装置。它在非电量检测中应用十分广泛。

第一节 电阻式传感器

一、电位器式传感器

导体的电阻与导体的材料性能（电阻率 ρ）、导体的尺寸（长度 L、横截面 A）、形状以及导体的温度等因素有关。如果导体的长度为 L，横截面为 A，电阻率为 ρ，那么它的电阻值 R 可表示为

$$R=\rho\frac{L}{A} \tag{2-1}$$

从式（2-1）可见，在匀质导体中，电阻与其长度成正比。

常见的旋转式变阻器和滑线式变阻器，可作为角位移和线位移测量的电阻式传感器。

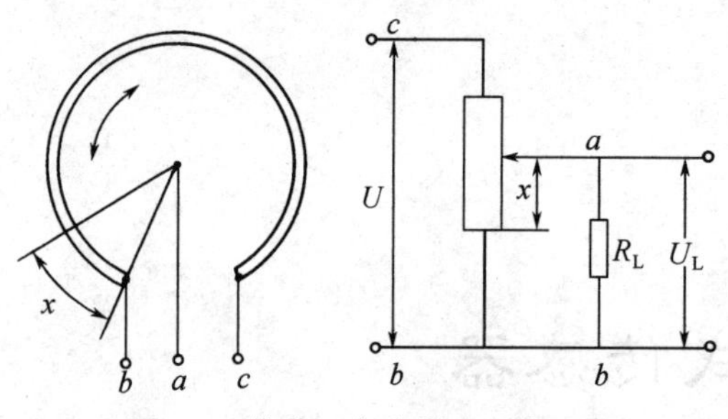

图 2-1　位移 x 与电阻 R_{ab} 成正比

位移的变化通过机械机构改变电阻器滑臂的位置，从而改变了 a、b 端的电阻值 R_{ab}，如图 2-1。

这类传感器通常是以电位计的形式接入测量电路，成为电位计式传感器。在 c、b 间接入电源 U，在 a、b 间接入负载电阻 R_L。

令 $x=R_{ab}/R$（即 $x=0$ 时，$R_{ab}=0$；$x=1$ 时，$R_{ab}=R$）得

$$U_L=U\frac{x}{1+\frac{R}{R_L}x(1-x)} \tag{2-2}$$

可见，输出电压（负载上的电压）U_L 与位移 x 呈非线性关系。只有当 $R_L=\infty$ 时，输出电压 U_L 与位移 x 间才是线性关系。

二、应变式传感器

应变式电阻传感器是目前用于测量力、力矩、压力、加速度、质量等参数最广泛的传感器之一。它是基于电阻应变效应制造的一种测量微小机械变量的传感器。

应变式传感器的核心元件是电阻应变计（片），如图 2-2，其结构主要由四部分组成：①电阻丝（敏感栅），它是应变计的转换元件；②基底和面胶（覆盖层），基底是将传感器弹性体的应变传递到敏感栅上的中间介质，并起到电阻丝和弹性体间的绝缘作用，面胶起着保护电阻丝的作用；③胶黏剂，它将电阻丝与基底粘贴在一起；④引出线，作为连接测量导线之用。

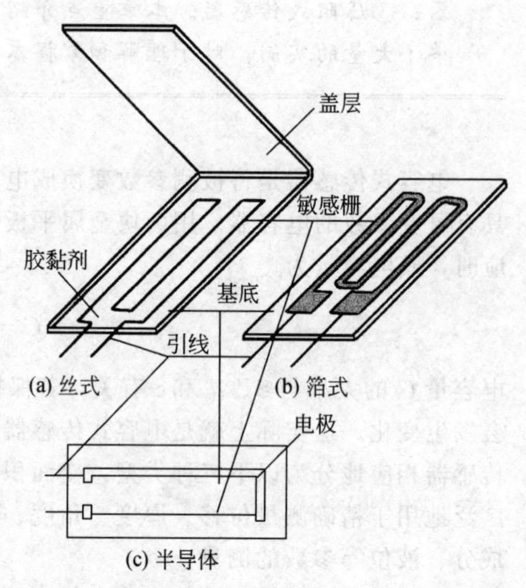

图 2-2　应变片的结构与组成

（一）电阻应变效应

1. 应变效应

金属导体或半导体在受到外力作用时，会产生相应的应变，其电阻也将随之发生变化，这种物理现象称为“应变效应”。用来产生应变效应的细导体称为“应变丝”（敏感栅）。

设有一圆形截面导线，长度为 L，截面积为 A，材料的电阻率为 ρ，这段导线的电阻值 R 为

$$R=\rho\frac{L}{A}=\rho\frac{L}{\pi r^2} \tag{2-3}$$

式中　r——导体半径。

当导体受力作用时，其长度 L、截面积（πr^2）、电阻率 ρ 相应变化为 dL、$d(\pi r^2)$、$d\rho$，因而引起电阻变化 dR。

对式（2-3）全微分，则为

$$\frac{dR}{R}=\frac{dL}{L}-2\frac{dr}{r}+\frac{d\rho}{\rho} \tag{2-4}$$

式中 $\frac{dL}{L}$——电阻丝轴向应变，$\frac{dL}{L}=\varepsilon_x$；

$\frac{dr}{r}$——电阻丝径向应变，$\frac{dr}{r}=\varepsilon_y$。

根据材料力学原理，在弹性限度范围内电阻丝轴向应变与径向应变存在如下关系

$$\varepsilon_y=-\mu\varepsilon_x \tag{2-5}$$

式中 μ——材料的泊松系数，$\mu=0\sim0.5$。

负号表示二者变化方向相反。

将式（2-5）代入式（2-4）得

$$\frac{dR}{R}=(1+2\mu)\varepsilon_x+\frac{d\rho}{\rho} \tag{2-6}$$

式（2-6）说明应变片电阻变化率是几何效应$(1+2\mu)\varepsilon$项和压阻效应$d\rho/\rho$项综合的结果。

2. 灵敏系数

灵敏度系数的物理意义是单位应变所引起的电阻相对变化。

① 对于金属材料，由于压阻效应极小，即$d\rho/\rho\ll1$，因此有

$$dR/R\approx(1+2\mu)\varepsilon \tag{2-7}$$

当金属材料确定后，应变片的电阻变化率取决于材料的几何形状变化，其灵敏度系数为

$$K=\frac{dR/R}{\varepsilon}=1+2\mu \tag{2-8}$$

当力作用到用金属材料制作的应变片上时，应变片即发生相应的压缩应变（为负）或拉伸应变（为正），由应变效应可知，应变片电阻发生变化，其电阻相对变化与电阻丝轴向应变成正比关系。

② 对于半导体，由于$d\rho/\rho$项的数值远比$(1+2\mu)\varepsilon$项大，即半导体电阻变化率取决于材料的电阻率变化，因此

$$dR/R\approx d\rho/\rho$$

半导体材料具有较大的电阻率变化的原因，在于它有远比金属导体显著的压电电阻效应。当在半导体（例如：单晶体）的晶体结构上加上外力时，会暂时改变晶体结构的对称性，因而改变了半导体的导电机构，表现为它的电阻率ρ的变化，这一物理现象称为压阻效应。而且，根据半导体材料情况和所加外力的方向可使电阻率增加或减小。

依半导体材料的压电电阻效应可知

$$\frac{d\rho}{\rho}=\pi E\varepsilon \tag{2-9}$$

式中 π——材料的压阻系数；

E——材料的弹性模数。

由此可得半导体应变片电阻变化率的表达式如下

$$\frac{dR}{R}\approx\pi E\varepsilon \tag{2-10}$$

灵敏系数为

$$K=\frac{dR/R}{\varepsilon}=\pi E \tag{2-11}$$

③ 常用的应变片灵敏度系数大致是：金属导体应变片约为 2 左右，但不超过 4～5；半导体应变片约为 100～200。

可见，半导体应变片的灵敏度系数值比金属导体的灵敏度系数值大几十倍。此外，根据选用的材料或掺杂多少的不同，半导体应变片的灵敏度系数可以做成正值或负值，即拉伸时应变片电阻值增加（K 为正值）或降低（K 为负值）。

3. 测量原理

应变片直接感受的是应变或应力。测量时将应变片粘贴在弹性元件（试件）上，当外力作用到弹性元件（试件）上时，弹性元件被压缩（或拉伸），即产生微小的机械变形，粘贴在弹性元件上的应变片感受到应力 σ 的作用，根据虎克定律，应变 ε 与应力 σ 成正比，即

$$\sigma = E\varepsilon \tag{2-12}$$

又由应变效应可知，应变片的应变 ε 与电阻值的相对变化 dR/R 成正比，所以，实现了对微小机械变量的测量。

（二）测量电路

电阻应变片把机械应变信号转换成 dR/R 后，由于应变量 ε 通常在 5000μ 以下，所引起的电阻变化 dR/R 一般都很微小，既难以直接精确测量，且不便直接处理。因此，必须采用测量电桥，把应变电阻的变化转换成电压或电流变化。

1. 测量电桥

应变片的测量电桥，结构简单，具有灵敏度高、测量范围宽、线性度好、精度高和容易实现温度补偿等优点，因此能很好地满足应变测量的要求，是目前采用最多最广泛的一种测量电路。电桥的一般形式如图 2-3 所示。

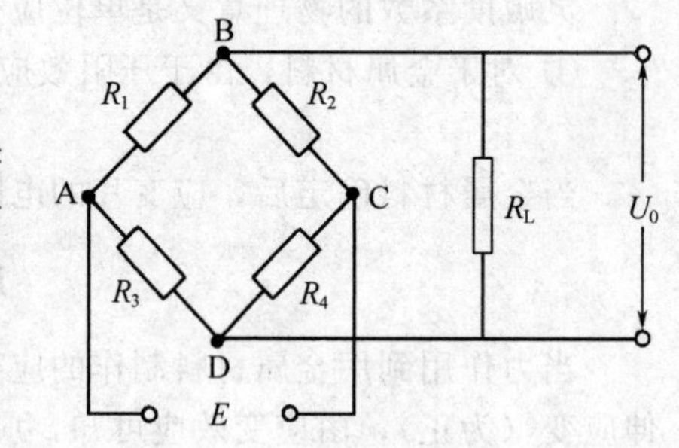

图 2-3　电桥的一般形式

如图 2-3 所示为一直流供电的平衡电阻电桥。A、B、C、D 为电桥顶点，它的四个桥臂由电阻组成。E 为直流电源，接于桥的 A、C 点，电桥从 B、D 接线输出，R_L 为其负载。

当电桥输出端（B、D）接到一个无穷大负载电阻（实际上只要大到一定数值即可）上时，可认为输出端开路，这时直流电桥称为电压桥，即只有电压输出。当忽略电桥电源 E 的内阻时，根据分压原理，$U_{AB}=\frac{R_1E}{R_1+R_2}$；$U_{AD}=\frac{R_3E}{R_3+R_4}$；则输出端电压 U_0 为

$$U_0=U_{BD}=U_{AB}-U_{AD}=\frac{R_1E}{R_1+R_2}-\frac{R_3E}{R_3+R_4}$$

$$=\frac{R_1R_4-R_2R_3}{(R_1+R_2)(R_3+R_4)}E \tag{2-13}$$

由式（2-13）可知，当电桥各桥臂电阻满足如下条件时

$$R_1R_4=R_2R_3 \tag{2-14}$$

电桥的输出电压（即 U_0）为零，即电桥处于平衡状态，式（2-14）即称为电桥的平衡条件。

应变片测量电桥在工作前应使电桥平衡（称为预调平衡），以使在工作时电桥输出电压只与应变计感受应变所引起的电阻变化有关。初始条件为

$$R_1=R_2=R_3=R_4=R \tag{2-15}$$

(1) 单臂工作情况　只有一支应变片接入电桥，设 R_1 为接入的应变片，测量时的变化为 ΔR。根据式 (2-13)，其输出端电压为

$$U_0=\frac{R\Delta R}{2R(2R+\Delta R)}E$$

通常情况下，$\Delta R \ll R$，所以

$$U_0=\frac{E}{4}\times\frac{\Delta R}{R}$$

由电阻-应变效应，则上式可写成

$$U_0=\frac{E}{4}k\varepsilon \tag{2-16}$$

(2) 半桥工作　有两只应变片接入电桥的相邻两支桥臂。并且两支桥臂的应变片的电阻变化大小相同而方向相反（差动工作）。

根据式 (2-13)，输出端电压为

$$U_0=\frac{E}{2}\times\frac{\Delta R}{R}=\frac{E}{2}k\varepsilon \tag{2-17}$$

(3) 全桥工作　有 4 只应变片接入电桥。并且差动工作，则有

$$U_0=\frac{\Delta R}{R}E=k\varepsilon E \tag{2-18}$$

对比电桥的三种工作方式可见，用直流电桥作应变的测量电路时，电桥输出电压与被测应变量成线性关系；而在相同条件下（供电电源和应变的型号不变），差动工作比单臂工作输出信号大，半桥差动输出是单臂输出的二倍，而全桥差动输出又是单臂输出的四倍。全桥工作时输出电压最大，检测的灵敏度最高。

设电桥初始平衡，四臂工作，各臂应变电阻变化分别为 ΔR_1、ΔR_2、ΔR_3、ΔR_4，代入式 (2-13)，全桥工作时可得输出电压

$$U_0=\frac{E}{4}\left(\frac{\Delta R_1}{R_1}-\frac{\Delta R_2}{R_2}-\frac{\Delta R_3}{R_3}+\frac{\Delta R_4}{R_4}\right)$$

$$=\frac{E}{4}k(\varepsilon_1-\varepsilon_2-\varepsilon_3+\varepsilon_4) \tag{2-19}$$

在上述公式中，ε 可以是轴向应变，也可以是径向应变。当应变片的粘贴方向确定后，若为压应变，则 ε 以负值代入；若是拉应变，则 ε 以正值代入。

2. 应变片的补偿

(1) 温度误差

用作测量应变 ε 的金属应变片，希望其阻值仅随应变 ε 变化，而不受其他因素的影响。实际上应变片的阻值受环境温度（包括被测试件的温度）影响很大。因环境温度改变而引起电阻变化的两个主要因素：其一是应变片的电阻丝具有一定温度系数；其二是电阻丝材料与测试材料的线膨胀系数不同。

设环境引起的构件温度变化为 Δt 时，粘贴在试件表面的应变片敏感栅材料的电阻温度系数为 α_t，则应变片产生的电阻相对变化为

$$\left(\frac{\Delta R}{R}\right)_1=\alpha_t\Delta t \tag{2-20}$$

同时，由于敏感栅材料和被测构件材料两者线膨胀系数不同，当 Δt 存在时，引起应变片的附加应变，其值为

$$\varepsilon_{2t}=(\beta_e-\beta_g)\Delta t \tag{2-21}$$

式中　β_e——试件（弹性元件）材料的线膨胀系数；

β_g——敏感栅（应变丝）材料的线膨胀系数。

相应的电阻相对变化为

$$\left(\frac{\Delta R}{R}\right)_2=K(\beta_e-\beta_g)\Delta t \tag{2-22}$$

因此，由温度变化形成的总电阻相对变化为

$$\left(\frac{\Delta R}{R}\right)_t=\left(\frac{\Delta R}{R}\right)_1+\left(\frac{\Delta R}{R}\right)_2=\alpha_t\Delta t+K(\beta_e-\beta_g)\Delta t \tag{2-23}$$

上式为应变片粘贴在试件表面上，当试件不受外力作用，在温度变化时，应变片的温度效应。它表明应变片输出的大小与应变计敏感栅材料的性能 α_t、β_g 以及被测试材料的线膨胀系数 β_e 有关。

为了使应变片的输出与温度变化无关，必须进行温度补偿。

（2）温度补偿

① 单丝自补偿应变片　由式（2-23）可以看出，若使应变片在温度变化 Δt 时热输出值为零，必须使

$$\alpha_t\Delta t+K(\beta_e-\beta_g)\Delta t=0$$

即只要满足下式，则

$$\alpha_t=-K(\beta_e-\beta_g)$$

单丝自补偿应变片的优点是结构简单，制造和使用都比较方便，但它必须在具有一定线膨胀系数材料的试件上使用，否则不能达到温度自补偿的目的。

② 双丝组合式自补偿应变片　如图 2-4 所示，这种温度自补偿应变片由两种不同电阻温度系数（一种为正值，一种为负值）的材料串联组成敏感栅，当达到一定的温度范围时，在一定材料的试件上即可实现温度补偿。

该补偿方法的优点是：制造时，可以调节两段敏感栅的丝长，以实现对某种材料的试件在一定温度范围内获得较好的温度补偿。补偿效果可达到±0.45$\mu\varepsilon$/℃。

③ 电路补偿法　利用电桥相邻相等二臂同时产生大小相等、符号相同的电阻量不会破坏电桥平衡的特性来达到补偿的目的，如图 2-5 所示。

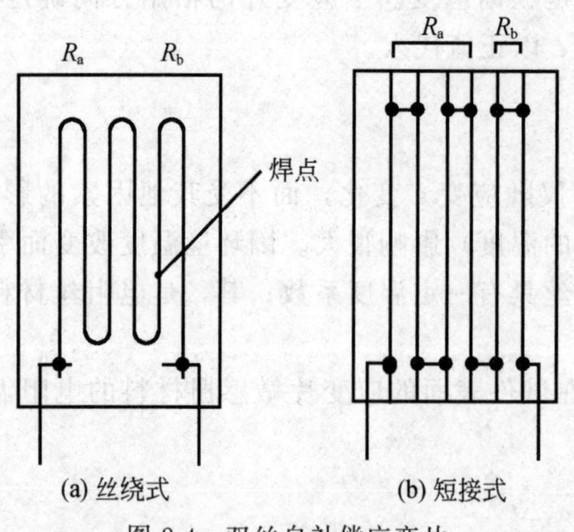

图 2-4　双丝自补偿应变片

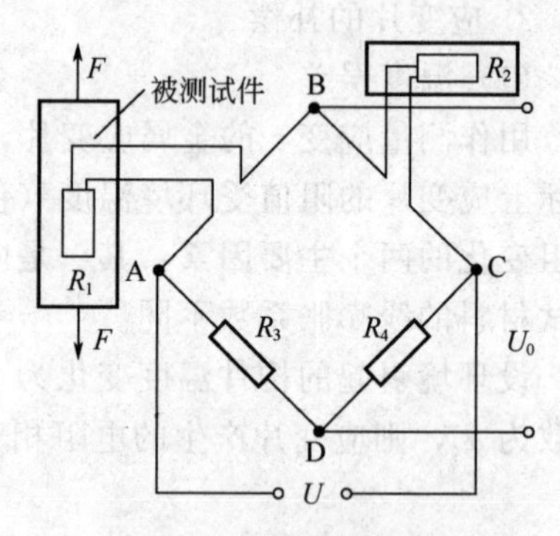

图 2-5　桥路补偿法

测量应变时，使用两个应变片，一片贴在被测试件的表面，如图 2-5 中 R_1 称为工作应变片。另一片贴在与被测试件材料相同的补偿块上，如图中 R_2，称为补偿应变片。在工作

过程中补偿块不承受应变，仅随温度发生变形。

当被测试件不承受应变时，R_1 和 R_2 处于同一温度场，调整电桥参数，可使电桥输出电压为零。

应当指出，为达到完全补偿，需满足下列三个条件：

① R_1 和 R_2 须属于同一批号，即它们的电阻温度系数、线膨胀系数、应变灵敏系数都相同，两片的初始电阻值也要求相同；

② 用于粘贴补偿片的构件和粘贴工作片的试件二者材料必须相同，即要求两者线膨胀系数相等；

③ 两应变片处于同一温度环境中。

此方法简单易行，能在较大温度范围内进行补偿。

根据被测试件承受应变的情况，可以不另加专门的补偿块，而是将补偿片贴在被测试件上，这样既能起到温度补偿作用，也能提高输出的灵敏度，如图 2-6 所示的贴法。

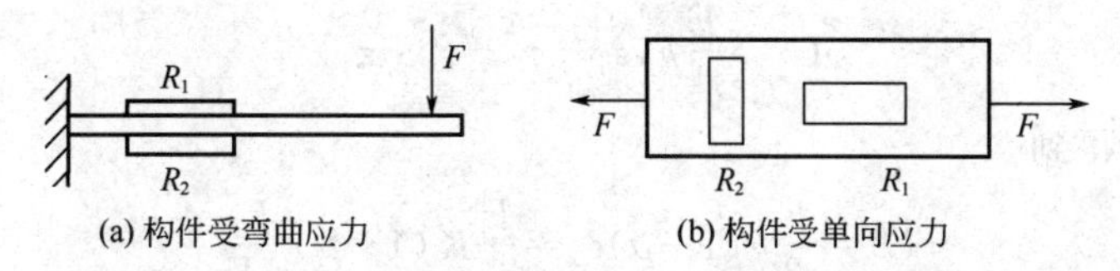

图 2-6　温度补偿法

其中，图 2-6（a）为一个梁受弯曲应变时，应变片 R_1 和 R_2 的变形方向相反，上面受拉，下面受压，应变绝对值相等，符号相反，将它们接入电桥的相邻臂后，可使输出电压增加一倍。当温度变化时，应变片 R_1 和 R_2 的阻值变化的符号相同，大小相等，电桥不产生输出，达到了补偿的目的。此时电桥的输出如式（2-17）。

图 2-6（b）是受单向应力的构件，将应变片 R_1 的轴线顺着应变方向，应变片 R_2 的轴线和应变方向垂直，R_1 和 R_2 接入电桥相邻臂，此时电桥的输出为

$$U_0=\frac{E}{4}\left(\frac{\Delta R_1}{R_1}-\frac{\Delta R_2}{R_2}\right)=\frac{E}{4}K(\varepsilon_1-\varepsilon_2) \tag{2-24}$$

式中，ε_1 受到拉应力，ε_2 受到压应力，且由式（2-5）得到

$$\varepsilon_2=-\mu\varepsilon_1$$

代入式（2-24）有

$$U_0=\frac{E}{4}K(1+\mu)\varepsilon_1 \tag{2-25}$$

（三）应用

应变式传感器广泛应用于称重和测力领域。一是作为敏感元件，直接用于被测试件的应变测量；二是作为转换元件，通过弹性元件构成传感器，用以对任何能转变成弹性元件应变的其他物理量作间接测量。

应变式传感包括三个部分：一是弹性敏感元件，利用它将被测物理量（如力、扭矩、加速度、压力等）转换为弹性体的应变值；二是应变片作为转换元件，将应变转换为电阻的变化；三是测量转换电路，将电阻值转换为相应的电势信号输出给后续环节。

1. 柱式力传感器

圆柱式力传感器的弹性元件如图 2-7 所示。设圆筒的有效截面积为 A、泊松比为 μ、弹性模量为 E，四片相同特性的应变片贴在圆筒的外表面并接成全桥形式。如外加荷重为 F，则传感器输出为式（2-19）

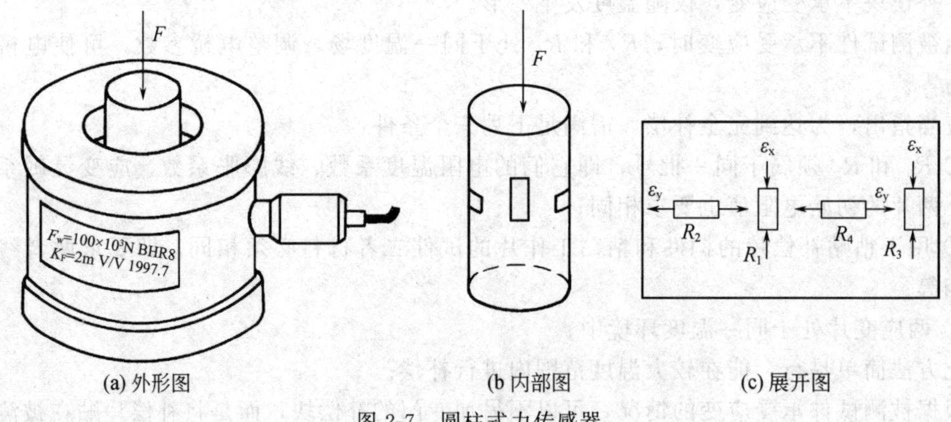

图 2-7　圆柱式力传感器

$$U_0=\frac{E}{4}k(\varepsilon_1-\varepsilon_2-\varepsilon_3+\varepsilon_4)$$

由图 2-7 的展开图得到

$$U_0=\frac{E}{2}k(1+\mu)\varepsilon_x=\frac{E}{2}K(1+\mu)\frac{F}{AE} \tag{2-26}$$

由此可见，输出 U_0 正比于荷重 F。有

$$\frac{U_0}{U_{om}}=\frac{F}{F_m} \tag{2-27}$$

将式（2-27）代入式（2-26）得

$$U_0=\frac{F}{F_m}U_{om}=K_F\frac{E}{F_m}F \tag{2-28}$$

式中　U_{om}——满量程时的输出电压；

K_F——荷重传感器的灵敏度，$K_F=\frac{U_{om}}{U_0}$，mV/V；

F_m——荷重传感器满量程时的值。

（1）称重式料位计

通过检测料位槽原料质量间接指示其料位，并可发出料位的上下限报警。料位计的工作原理图如图 2-8 所示。由装在料槽的荷重传感器（按 120°分布装设三个，把料槽支起）、支承架、运算处理器及料位指示报警仪组成。传感器最大输出信号为 2mV/V。

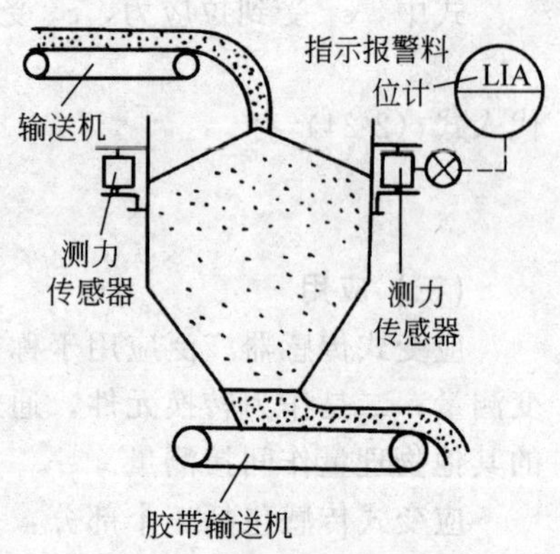

图 2-8　称重式料位计

（2）电子皮带秤

电子皮带秤与一般秤不同，它属于动态称重计量方式，用以测量皮带机在单位时间内所输送的物料质量，其称重原理可用下式表示

$$Q=\int_{t_1}^{t_2}q\,dt \tag{2-29}$$

$$q=Wv \tag{2-30}$$

式中　Q——一段时间内（t_1～t_2）的物料输送量；

q——单位时间内的物料输送量（瞬时物料输送量）；

t_1、t_2——时间；

W——单位皮带长度上物料的质量；

v——皮带输送速度。

这样，只要测得单位皮带长度上物料的质量 W 和皮带速度 v，便能得到单位时间内的物料输送量（瞬时物料输送量）q。通过计时得到一段时间内（t_1 到 t_2）的物料输送量 Q。

电子皮带秤由机械杠杆系统（称量机本体）和电子仪表两大部分组成。其称重装置设置在现场。称量机本体中的称量台架设置在胶带机上；称重部装在胶带机上面的称量小房内。

电子皮带秤的工作示意图如图 2-9，荷重传感器将质量信号变换成电信号，速度发讯机将速度信号变换成脉冲信号。两个信号同时分别送入称重部放大器中的前置放大模块和脉冲放大模块，前者将电压信号变换为直流 4～20mA 电流信号输出，后者输出放大后的脉冲信号。与质量成比例的电流信号和与速度成比例的脉冲信号同时送至输送量积算器。另外，电流信号还送至负荷指示器。

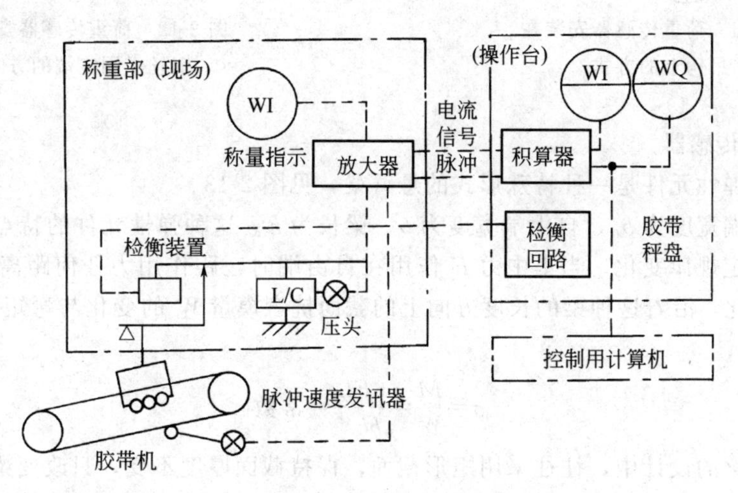

图 2-9　电子皮带秤的工作示意图

为了能称量皮带上的物料，需用称量框架把物料产生的力传送给荷重传感器。并且要求它仅传递物料对皮带的垂直力，而不使任何水平力传递给传感器。如图 2-10 所示为电子皮带秤的称重框架示意图。

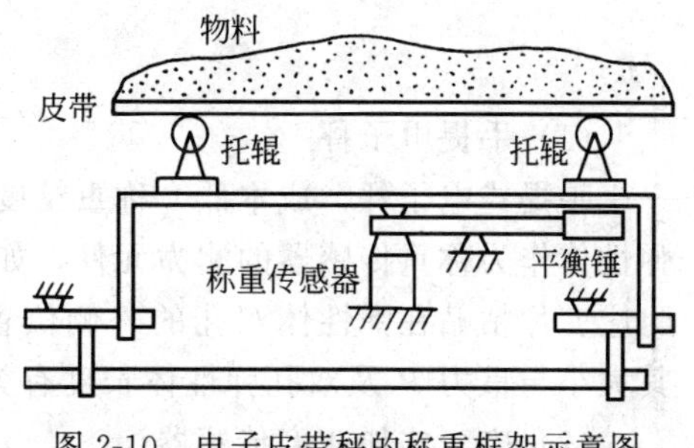

图 2-10　电子皮带秤的称重框架示意图

(3) 电子吊车秤

电子吊车秤是在吊运物体的过程中就可以进行称量的装置。

① 荷重传感器安装在吊钩上的方式如图 2-11 所示。这是一种简单的方式，此时传感器将承受全部载荷，在起吊过程中由于载荷的转动，使传感器受扭力而产生误差。为了克服此扭力，在吊环与吊钩之间加了一副防扭转臂。此扭转臂对被测力无影响，而扭力的作用通过吊钩、转臂而作用在吊环上，使吊环、吊钩一起扭转，对传感器的作用就减小了。

荷重传感器安装在吊钩上，使得连接传感器的信号线也要随吊钩上下运动，需要设计一套电缆收放装置。同时，这种安装方式在被测物料是高温物料时（如钢水）是不能采用的。

② 荷重传感器安装在钢丝绳固定端的方式如图 2-12 所示。这种安装方式也比较简单，而且传感器远离被吊物体，这对吊装炽热物体尤为有利。但这种方式传感器受力大小与起吊高度和摩擦力有关。

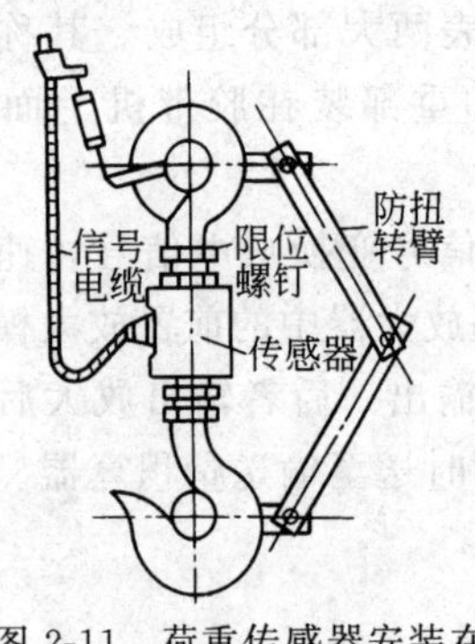

图 2-11　荷重传感器安装在吊钩上的方式

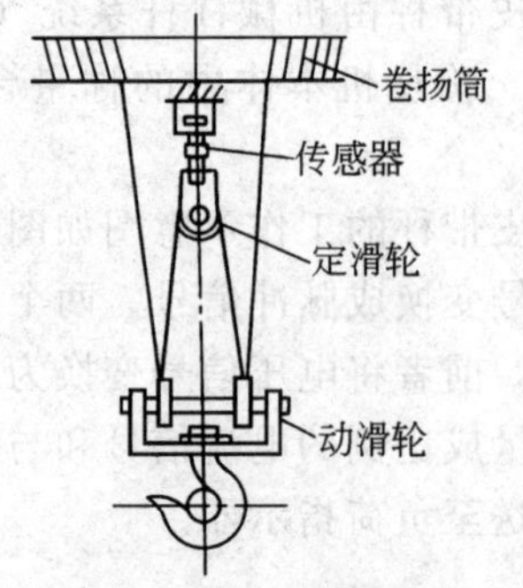

图 2-12　荷重传感器安装在钢丝绳固定端的方式

2. 梁式力传感器

等强度梁弹性元件是一种特殊形式的悬臂梁，见图 2-13。

梁的固定端宽度为 b_0，自由端宽度为 b，梁长为 h。这种弹性元件的特点是，其截面沿梁长方向按一定规律变化，当集中力 F 作用在自由端时，距作用力任何距离 x 的截面上应力 σ 相等。因此，沿着这种梁的长度方向上的截面抗弯模量 W 的变化与弯矩 M 的变化成正比，即

$$\sigma=\frac{M}{W}=\frac{6FL}{bh^2}=\text{常数} \tag{2-31}$$

在等强度梁的设计中，往往采用矩形截面，保持截面厚度不变，只改变梁的宽度，如图 2-13 所示。设沿梁长度方向上某一截面到力的作用点的距离为 x，b_x 为与 x 值相应的梁宽，则等强度梁各点的应变值为

$$\varepsilon=\frac{6Fx}{b_x h^2 E} \tag{2-32}$$

（1）手提电子秤

手提式电子秤，成本低，称重精度高，携带方便，适于购物时用。它采用准 S 型的双孔弹性体作为称重传感器的测力元件，如图 2-14 所示，重力 P 作用在中心线上。四片箔式电阻应变片粘贴在弹性体双孔的外侧位置处。双孔弹性体可简化为在一端受力偶 M 的作用，其大小与重力 P 及双孔弹性体长度有关。

（2）应变式加速度传感器

图 2-15 为应变式加速度传感器。它由端部固定并带有惯性质量块 m 的悬臂梁及贴在梁根部的应变片、基座及外壳等组成，是一种惯性式传感器。

测量时，根据所测振动体加速度的方向，把传感器固定在被测部位。当被测点的加速度沿图中箭头 a 所示方向时，悬臂梁自由端受惯性力 $F=ma$ 的作用，质量块向箭头 a 相反的方向相对于基座运动，使梁发生弯曲变形，应变片电阻发生变化，产生输出信号，输出信号大小与加速度成正比。

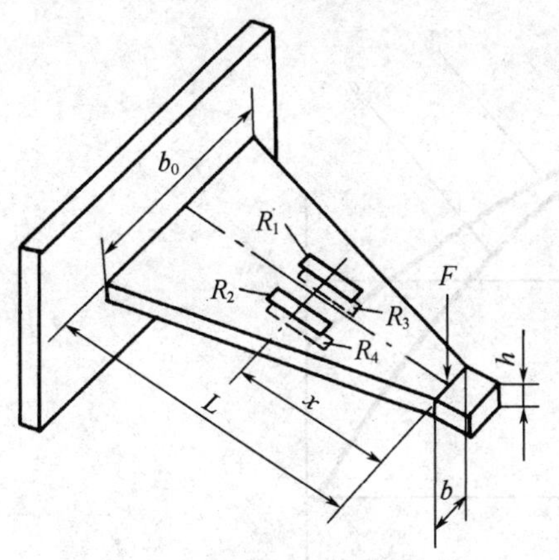

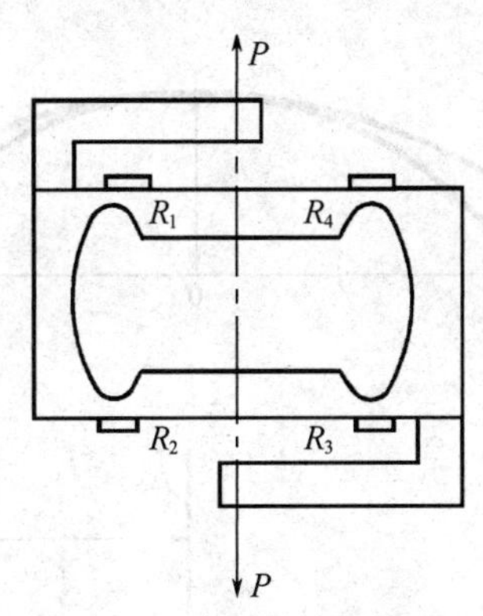

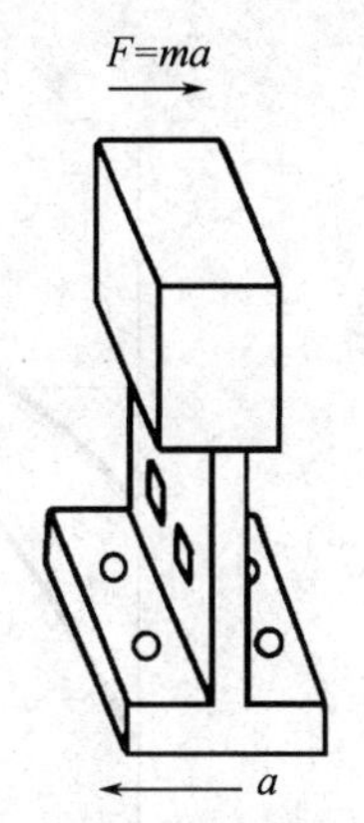

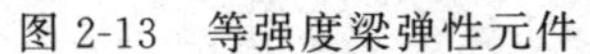

图 2-13 等强度梁弹性元件　　图 2-14 准 S 型称重传感器　　图 2-15 应变式加速度传感器

第二节 压阻式传感器

利用硅的压阻效应和微电子技术制成的压阻式传感器，具有灵敏度高、动态响应好、精度高、易于微型化和集成化等特点，获得广泛应用，而且发展非常迅速。早期的压阻传感器是利用半导体应变片制成的粘贴型压阻传感器。20 世纪 70 年代以后，研制出周边固定的力敏电阻与硅膜片一体化的扩散型压阻传感器。它易于批量生产，能够方便地实现微型化、集成化和智能化。在一块半导体硅上将传感器和计算处理电路集成在一起制成的智能型传感器，应用很广。

一、压阻效应及压阻系数

在半导体材料上施加一作用力时，其电阻率将发生显著的变化，这种现象称为压阻效应。能产生明显的压阻效应的半导体材料很多，其中半导体单晶硅的性能最为优良。通过扩散杂质使其形成四个 P 型电阻，并组成电桥。当膜片受力后，由于半导体的压阻效应，电阻阻值发生变化，使电桥有相应的输出。

从式（2-10）所得半导体的应变效应$\frac{\Delta R}{R}=\pi E\varepsilon$ 及弹性元件的虎克定律$\sigma=E\varepsilon$ 得到

$$\frac{\Delta R}{R}=\pi E\varepsilon=\pi\sigma \tag{2-33}$$

因半导体材料的各向异性，对不同的晶轴方向其压阻系数不同，则有

$$\frac{\Delta R}{R}=\pi_r\sigma_r+\pi_t\sigma_t \tag{2-34}$$

式中　π_r、π_t——纵向压阻系数和横向压阻系数，大小由所扩散电阻的晶向来决定；

σ_r、σ_t——纵向应力和横向应力（切向应力），其状态由扩散电阻所处位置决定。

对扩散硅压力传感器，敏感元件通常都是周边固定的圆膜片。如果膜片下部受均匀分布的压力作用时，由图 2-16 所示膜片的应力分布曲线可知以下结论。

① 在膜片的中心处，$r=0$，具有最大的正应力（拉应力），且$\sigma_r=\sigma_t$；

在膜片的边缘处，$r=r_0$，纵向应力σ_r为最大的负应力（压应力）。

② 当$r=0.635r_0$时，纵向应力$\sigma_r=0$；

$r>0.635r_0$时，纵向应力$\sigma_r<0$，为负应力（压应力）；

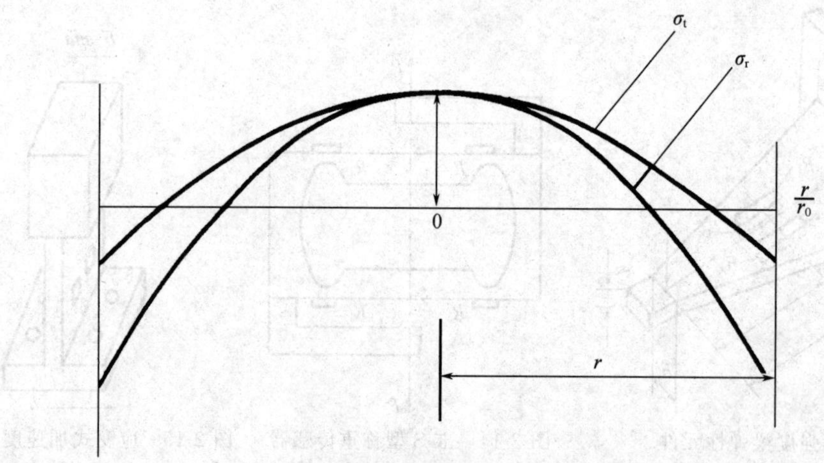

图 2-16　膜片应力分布图

$r<0.635r_0$ 时，纵向应力 $\sigma_r>0$，为正应力（拉应力）。

③ 当 $r=0.812r_0$ 时，横向应力 $\sigma_t=0$，但纵向应力 $\sigma_r<0$。

根据以上分析，在膜片上扩散电阻时，四个电阻都利用纵向应力 σ_r，如图 2-17。只要其中两个电阻 R_2、R_3 处于中心位置（$r<0.635r_0$），使其受拉应力；而另外两个电阻 R_1、R_4 处于边缘位置（$r>0.635r_0$），使其受压应力。

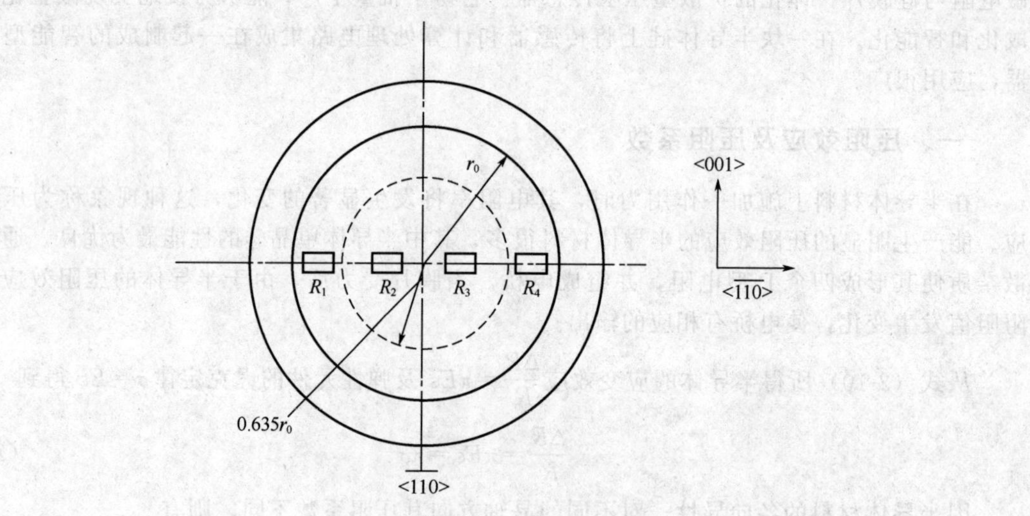

图 2-17　硅杯膜片上的电阻布置

四个应变电阻排成直线，沿硅杯膜片的＜110＞晶向（法线方向）扩散而成，只要位置合适，可满足

$$\frac{\Delta R_2}{R_2}=\frac{\Delta R_3}{R_3}=-\frac{\Delta R_1}{R_1}=-\frac{\Delta R_4}{R_4}$$

这样就可以组成差动效果，通过测量电路，获得最大的电压输出灵敏度。

二、应用

1. 液位测量

如图 2-18 所示，压阻式压力传感器安装在不锈钢壳体内，并由不锈钢支架固定放置于液体底部。传感器的高压侧进气孔（用不锈钢隔离膜片及硅油隔离）与液体相通。安装高度 h_0 处的水压 $p_1=\rho g h_1$，式中，ρ 为液体密度，g 为重力加速度。传感器的低压侧进气孔通过一根橡胶“背压管”与外界的仪表接口相连接。被测液位可由下式得到

$$H=h_0+h_1=h_0+\frac{p_1}{\rho g} \tag{2-35}$$

这种投入式液位传感器安装方便，适用于几米到几十米混有大量污物、杂质的水或其他液体的液位测量。

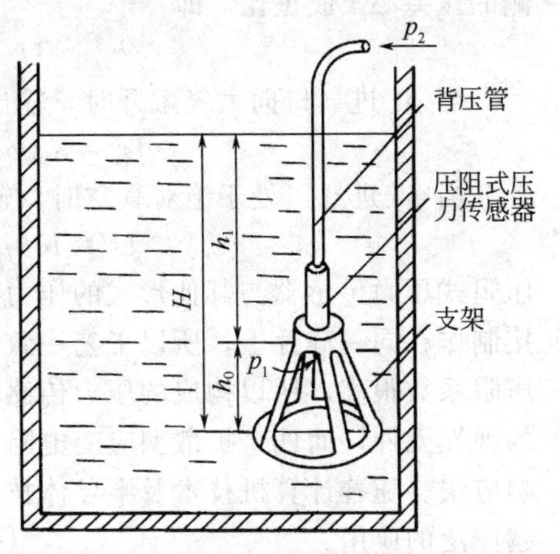

图 2-18　压阻式压力传感器示意图

2. 压力测量

（1）压阻式压力传感器的结构组成　压阻式压力传感器由外壳、硅杯和引线所组成。如图 2-19 所示，其核心部分是一块方形的硅膜片。在硅膜片上，利用集成电路工艺制作了四个阻值相等的电阻。图中虚线圆内是承受压力区域。根据前述原理可知，R_2、R_4 所感受的是正应变（拉应变），R_1、R_3 所感受的是负应变（压应变），四个电阻之间用面积较大、阻值较小的扩散电阻引线连接，构成全桥。硅片的表面用 SiO_2 薄膜加以保护，并用铝质导线做全桥的引线。因为硅膜片底部被加工成中间薄（用于产生应变）、周边厚（起支撑作用），所以又称为硅杯。硅杯在高温下用玻璃粘接剂粘贴在热胀冷缩系数相近的玻璃基板上。将硅杯和玻璃基板紧密地安装到壳体中，就制成了压阻式压力传感器。

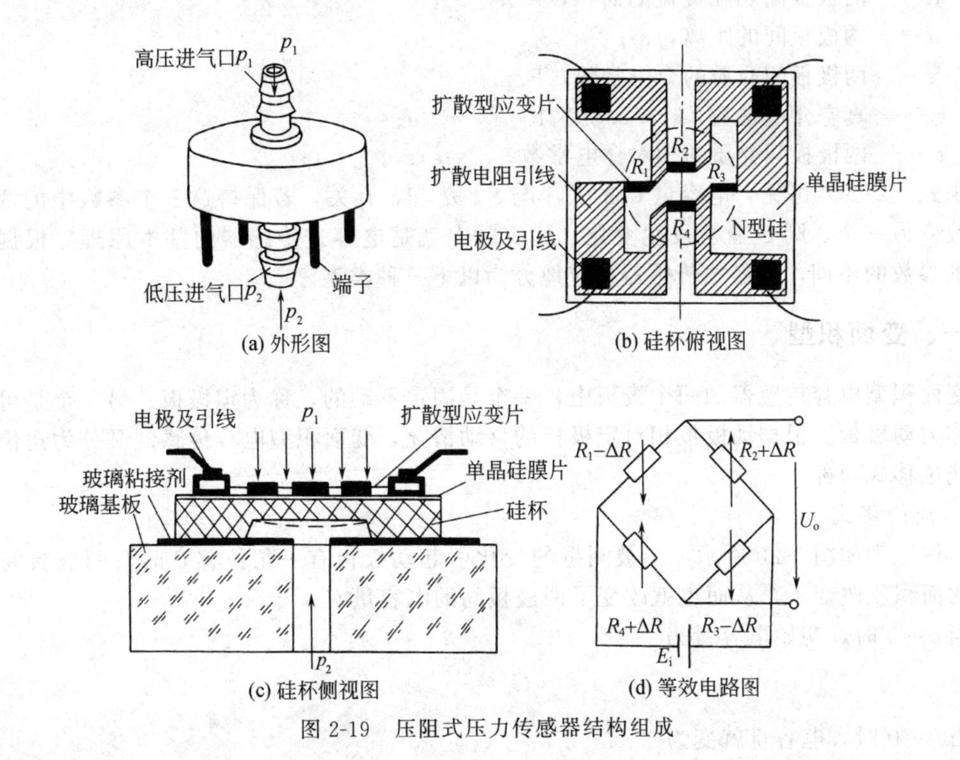

图 2-19　压阻式压力传感器结构组成

（2）工作过程及特点　当硅杯两则存在压力差时，硅膜片产生变形，四个应变电阻在应力的作用下，阻值发生变化，电桥失去平衡，按照全桥的工作方式输出的电压 U_o 与膜片两

侧的压差 Δp 成正比。即

$$U_o = K(p_1 - p_2) = K\Delta p \tag{2-36}$$

当 p_2 进气口向大气敞开时，输出电压对应于“表压”

$$U_o = K(p_1 - p_2) = K(p_1 - p_0) = Kp_{表} \tag{2-37}$$

当 p_2 进气口处于绝对真空时，输出电压对应于“绝对压力”

$$U_o = K(p_1 - p_2) = K(p_1 - 0) = Kp_{绝} \tag{2-38}$$

压阻式压力传感器与其他形式的压力传感器相比有许多突出的优点。由于四个应变电阻是直接制作在同一硅片上，所以工艺一致性好，温度引起的电阻值漂移能互相抵消。由于半导体压阻系数很高，所以构成的压力传感器灵敏度高，输出信号大。又由于硅膜片本身就是很好的弹性元件，而四个扩散型应变电阻又直接制作在硅片上，所以迟滞、蠕变都非常小，动态响应快。随着计算机技术及半导体技术的发展，智能型压阻式压力传感器在工业中得到越来越广泛的应用。

第三节　电容式传感器

电容式传感器是将被测参数变换成电容量的一种传感器，它的转换元件实际上就是一个具有可变参数的电容器。

用两块金属平板作电极，即可构成最简单的电容器。当忽略边缘效应时，其电容量为

$$C = \frac{\varepsilon S}{d} = \frac{\varepsilon_0 \varepsilon_r S}{d} \tag{2-39}$$

式中　S——两极板间相互覆盖的面积，m^2；

d——两极板间的距离，m；

ε——两极板间介质的介电常数，F/m；

ε_0——真空介电常数，$\varepsilon_0 = 8.85 \times 10^{-12}$，F/m；

ε_r——两极板间介质的相对介电常数，$\varepsilon_r = \varepsilon / \varepsilon_0$。

由式（2-39）可见，电容量 C 的大小与 S、d 和 ε 有关，若保持这三个参数中的两个不变而改变另一个，则 C 就会发生变化。这实际上就是电容式传感器的基本原理。根据发生变化的参数的不同，电容式传感器相应地分为以下三种类型。

一、变面积型

变面积型电容传感器的两个极板中，一个是固定不动的，称为定极板；另一个是可移动的，称为动极板。根据动极板相对定极板的移动情况，变面积型电容传感器又分为角位移式和直线位移式两种。

1. 角位移式

工作原理如图 2-20 所示。当被测量的变化引起动极板有一角位移 θ 时，两极板间相互覆盖的面积就改变了，从而也就改变了两极板间的电容量 C。

当 $\theta = 0$ 时，初始电容量为

$$C_0 = \frac{\varepsilon S}{d} \tag{2-40}$$

当 $\theta \neq 0$ 时，电容量就变为

$$C = \frac{\varepsilon S \dfrac{\pi - \theta}{\pi}}{d} = \frac{\varepsilon S}{d}\left(1 - \frac{\theta}{\pi}\right) \tag{2-41}$$

由式（2-41）可见，电容量 C 与角位移 θ 呈线性关系。

2. 直线位移式

工作原理如图 2-21 所示。当被测量的变化引起动极板移动距离 x 时，则 S 发生变化，C 也就改变了。

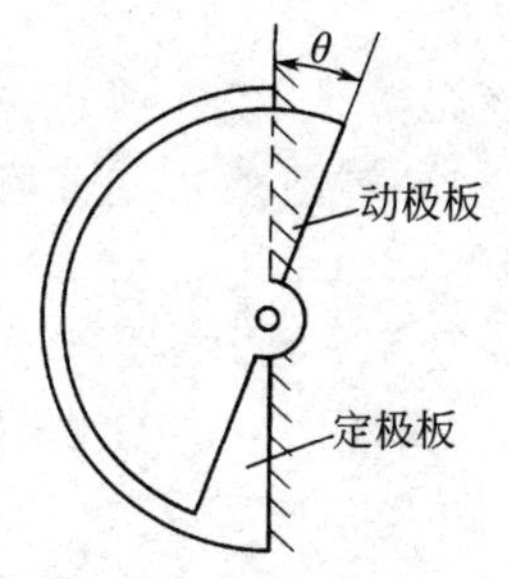

图 2-20　角位移式变面积型电容传感器

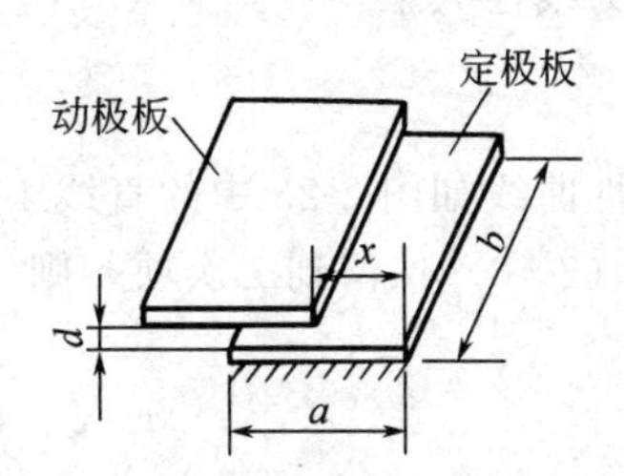

图 2-21　直线位移式变面积型电容传感器

$$C=\frac{\varepsilon b(a-x)}{d}=\frac{\varepsilon ba}{d}\left(1-\frac{x}{a}\right)=C_0\left(1-\frac{x}{a}\right) \tag{2-42}$$

由式（2-42）可见，电容量 C 与直线位移 x 也呈线性关系，其测量的灵敏度为

$$K=\frac{\Delta C}{\Delta x}=\frac{C-C_0}{x-0}=\frac{C_0\left(-\frac{x}{a}\right)}{x}=-\frac{C_0}{a}=-\frac{\varepsilon b}{d} \tag{2-43}$$

显然，从式（2-43）中得出减小两极板间的距离 d，增大极板的宽度 b 可提高传感器的灵敏度 K 值。但 d 的减小受到电容器击穿电压的限制，而增大 b 受到传感器体积的限制。

需要说明的是，位移 x 不能太大，否则边缘效应会使传感器的特性产生非线性变化。

变面积型电容传感器还可以做成其他多种形式，常用来检测位移等参数。

二、变间隙型

1. 基本结构

基本的变间隙型电容传感器有一个定极板和一个动极板，如图 2-22 所示。当动极板随被测量变化而移动时，两极板的间距 d 就发生了变化，从而也就改变了两极板间的电容量 C。

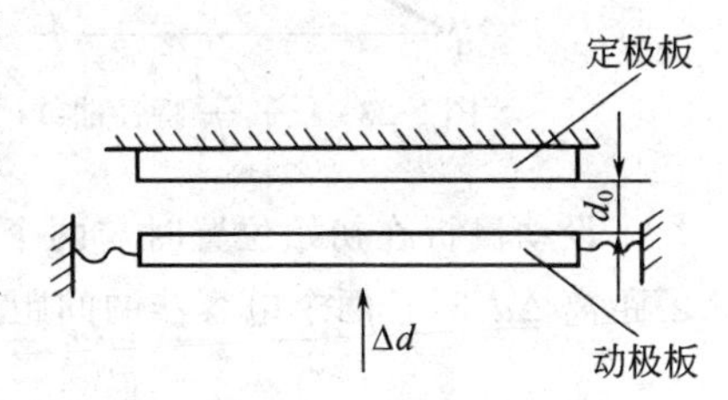

图 2-22　基本的变间隙型电容传感器

设动极板在初始位置时与定极板的间距为 d_0，此时的初始电容量为

$$C_0=\frac{\varepsilon S}{d_0} \tag{2-44}$$

当被测量的变化引起间距减小了 Δd 时，电容量就变为

$$C_0+\Delta C=\frac{\varepsilon S}{d_0-\Delta d}=\frac{\frac{\varepsilon S}{d_0}}{1-\frac{\Delta d}{d_0}}=\frac{C_0}{1-\frac{\Delta d}{d_0}}$$

于是

$$\frac{\Delta C}{C_0}=\frac{\frac{\Delta d}{d_0}}{1-\frac{\Delta d}{d_0}} \tag{2-45}$$

当 $\Delta d \ll d_0$ 时，式（2-45）可以展开为级数形式

$$\frac{\Delta C}{C_0}=\frac{\Delta d}{d_0}\left[1+\frac{\Delta d}{d_0}+\left(\frac{\Delta d}{d_0}\right)^2+\left(\frac{\Delta d}{d_0}\right)^3+\cdots\right] \tag{2-46}$$

显然，$\frac{\Delta C}{C_0}$ 与 Δd 之间是非线性关系，只有当 $\frac{\Delta d}{d_0} \ll 1$ 时，忽略式（2-46）中的高次项，才能近似为线性关系

$$\frac{\Delta C}{C_0} \approx \frac{\Delta d}{d_0} \tag{2-47}$$

相应的特性曲线如图 2-23 中的直线 1 所示。

若式（2-46）保留到二次项，则

$$\frac{\Delta C}{C_0} \approx \frac{\Delta d}{d_0}\left(1+\frac{\Delta d}{d_0}\right) \tag{2-48}$$

这时的特性曲线如图 2-23 中的非线性曲线 2 所示。

当传感器被近似看做线性时，其灵敏度为

$$K=\frac{\Delta C}{\Delta d}=\frac{C_0}{d_0}=\frac{\varepsilon S}{d_0^2} \tag{2-49}$$

由上式可见，增大 S 和减小 d_0 均可提高传感器的灵敏度，但受到传感器体积和击穿电压的限制。此外，对于同样大小的 Δd，d_0 越小则 $\Delta d/d_0$ 越大，由此造成的非线性误差也越大。

2. 差动结构

差动结构的变间隙型电容传感器采用两块定极板，在二者之间放一块动极板，如图 2-24 所示。

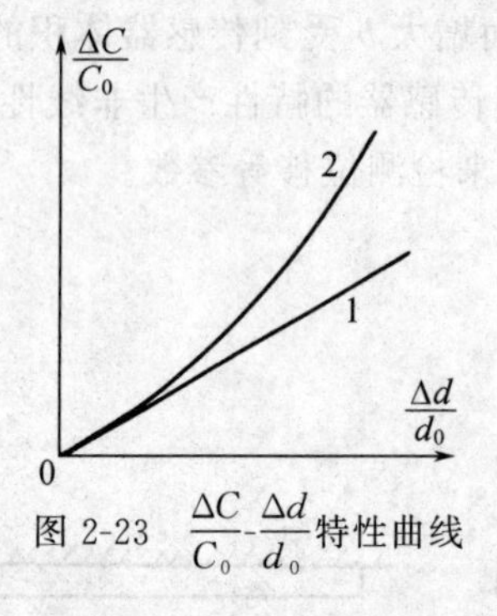

图 2-23　$\frac{\Delta C}{C_0}$-$\frac{\Delta d}{d_0}$ 特性曲线

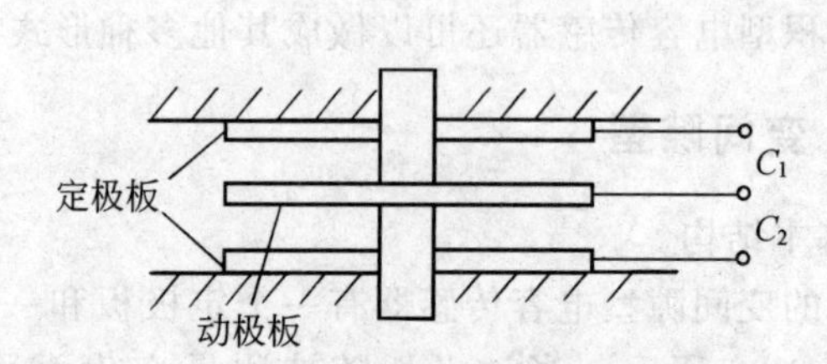

图 2-24　差动结构的变间隙型电容传感器

设动极板在初始位置时与两个定极板的间距均为 d_0。当动极板在被测量的作用下移动了距离 Δd 时，两个电容器的间距分别变为 $d_0-\Delta d$ 和 $d_0+\Delta d$，而其电容分别变为

$$C_1=C_0+\Delta C_1=\frac{\varepsilon S}{d_0-\Delta d}=\frac{\varepsilon S}{d_0}\times\frac{1}{1-\frac{\Delta d}{d_0}}=\frac{C_0}{1-\frac{\Delta d}{d_0}}$$

$$C_2=C_0-\Delta C_2=\frac{\varepsilon S}{d_0+\Delta d}=\frac{\varepsilon S}{d_0}\times\frac{1}{1+\frac{\Delta d}{d_0}}=\frac{C_0}{1+\frac{\Delta d}{d_0}}$$

当 $\Delta d \ll d_0$ 时，有

$$C_1=C_0\left[1+\frac{\Delta d}{d_0}+\left(\frac{\Delta d}{d_0}\right)^2+\left(\frac{\Delta d}{d_0}\right)^3+\cdots\right]$$

$$C_2=C_0\left[1-\frac{\Delta d}{d_0}+\left(\frac{\Delta d}{d_0}\right)^2-\left(\frac{\Delta d}{d_0}\right)^3+\cdots\right]$$

电容总的变化量为

$$\Delta C=C_1-C_2=2C_0\frac{\Delta d}{d_0}\left[1+\left(\frac{\Delta d}{d_0}\right)^2+\left(\frac{\Delta d}{d_0}\right)^4+\cdots\right] \tag{2-50}$$

电容的相对变化量为

$$\frac{\Delta C}{C_0}=2\frac{\Delta d}{d_0}\left[1+\left(\frac{\Delta d}{d_0}\right)^2+\left(\frac{\Delta d}{d_0}\right)^4+\cdots\right] \tag{2-51}$$

忽略式（2-51）中的高次项，则

$$\frac{\Delta C}{C_0}\approx 2\frac{\Delta d}{d_0} \tag{2-52}$$

将式（2-51）、式（2-52）与式（2-46）、式（2-47）进行比较可以看到，虽然式（2-52）和式（2-47）都是近似的线性关系，但式（2-52）的非线性误差比式（2-47）减小了一个数量级。

此外，由式（2-52）可求出此时传感器的灵敏度为

$$K=\frac{\Delta C}{\Delta d}=2\frac{C_0}{d_0}=\frac{2\varepsilon S}{d_0^2} \tag{2-53}$$

比较式（2-53）和式（2-49）可见，采用差动结构可使传感器的灵敏度提高一倍。

由于差动结构的变间隙型电容传感器既提高了灵敏度，又减小了非线性误差，所以在实际应用中大都采用之。

三、变介电常数型

变介电常数型电容传感器常用来检测容器中液面的高度，或片状材料的厚度等。下面分别通过这两种应用，介绍此类电容传感器的原理。

1. 电容式液面计

图 2-25 所示是一种电容式液面计的原理图。在介电常数为 ε_x 的被测液体中，放入两个同心圆筒状电极，液体上面气体的介电常数为 ε，液体浸没电极的高度就是被测量 x。

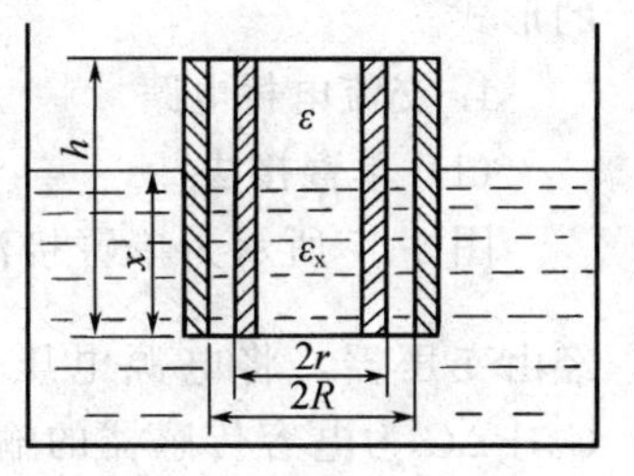

图 2-25　电容式液面计

该电容器的总电容 C，等于介质为气体部分的电容 C_1 与介质为液体部分的电容 C_2 的并联，即 $C=C_1+C_2$。因为

$$C_1=\frac{2\pi\varepsilon(h-x)}{\ln\dfrac{R}{r}}$$

$$C_2=\frac{2\pi\varepsilon_{\xi}x}{\ln\dfrac{R}{r}}$$

式中　h——电极高度；

R——外电极的内半径；

r——内电极的外半径。

所以

$$C=\frac{2\pi(\varepsilon h-\varepsilon x+\varepsilon_x x)}{\ln\dfrac{R}{r}}=\frac{2\pi\varepsilon h}{\ln\dfrac{R}{r}}+\frac{2\pi(\varepsilon_x-\varepsilon)}{\ln\dfrac{R}{r}}x=a+bx \tag{2-54}$$

式中，$a=\dfrac{2\pi\varepsilon h}{\ln\dfrac{R}{r}}$，$b=\dfrac{2\pi(\varepsilon_x-\varepsilon)}{\ln\dfrac{R}{r}}$均为常数。

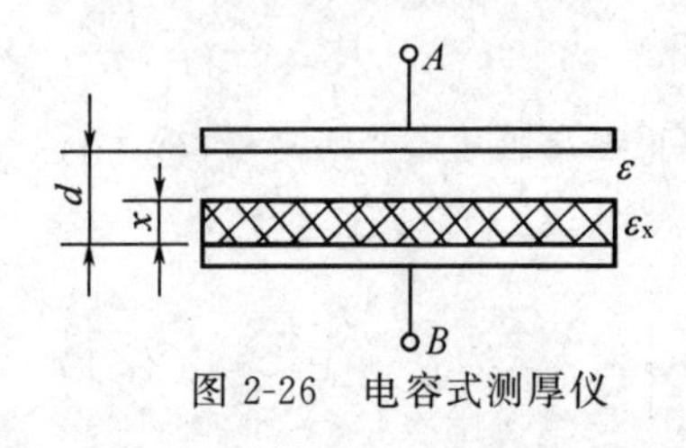

图 2-26　电容式测厚仪

式（2-54）表明，液面计的输出电容 C 与液面高度 x 成线性关系。

2. 电容式测厚仪

图 2-26 所示为一种电容式测厚仪的原理图。两电极的间距为 d，待测材料厚度为 x，介电常数为 ε_x，另一种介质的介电常数为 ε。

该电容器的总电容 C 等于两种介质分别组成的两个电容 C_1 与 C_2 的串联，即

$$C=\frac{C_1C_2}{C_1+C_2}=\frac{\dfrac{\varepsilon S}{d-x}\times\dfrac{\varepsilon_x S}{x}}{\dfrac{\varepsilon S}{d-x}+\dfrac{\varepsilon_x S}{x}}=\frac{\varepsilon\varepsilon_x S}{\varepsilon x+\varepsilon_x d-\varepsilon_x x}=\frac{\varepsilon\varepsilon_x S}{\varepsilon_x d+(\varepsilon-\varepsilon_x)x} \tag{2-55}$$

测出输出电容 C 的值，即可由式（2-55）求出待测材料的厚度 x。实际上，若 x 已知，也可将此传感器用做介电常数 ε_x 测量仪。

四、测量电路

电容式传感器的输出电容值非常小（通常几皮法至几十皮法），因此不便直接显示、记录，更难以传输。为此，需要借助测量电路来检测这一微小的电容量，并转换为与其成正比的电压、电流或频率信号。测量电路的种类很多，大致可归纳为调幅型电路、脉宽调制电路和调频型电路三大类，以下分别作简要介绍。

（一）调幅型测量电路

这种测量电路输出的是幅值正比于或近似正比于被测信号的电压信号，有以下两种常见的形式。

1. 交流电桥电路

（1）单臂接法

图 2-27 所示为单臂接法交流电桥电路，高频电源经由变压器，将电源电压 $\dot{U}_s$ 加到电桥的一对角上，$C_0+\Delta C$ 为电容传感器的输出电容，C_1、C_2、C_3 为固定电容，$\dot{U}_o$ 是输出电压。

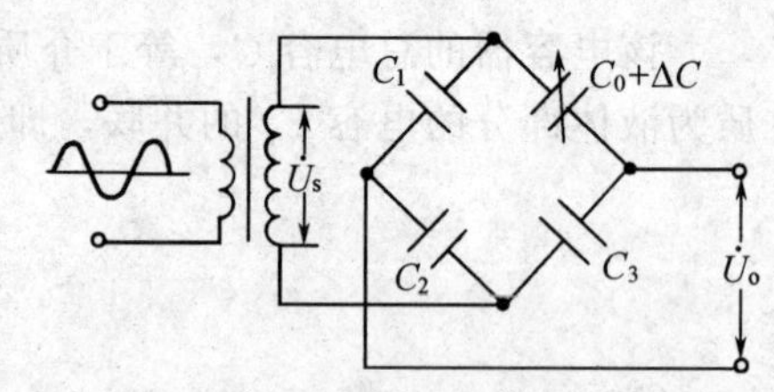

图 2-27　单臂接法交流电桥电路

下面仅讨论空载（即输出端开路）时，输出电压 $\dot{U}_o$ 与被测电容 ΔC 之间的关系。在电容传感器未工作时，先将电桥调到平衡状态，即 $C_0C_2=C_1C_3$，$U_o=0$。

当被测参数变化引起电容传感器的输出电容变化 ΔC 时，电桥失去平衡，其输出电压为

$$\dot{U}_o=\frac{\dfrac{1}{j\omega C_1}}{\dfrac{1}{j\omega C_1}+\dfrac{1}{j\omega C_2}}\dot{U}_s-\frac{\dfrac{1}{j\omega(C_0+\Delta C)}}{\dfrac{1}{j\omega(C_0+\Delta C)}+\dfrac{1}{j\omega C_3}}\dot{U}_s$$

$$=\left(\frac{C_2}{C_1+C_2}-\frac{C_3}{C_0+\Delta C+C_3}\right)\dot{U}_s=\frac{\dot{U}_sC_2\Delta C}{(C_0+C_3)(C_1+C_2)+(C_1+C_2)\Delta C} \tag{2-56}$$

注意一点，在式（2-56）的推导过程中，用到了初始平衡条件 $C_0C_2=C_1C_3$。由式（2-56）可见，输出电压 U_o 与被测电容 ΔC 之间是非线性关系。

（2）差动接法

图 2-28 所示为差动接法交流电桥电路，其中相邻两臂接入差动结构的电容传感器。在此仅讨论空载时 U_o 与 ΔC 之间的关系，此时

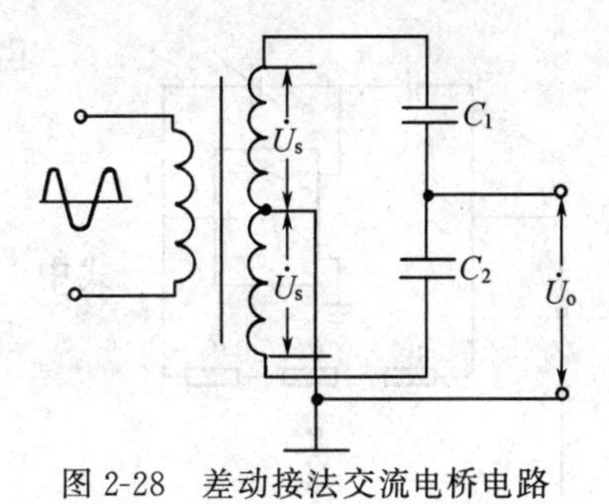

图 2-28　差动接法交流电桥电路

$$\frac{\dot{U}_s-\dot{U}_o}{\dfrac{1}{j\omega(C_0+\Delta C)}}=\frac{\dot{U}_s+\dot{U}_o}{\dfrac{1}{j\omega(C_0-\Delta C)}}$$

整理可得

$$\dot{U}_o=\frac{(C_0+\Delta C)-(C_0-\Delta C)}{(C_0+\Delta C)+(C_0-\Delta C)}\dot{U}_s=-\frac{\dot{U}_s}{C_0}\Delta C \tag{2-57}$$

式（2-57）表明，差动接法的交流电桥电路的输出电压 U_o 与被测电容 ΔC 之间成线性关系。

2. 运算放大器式电路

（1）基本电路

图 2-29 所示为基本的运算放大器式电路。它由传感器电容 C_x、固定电容 C_0 及运算放大器 A 组成。其中 $\dot{U}_s$ 为电源电压，$\dot{U}_o$ 为输出电压。

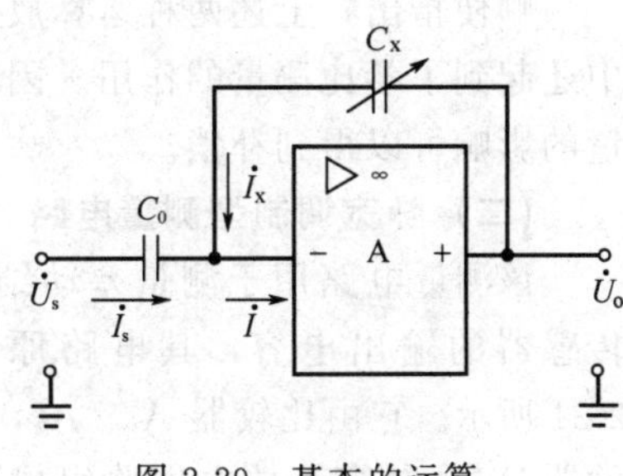

图 2-29　基本的运算放大器式电路

由运算放大器反馈原理可知，当运算放大器输入阻抗 $Z_i\to\infty$ 且增益 $A\to\infty$ 时，其输入电流 $I=0$，因此

$$\frac{\dot{U}_o}{\dfrac{1}{j\omega C_x}}=-\frac{\dot{U}_s}{\dfrac{1}{j\omega C_0}}$$

即

$$\dot{U}_o=-\frac{\dot{U}_s C_0}{C_x}$$

将 $C_x=\dfrac{\varepsilon S}{d}$ 代入上式可得

$$\dot{U}_o=-\frac{\dot{U}_s C_0}{\varepsilon S}d \tag{2-58}$$

式（2-58）表明，输出电压 U_o 与电容传感器两电极的间距成正比，这就从原理上解决了使用单个变间隙型电容传感器输出特性的非线性问题，这是采用本测量电路的最大特点。

实际的运算放大器当然不能完全满足理想运放的条件，仍具有一定的非线性误差。但只要其输入阻抗和增益足够大，这种误差是相当小的。按这种原理已制成了能测出 0.1μm 的电容式测微仪。

此外，由式（3-20）可知，输出电压 U_o 还与 U_s 和 C_0 有关，因此，该电路要求电源电压必须采取稳压措施，固定电容必须稳定。

（2）可调零电路

基本的运算放大器式电路的缺点是，其输出电压的初始值不为零。为解决这一问题，可采用图 2-30 所示的可调零电路，其输出电压 $\dot{U}_o$ 从电位器动点对地引出。

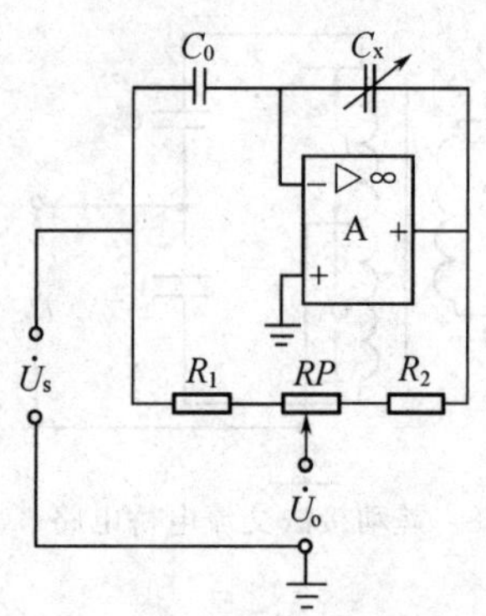

图 2-30 可调零的运算放大器式电路

由图 2-30 电路可推导其输出电压为

$$\dot{U}_o=\frac{\dot{U}_s C_0}{C_0+C_{x0}}\left(1-\frac{C_{x0}}{C_x}\right)$$

式中 C_{x0}——传感器的初始电容值。

当 $C_{x0}=C_0$ 时，则

$$\dot{U}_o=\frac{1}{2}\dot{U}_s\left(1-\frac{C_0}{C_x}\right) \tag{2-59}$$

由式（2-59）可见，初始状态时 $C_x=C_{x0}=C_0$，则 $U_o=0$，即初始的输出电压为零。若将 $C_x=\frac{\varepsilon S}{d}$代入式（2-59），则

$$\dot{U}_o=\frac{1}{2}\dot{U}_s\left(1-\frac{C_0}{\varepsilon S}d\right) \tag{2-60}$$

顺便指出，上述两种运算放大器式电路中，固定电容 C_0 在电容传感器 C_x 的检测过程中还起到了参比测量的作用。因而当 C_0 和 C_{x0} 结构参数及材料完全相同时，环境温度对测量的影响可以得到补偿。

（二）脉宽调制型测量电路

该测量电路用于测量差动结构的电容传感器的输出电容，其电路原理图如图 2-31 所示。它由比较器 A_1、A_2，双稳态触发器 FF 及电容充放电回路组成。U_F 为参考电压，R_1、R_2 为充电电阻，一般取$R_1=R_2$，C_1、C_2 为传感器的差动电容，FF 的两个输出端 A、B 作为该测量电路的输出。

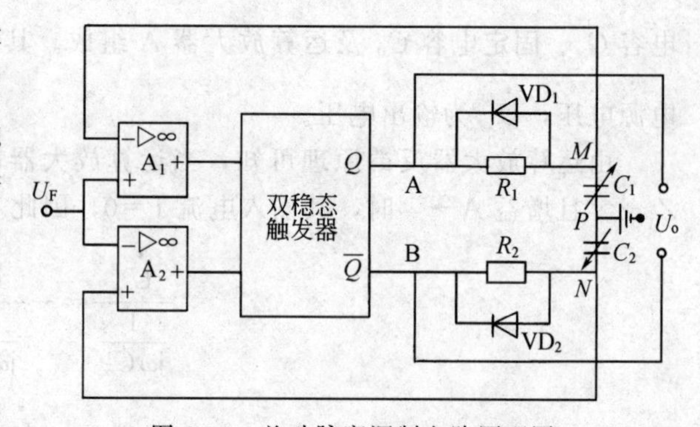

图 2-31 差动脉宽调制电路原理图

差动电容传感器在初始状态时，$C_1=C_2$，电路中各点电压波形如图 2-32（a）所示，A、B 两点的平均电压相等。当被测量的变化使 $C_1\neq C_2$ 时，例如$C_1>C_2$，则电路中各点电压波形如图 2-32（b）所示，A、B 两点的平均电压不再相等，此时直流输出电压 $\bar{U}_o$ 就等于 A、B 两点的平均电压之差，经推导可得

$$\bar{U}_o=\frac{C_1-C_2}{C_1+C_2}U_1 \tag{2-61}$$

式中 U_1——双稳态触发器的输出高电平。

图 2-32 及式（2-61）表明，差动电容传感器在初始状态时 $C_1=C_2$，输出电压 $U_o=0$；当被测量的变化使得 $C_1\neq C_2$ 时，双稳态触发器的输出方波脉冲宽度将相应地变化，即受到差动电容的调制，而输出电压 U_o 也同时变化，且正比于 C_1 与 C_2 的差值，即具有线性输出特性。这是脉宽调制型测量电路的重要优点。此外，该电路的输出信号一般为 100kHz～1MHz 的高频矩形波，只需简单地经由低通滤波器就可获得直流输出。

（三）调频型测量电路

该电路的基本原理是把电容式传感器接入高频振荡器的振荡回路中，当传感器的输出电容量在被测量作用下发生变化时，振荡器频率亦相应地变化，即振荡器频率受传感器输出电容的调制，故称调频型。在实现了电容到频率的转换后，再用鉴频器把频率的变化转换为幅

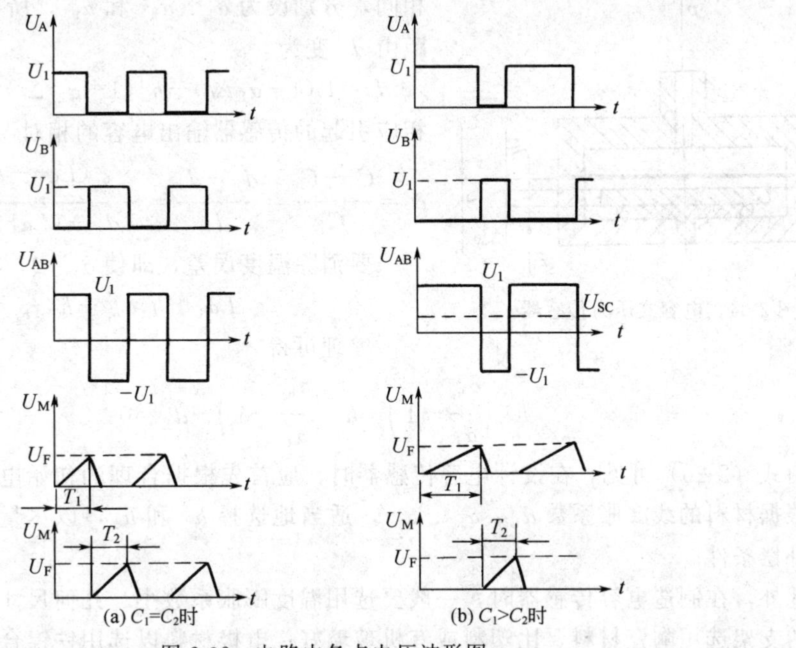

图 2-32　电路中各点电压波形图

度的变化，经放大后输出，进行显示和记录；也可将频率信号直接转换成数字输出，用以判断被测量的大小。图 2-33 即为该电路的原理方框图。

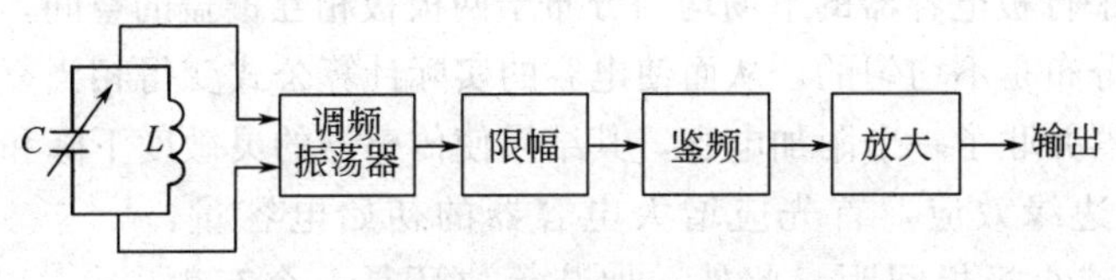

图 2-33　调频型测量电路的原理方框图

调频型测量电路的主要优点是抗外来干扰能力强，特性稳定，且能取得较高的直流输出信号。

五、实际中存在的问题及其解决方法

本章第一节中对各类电容传感器的原理分析，均是在理想条件下进行的。实际上由于温度、电场边缘效应、寄生电容等因素的存在，可能使电容传感器的特性不稳定，严重时甚至使其无法工作。特性不稳定问题曾经长期阻碍了电容传感器的应用和发展。随着电子技术、材料及工艺技术的发展，上述问题已得到了逐步地解决。下面分别进行简单的介绍。

(一) 温度对结构尺寸的影响

环境温度的改变将引起电容式传感器各部分零件几何尺寸和相互间几何位置的变化，从而产生附加电容变化。尤其对于变间隙型电容传感器，其极板间距仅为几十微米至几百微米，温度引起的尺寸相对变化就可能相当大，从而造成很大的特性温度误差。

下面以电容式压力传感器为例，研究温度对结构尺寸的影响，及其解决方法。图 2-34 中，设初始温度时动极板与定极板的间隙为 d_0，绝缘材料厚度为 h_1，定极板厚度为 h_2，三者之和为 $L=d_0+h_1+h_2$。

当温度由初始温度变化 Δt 时，由于传感器各零件的材料不同，其温度膨胀系数也各不

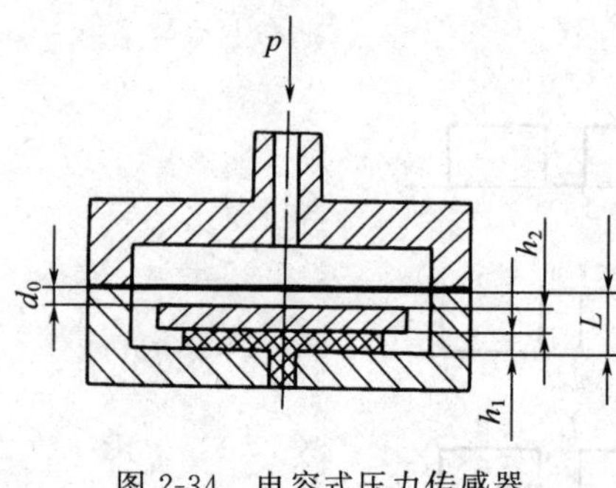

图 2-34　电容式压力传感器

相同，分别设为 α_L、α_{h_1} 和 α_{h_2}，所以导致两极板的间距由 d_0 变为

$$d_t=L(1+\alpha_L\Delta t)-h_1(1+\alpha_{h_1}\Delta t)-h_2(1+\alpha_{h_2}\Delta t)$$

相应引起的传感器输出电容的相对误差为

$$\delta_t=\frac{C_t-C_0}{C_t}=\frac{d_0-d_t}{d_t}=-\frac{(L\alpha_L-h_1\alpha_{h_1}-h_2\alpha_{h_2})\Delta t}{d_0+(L\alpha_L-h_1\alpha_{h_1}-h_2\alpha_{h_2})\Delta t}$$

要消除温度误差，即使 $\delta_t=0$，必须

$$L\alpha_L-h_1\alpha_{h_1}-h_2\alpha_{h_2}=0$$

整理可得

$$h_1\left(\frac{\alpha_{h_1}}{\alpha_L}-1\right)+h_2\left(\frac{\alpha_{h_2}}{\alpha_L}-1\right)-d_0=0 \tag{2-62}$$

由式（2-26）可见，在设计电容传感器时，应首先根据合理的初始电容量决定间隙 d_0，然后根据材料的线膨胀系数 α_L、α_{h_1}、α_{h_2}，适当地选择 h_1 和 h_2，以尽量满足式（2-26）的温度补偿条件。

此外，在制造电容传感器时，一般要选用温度膨胀系数小、几何尺寸稳定的材料。例如电极的支架选用陶瓷材料要比塑料或有机玻璃好；电极材料以选用铁镍合金为好；近年来采用在陶瓷或石英上喷镀一层金属薄膜来代替电极，效果更好。减小温度误差的另一常用措施是采用差动对称结构，在测量电路中加以补偿。

（二）电容电场的边缘效应

理想条件下，平行板电容器的电场均匀分布于两极板相互覆盖的空间，但实际上，在极板的边缘附近，电场分布是不均匀的，从而使电容的实际计算公式变得相当复杂。这种电场的边缘效应相当于传感器并联了一个附加电容，其结果使传感器的灵敏度下降和非线性增加。

为了尽量减少边缘效应，首先应增大电容器的初始电容量，即增大极板面积和减小极板间距。此外，加装等位环是一个有效方法。以圆形平板电容器为例，如图 2-35 所示，在极板 A 的同一平面内加一个同心环面 G。A 和 G 在电气上相互绝缘，二者之间的间隙越小越好。因使用时必须始终保持 A 和 G 等电位，故称 G 为等位环。这样就可使 A、B 间的电场接近理想的均匀分布了。

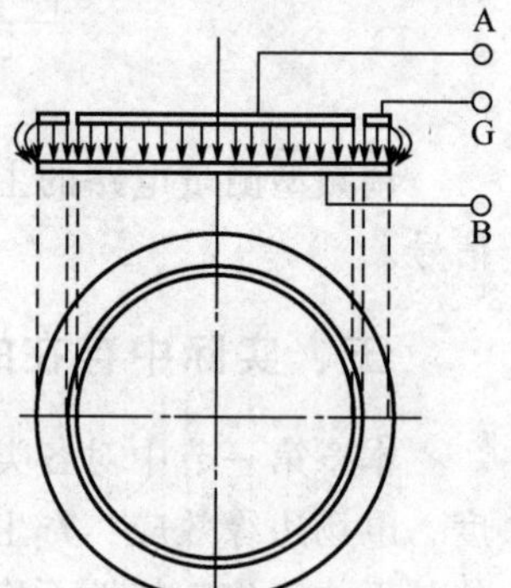

加装等位环的电容器有三个端子 A、B、G。应该说明的是，它虽然有效地抑制了边缘效应，但也增加了加工工艺难度。另外，为了保持 A 与 G 的等电位，一般尽量使二者同为地电位；但有时难以实现，这时就必须加入适当的电子线路。

图 2-35　带等位环的圆形平板电容器

（三）寄生电容的影响

我们知道，任何两个导体之间均可构成电容联系。电容式传感器除了极板间的电容外，极板还可能与周围物体（包括仪器中的各种元件甚至人体）之间产生电容联系，这种电容称为寄生电容。由于传感器本身电容很小，所以寄生电容可能使传感器电容量发生明显改变；而且寄生电容极不稳定，从而导致传感器特性的不稳定，对传感器产生严重干扰。

为了克服上述寄生电容的影响，必须对传感器进行静电屏蔽，即将电容器极板放置在金属壳体内，并将壳体良好接地。出于同样原因，其电极引出线也必须用屏蔽线，且屏蔽线外套须同样良好接地。

此外屏蔽线本身的电容量较大，且由于放置位置和形状不同而有较大变化，也会造成传感器的灵敏度下降和特性不稳定。目前解决这一问题的有效方法是采用驱动电缆技术，也称双层屏蔽等电位传输技术。这一技术的基本思路是将电极引出线进行内外双层屏蔽，使内层屏蔽与引出线的电位相同，从而消除了引出线对内层屏蔽的容性漏电，而外层屏蔽仍接地而起屏蔽作用。

六、应用举例

电子技术的发展解决了电容传感器存在的一些技术问题，从而为其应用开辟了广阔的前景。它不但广泛地用于精确测量位移、厚度、角度、振动等机械量，还可进行力、压力、差压、流量、成分、液位等参数的测量。下面简单介绍两个例子。

(一) 差动电容式压力传感器

图 2-36 所示为差动电容式压力传感器的结构原理图。1 为绝缘体，一般采用玻璃或陶瓷，在其相对两内侧磨成光滑的球面，然后在球面上蒸镀一层金属膜，作为差动电容传感器的两个电极板 2、3。在这两个电极之间密封焊接一个感压膜片 4 作为动极板。三个极板分别接有引出线 5。在感压膜片两侧空腔内充满硅油 6，并通过两个引油孔分别与隔离膜片 7、8 接触。外壳采用高强度金属制成。

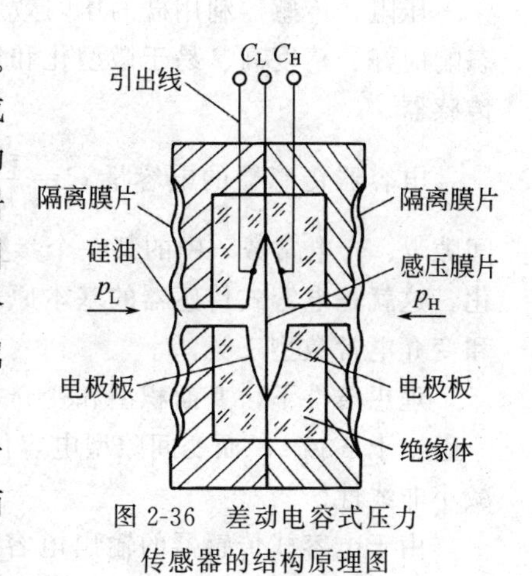

图 2-36 差动电容式压力传感器的结构原理图

该传感器工作时，差动压力分别作用在两隔离膜片上，通过硅油传递至感压膜片，使其产生挠曲变形，而引起差动电容变化，再经由引出线接至测量电路。

为了测量小差压，感压膜片做得很薄（约 0.05～0.25mm）。如果一方压力消失，则膜片一侧将承受极高过压，这时膜片将贴在球形支撑面上而不致破裂。所以这种传感器特别适用于管道中绝对压力很高但差压很小的场合。此外，它精度高、耐振动、耐冲击、可靠性好。但制造工艺要求很高，尤其是感压膜片的焊接是一工艺难题。

(二) 电容式测微仪

电容式测微仪原理如图 2-37 所示。圆柱形探头外一般加等位环以减小边缘效应。探头与被测件表面间形成的电容为

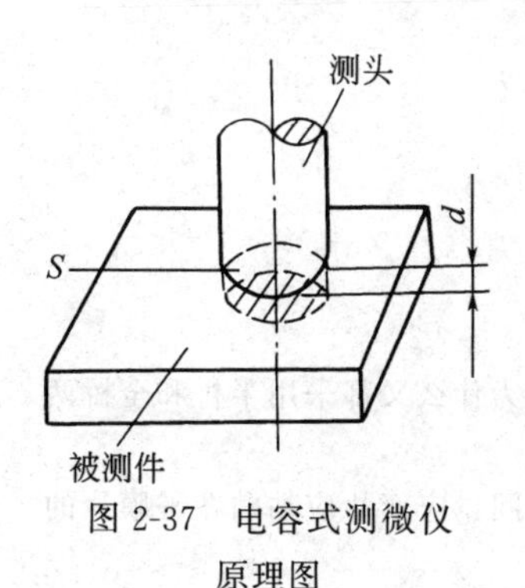

图 2-37 电容式测微仪原理图

$$C_x=\frac{\varepsilon S}{d}$$

式中 S——探头端面积；

d——探头与被测件表面的距离。

若采用图 2-29 所示的运算放大器式测量电路，则由式 (2-58) 可知

$$\dot{U}_o=Kd \tag{2-63}$$

式中 $$K=-\frac{\dot{U}_s C_0}{\varepsilon S} \tag{2-64}$$

根据以上原理，就可以以非接触方式精确测量被测件的微位移或微振动幅度，在最大量程为(100±5)μm时，最小检测量为0.01μm。

本章小结

电位器式传感器是一种将机械位移转换成电信号的机电转换元件，既可做变阻器用，又可做分压器用。

应变式电阻传感器是目前用于测量力、力矩、压力、加速度、质量等参数最广泛的传感器之一。它是基于电阻应变效应制造的一种测量微小机械变量的传感器。

应变式电阻传感器采用测量电桥，把应变电阻的变化转换成电压或电流变化。应变片的温度补偿不可忽略。

压阻式传感器利用硅的压阻效应和微电子技术制成的压阻式传感器，具有灵敏度高、动态响应好、精度高、易于微型化和集成化等特点，是获得广泛应用而且发展非常迅速的一种传感器。

电容器传感器的电容量 $C=\frac{\varepsilon S}{d}$。如果设法使某一被测量的变化引起电容器的面积 S、间隙 d、介电常数 ε 中的某一个参数发生变化，那么就可将被测量的变化变换成电容量的变化，这就是电容式传感器的基本原理。相应地，电容式传感器也就分为变面积型、变间隙型和变介电常数型三类。

理想条件下，变面积型和变介电常数型电容传感器具有线性的输出特性，即其输出电容 C 正比于 S 或 ε，而变间隙型电容传感器的输出特性则是非线性的，为此可采用差动结构以减小非线性。

由于电容式传感器的输出电容值非常小，所以需要借助测量电路将其转换为相应的电压、电流或频率等信号。测量电路的种类很多，大致可归纳为三类：①调幅型电路，即将电容值转换为相应幅值的电压，常见的有交流电桥电路和运算放大器式电路等；②脉宽调制型电路，即将电容值转换为相应宽度的脉冲；③调频型电路，即将电容值转换为相应的频率。

电容式传感器在实际使用中，由于温度、电场边缘效应、寄生电容等因素的存在，可能会造成其特性的不稳定，严重时甚至无法工作。因此对这些问题必须予以高度重视，并设法解决。在制造电容传感器时，要尽量选用温度膨胀系数小的材料，并根据各部分零件的膨胀系数，合理设计尺寸，以减小温度变化的影响。在电容传感器极板外缘加装等位环是削弱电场边缘效应的有效方法。为了克服寄生电容的影响，必须对电容式传感器以及其引出线进行良好的屏蔽处理。

习题及思考题

2-1 说明电阻应变片的组成、规格及分类。

2-2 什么叫应变效应？利用应变效应解释金属电阻应变片的工作原理。

2-3 为什么应变式传感器大多采用交流不平衡电桥为测量电路？该电桥为什么又都采用半桥和全桥两种方式？

2-4 采用平膜式弹性元件的应变式压力传感器，测量电路为全桥时，试问：应变片应粘贴在平膜片的何处？应变片应如何连成桥路？

2-5 试列举金属丝电阻应变片与半导体应变片的相同点和不同点。

2-6　简述电阻应变式传感器的温度补偿。

2-7　何谓半导体的压阻效应？扩散硅传感器结构有什么特点？

2-8　电阻应变片的灵敏度 $K=2$，沿纵向粘贴于直径为 0.05m 的圆形钢柱表面，钢材的 $E=2\times10^{11}\mathrm{N/m^2}$，$\mu=0.3$。求钢柱受 10t 拉力作用时，应变片电阻的相对变化量。又若应变片沿钢柱圆周方向粘贴，受同样拉力作用时，应变片电阻的相对变化量为多少？

2-9　有一测量吊车起吊物质量的拉力传感器如图 2-38（a）所示。电阻应变片 R_1、R_2、R_3、R_4 贴在等截面轴上。已知等截面轴的截面积为 $0.00196\mathrm{m^2}$，弹性模量 E 为 $2.0\times10^{11}\mathrm{N/m^2}$，泊松比为 0.3，$R_1$、$R_2$、$R_3$、$R_4$ 标称值均为 120Ω，灵敏度为 2.0，它们组成全桥如图 2-38（b）所示，桥路电压为 2V，测得输出电压为 2.6mV，求：① 等截面轴的纵向应变及横向应变；② 重物 m 有多少吨？

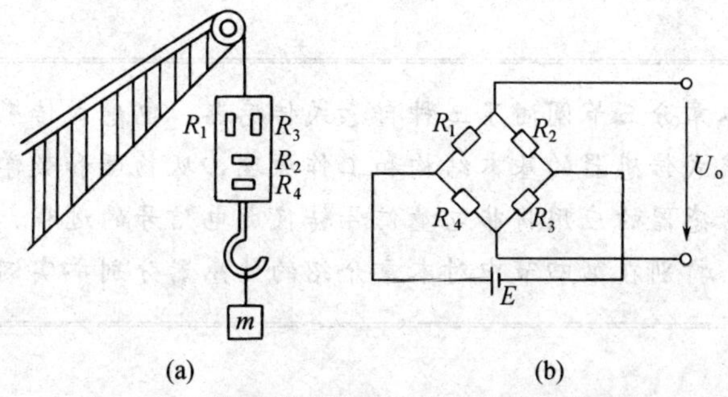

图 2-38　测量吊车起吊物质量的拉力传感器

2-10　有一应变式等强度悬臂梁式力传感器，如图 2-39 所示。假设悬臂梁的热膨胀系数与应变片中的电阻热膨胀系数相等，$R_1=R_2$，构成半桥双臂电路。

① 求证：该传感器具有温度补偿功能。

② 设悬臂梁的厚度 $\delta=0.5\mathrm{mm}$，长度 $l_0=15\mathrm{mm}$，固定端宽度 $b=18\mathrm{mm}$，材料的弹性模量 $E=2.0\times10^5\mathrm{N/mm^2}$，应变片 $K=2$，桥路的输入电压 $U_i=2\mathrm{V}$，输出电压为 1.0mV，求作用力 F。

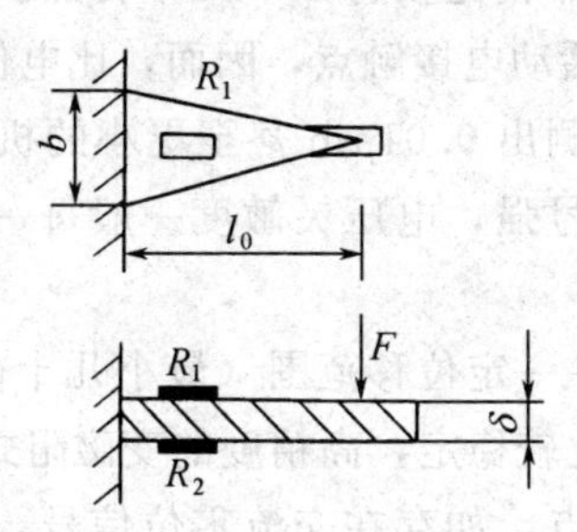

图 2-39　应变式等强度悬臂梁式力传感器

2-11　电容式传感器有哪几种类型？差动结构的电容传感器有什么优点？

2-12　电容式传感器主要有哪几种类型的测量电路？各有些什么特点？

2-13　电容式传感器在实际中主要存在哪些问题，对其理想特性产生较大影响？分别采用什么方法加以解决？

2-14　一个圆形平板电容式传感器，其极板半径为 5mm，工作初始间隙为 0.3mm，空气介质，所采用的测量电路的灵敏度为 100mV/pF，读数仪表灵敏度为 5 格/mV。如果工作时传感器的间隙产生 2μm 的变化量，则读数仪表的指示值变化多少格？

2-15　一个用于位移测量的电容传感器，两个极板是边长为 5cm 的正方形，间距为 1mm，气隙中恰好放置一个边长 5cm、厚度 1mm、相对介电常数为 4 的正方形介质板，该介质板可在气隙中自由滑动。试计算当输入位移（即介质板向某一方向移出极板相互覆盖部分的距离）分别为 0.0cm、2.5cm、5.0cm 时，该传感器的输出电容值各为多少？

第三章

自感式传感器

内容提要：本章分三节阐述了三种自感式传感器：电感式传感器、差动变压器式传感器、电涡流式传感器的基本结构和工作原理，从物理和数学概念上简明扼要地描述了自感式传感器的应用将非电量信号转换成电信号的过程，并详细阐述各自特点和应用范围。特别在第四节中对本章介绍的传感器分别举实例说明应用情况。

自感式传感器是一种机电转换装置，在现代工业生产和科学技术上，尤其在自动控制系统中应用十分广泛，是非电量测量的重要传感器之一。

自感式传感器是利用线圈电感或互感的改变来实现非电量电测的。它可以把输入的各种机械物理量如位移、振动、压力、应变、流量、相对密度等参数转换成电能量输出，因此能满足信息的远距离传输、记录、显示和控制等方面的要求。

变磁阻式传感器与其他传感器相比较有如下几个特点。

（1）结构简单　工作中没有活动电接触点，因而，比电位器工作可靠，寿命长。

（2）灵敏度高分辨力大　能测出 $0.01\mu m$ 甚至更小的机械位移变化，能感受小至 $0.1''$ 的微小角度变化。传感器的输出信号强，电压灵敏度一般每一毫米可达数百毫伏，因此有利于信号的传输与放大。

（3）重复性好线性度优良　在一定位移范围（最小几十微米，最大达数十甚至数百毫米）内，输出特性的线性度好，并且比较稳定，高精度的变磁阻式传感器，非线性误差仅0.1%。

当然，自感式传感器也有缺点，如存在交流零位信号，不宜于高频动态测量等。以下将分别讨论电感式传感器、变压器式传感器、电涡流式传感器等几种自感式传感器。

第一节　电感式传感器

一、简单电感传感器

电感式传感器的结构如图3-1所示。它由线圈、铁芯和衔铁三部分组成。铁芯和衔铁由导磁材料如硅钢片或坡莫合金制成，在铁芯和衔铁之间有气隙，气隙厚度为 δ，传感器的运动部分与衔铁相连。当衔铁移动时，气隙厚度 δ 发生改变，引起磁路中磁阻变化，从而导致电感线圈的电感值变化，因此只要测出这种电感量的变化，就能确定衔铁位移量的大小和方向。

根据电感定义，线圈中电感量可由下式确定

$$L=\frac{\Psi}{I}=\frac{\omega\Phi}{I} \tag{3-1}$$

式中　Ψ——线圈总磁链；

I——通过线圈的电流；

ω——线圈的匝数；

Φ——穿过线圈的磁通。

由磁路欧姆定律，得

$$\Phi=\frac{I\omega}{R_m} \tag{3-2}$$

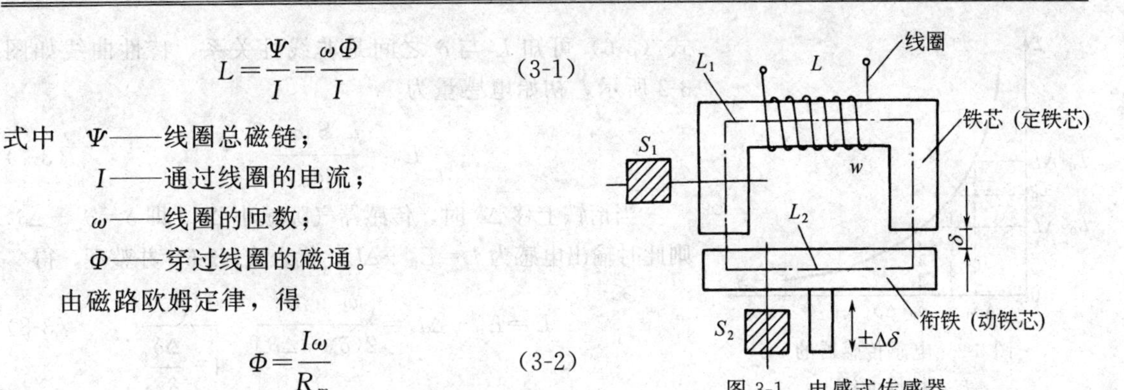

图 3-1　电感式传感器

式中　R_m——磁路总磁阻。对于变隙式传感器，因为气隙很小，所以可以认为气隙中的磁场是均匀的。若忽略磁路磁损，则磁路总磁阻为

$$R_m=\frac{L_1}{\mu_1 S_1}+\frac{L_2}{\mu_2 S_2}+\frac{2\delta}{\mu_0 S_0} \tag{3-3}$$

式中　μ_1——铁芯材料的导磁率；

μ_2——衔铁材料的导磁率；

L_1——磁通通过铁芯的长度；

L_2——磁通通过衔铁的长度；

S_1——铁芯的截面积；

S_2——衔铁的截面积；

μ_0——空气的导磁率；

S_0——气隙的截面积；

δ——气隙的厚度。

通常气隙磁阻远大于铁芯和衔铁的磁阻，即

$$\frac{2\delta}{\mu_0 S_0}\gg\frac{L_1}{\mu_1 S_1} \tag{3-4}$$

$$\frac{2\delta}{\mu_0 S_0}\gg\frac{L_2}{\mu_2 S_2}$$

则式（3-3）可近似为

$$R_m=\frac{2\delta}{\mu_0 S_0} \tag{3-5}$$

联立式（3-1）、式（3-2）及式（3-5），可得

$$L=\frac{\omega^2}{R_m}=\frac{\omega^2\mu_0 S_0}{2\delta} \tag{3-6}$$

上式表示，当线圈匝数为常数时，电感 L 仅仅是磁路中磁阻 R_m 的函数，只要改变 δ 或 S_0 均可导致电感变化，因此电感式传感器又可分为变气隙厚度 δ 的传感器和变气隙面积 S_0 的传感器。使用最广泛的是变气隙厚度 δ 式电感传感器。

二、输出特性

设电感传感器初始气隙为 δ_0，初始电感量为 L_0，衔铁位移引起的气隙变化量为 $\Delta\delta$，从

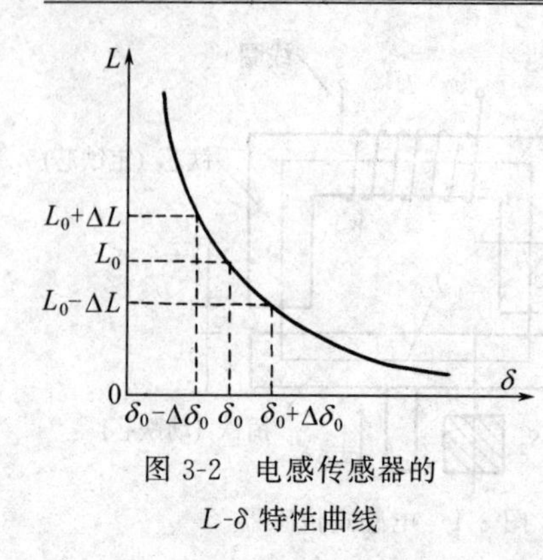

图 3-2　电感传感器的 L-δ 特性曲线

式（3-6）可知 L 与 δ 之间是非线性关系，特性曲线如图 3-2 所示，初始电感量为

$$L_0=\frac{\mu_0 S_0 \omega^2}{2\delta_0} \tag{3-7}$$

当衔铁上移 $\Delta\delta$ 时，传感器气隙减小 $\Delta\delta$，即 $\delta=\delta_0-\Delta\delta$，则此时输出电感为 $L=L_0+\Delta L$，代入式（3-6）并整理，得

$$L=L_0+\Delta L=\frac{\omega^2\mu_0 S_0}{2(\delta_0-\Delta\delta)}=\frac{L_0}{1-\dfrac{\Delta\delta}{\delta_0}} \tag{3-8}$$

当 $\Delta\delta/\delta_0 \ll 1$ 时，可将上式用泰勒级数展开成级数形式为

$$L=L_0+\Delta L=L_0\left[1+\left(\frac{\Delta\delta}{\delta_0}\right)+\left(\frac{\Delta\delta}{\delta_0}\right)^2+\left(\frac{\Delta\delta}{\delta_0}\right)^3+\cdots\right] \tag{3-9}$$

由上式可求得电感增量 ΔL 和相对增量 $\Delta L/L_0$ 的表达式，即

$$\Delta L=L_0\frac{\Delta\delta}{\delta_0}\left[1+\frac{\Delta\delta}{\delta_0}+\left(\frac{\Delta\delta}{\delta_0}\right)^2+\cdots\right] \tag{3-10}$$

$$\frac{\Delta L}{L_0}=\frac{\Delta\delta}{\delta_0}\left[1+\frac{\Delta\delta}{\delta_0}+\left(\frac{\Delta\delta}{\delta_0}\right)^2+\cdots\right] \tag{3-11}$$

同理，当衔铁随被测体的初始位置向下移动 $\Delta\delta$ 时，有

$$\Delta L=L_0\frac{\Delta\delta}{\delta_0}\left[1-\frac{\Delta\delta}{\delta_0}+\left(\frac{\Delta\delta}{\delta_0}\right)^2-\cdots\right] \tag{3-12}$$

$$\frac{\Delta L}{L_0}=\frac{\Delta\delta}{\delta_0}\left[1-\frac{\Delta\delta}{\delta_0}+\left(\frac{\Delta\delta}{\delta_0}\right)^2-\cdots\right] \tag{3-13}$$

对式（3-11）、式（3-13）做线性处理忽略高次项，可得

$$\frac{\Delta L}{L_0}=\frac{\Delta\delta}{\delta_0} \tag{3-14}$$

灵敏度为

$$K_0=\frac{\dfrac{\Delta L}{L_0}}{\Delta\delta}=\frac{1}{\delta_0} \tag{3-15}$$

由此可见，变间隙式电感传感器的测量范围与灵敏度及线性度相矛盾，所以变隙式电感传感器用于测量微小位移时是比较精确的。为了减小非线性误差，实际测量中广泛采用差动变隙式电感传感器。

图 3-3 所示为差动变隙式电感传感器的原理结构图。由图可知，差动变隙式电感传感器由两个相同的电感线圈Ⅰ、Ⅱ和磁路组成，测量时，衔铁通过导杆与被测位移量相连，当被测体上下移动时，导杆带动衔铁也以相同的位移上下移动，使两个磁回路中磁阻发生大小相等、方向相反的变化，导致一个线圈的电感量增加，另一个线圈的电感量减小，形成差动形式。

当衔铁往上移动 $\Delta\delta$ 时，两个线圈的电感变化量 ΔL_1、ΔL_2 分别由式（3-10）及式（3-12）表示，当差动使用时，两个电感线圈接成交流电桥的相邻桥臂，另两个桥臂由电阻组成，电桥输出电压与 ΔL 有关，其具体表达式为

$$\Delta L=\Delta L_1+\Delta L_2=2L_0\frac{\Delta\delta}{\delta_0}\left[1+\frac{\Delta\delta}{\delta_0}+\left(\frac{\Delta\delta}{\delta_0}\right)^2+\cdots\right] \tag{3-16}$$

对上式进行线性处理忽略高次项得

$$\frac{\Delta L}{L_0}=2\frac{\Delta\delta}{\delta_0} \tag{3-17}$$

灵敏度 K_0 为

$$K_0=\frac{\frac{\Delta L}{L_0}}{\Delta\delta}=\frac{2}{\delta_0} \tag{3-18}$$

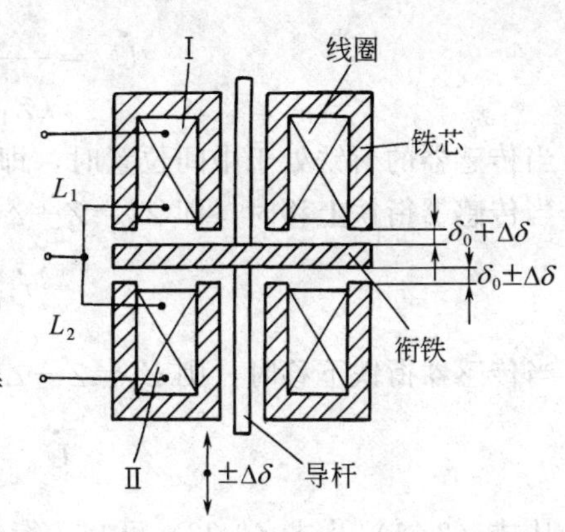

图 3-3　差动变隙式电感传感器

比较单线圈和差动两种变间隙式电感传感器的特性，可以得到如下结论。

① 差动式比单线圈式的灵敏度高一倍；

② 差动式的非线性项等于单线圈非线性项乘以$\frac{\Delta\delta}{\delta_0}$因子，因为$\frac{\Delta\delta}{\delta_0}\ll 1$，所以，差动式的线性度得到明显改善。

为了使输出特性能得到有效改善，构成差动的两个变隙式电感传感器在结构尺寸、材料、电气参数等方面均应完全一致。

三、测量电路

电感式传感器的测量电路有交流电桥式、交流变压器式以及谐振式等几种形式。

1. 交流电桥式测量电路

图 3-4 所示为交流电桥测量电路，把传感器的两个线圈作为电桥的两个桥臂 Z_1 和 Z_2，另外两个相邻的桥臂用纯电阻代替，对于高 Q 值（$Q=\omega L/R$）的差动式电感传感器，其输出电压

$$\dot{U}_0=\frac{\dot{U}_{AC}}{2}\times\frac{\Delta Z_1}{Z_1}=\frac{\dot{U}_{AC}}{2}\times\frac{j\omega\Delta L}{R_0+j\omega L_0}\approx\frac{\dot{U}_{AC}}{2}\times\frac{\Delta L}{L_0} \tag{3-19}$$

式中　L_0——衔铁在中间位置时单个线圈的电感；

　　ΔL——两线圈电感的差量。

将 $\Delta L=2L_0\frac{\Delta\delta}{\delta_0}$代入式（3-19）得$\dot{U}_0=\dot{U}_{AB}\frac{\Delta\delta}{\delta_0}$，电桥输出电压与 $\Delta\delta$ 有关。

2. 交流变压器式电桥

变压器式交流电桥测量电路如图 3-5 所示，电桥两臂 Z_1、Z_2 为传感器线圈阻抗，另外两桥臂为交流变压器次级线圈的 1/2 阻抗。当负载阻抗为无穷大时，桥路输出电压

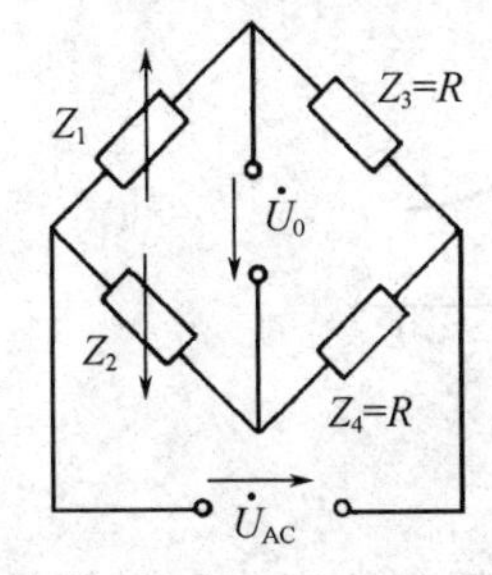

图 3-4　交流电桥测量电路

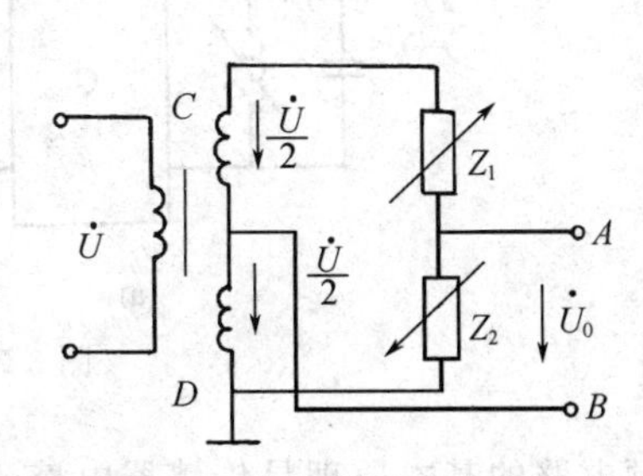

图 3-5　变压器式交流电桥

$$\dot{U}_0=\frac{Z_1}{(Z_1+Z_2)\dot{U}}-\frac{\dot{U}}{2}=\frac{Z_1-Z_2}{Z_1+Z_2}\times\frac{\dot{U}}{2} \tag{3-20}$$

当传感器的衔铁处于中间位置时，即 $Z_1=Z_2=Z$，此时 $\dot{U}=0$，电桥平衡。

当传感器衔铁上移时，即 $Z_1=Z+\Delta Z$，$Z_2=Z-\Delta Z$，此时

$$\dot{U}_0=\frac{U}{2}\times\frac{\Delta Z}{Z}=\frac{U}{2}\times\frac{\Delta L}{L} \tag{3-21}$$

当传感器衔铁下移时，则 $Z_1=Z-\Delta Z$，$Z_2=Z+\Delta Z$，此时

$$\dot{U}_0=-\frac{U}{2}\times\frac{\Delta Z}{Z}=-\frac{U}{2}\times\frac{\Delta L}{L} \tag{3-22}$$

从式（3-21）及式（3-22）可知，衔铁上下移动相同距离时，输出电压的大小相等，但方向相反，由于 U_0 是交流电压，输出指示无法判断位移方向，必须配合相敏检波电路来解决。

3. 谐振式测量电路

谐振式测量电路有谐振式调幅电路如图 3-6 所示，谐振式调频电路如图 3-7 所示。在调幅电路中，传感器电感 L 与电容 C、变压器原边串联在一起，接入交流电源 U，变压器副边将有电压 U_0 输出，输出电压的频率与电源频率相同，而幅值随着电感 L 而变化，图 3-6（b）所示为输出电压 $\dot{U}_0$ 与电感 L 的关系曲线，其中 L_0 为谐振点的电感值，此电路灵敏度很高，但线性差，适用于线性要求不高的场合。

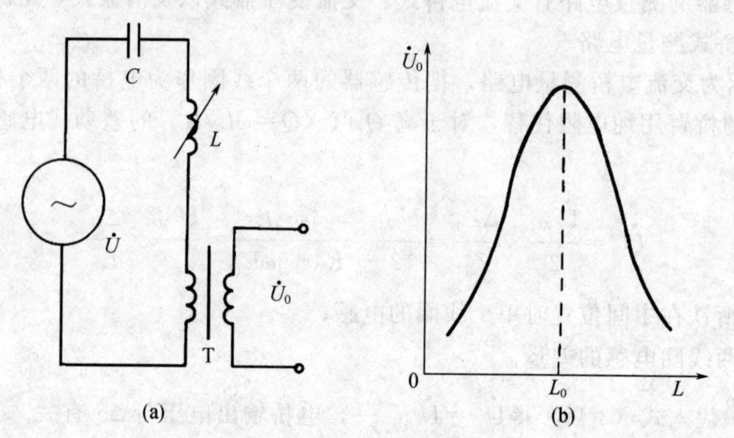

图 3-6 谐振式调幅电路

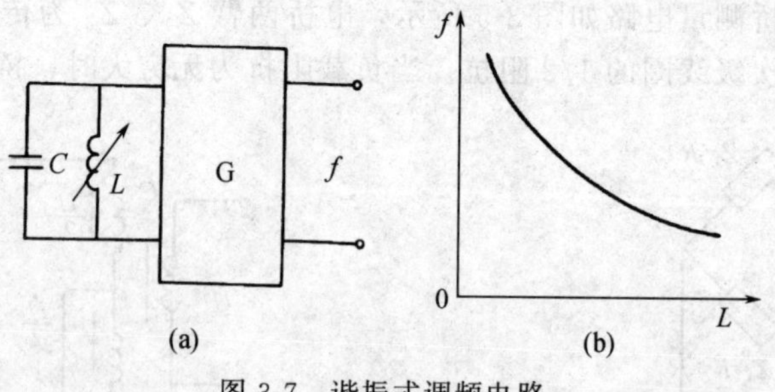

图 3-7 谐振式调频电路

调频电路的基本原理是传感器电感 L 变化将引起输出电压频率的变化。一般是把传感器电感 L 和电容 C 接入一个振荡回路中，其振荡频率 $f=1/[2\pi(LC)^{1/2}]$。当 L 变化时，振

荡频率随之变化，根据 f 的大小即可测出被测量的值。图 3-7(b) 表示 f 与 L 的特性，它具有明显的非线性关系。

第二节 差动变压器式传感器

把被测的非电量变化转换为线圈互感量变化的传感器称为互感式传感器。这种传感器是根据变压器的基本原理制成的，并且次级绕组都用差动形式连接，故称差动变压器式传感器。

差动变压器结构形式较多，有变隙式、变面积式和螺线管式等，但其工作原理基本一样。非电量测量中，应用最多的是螺线管式差动变压器，它可以测量 1～100mm 范围以内的机械位移，并具有测量精度高，灵敏度高，结构简单，性能可靠等优点。

一、工作原理

螺线管式差动变压器结构如图 3-8 所示，它由初级线圈、两个次级线圈和插入线圈中央的圆柱形铁芯等组成。

螺线管式差动变压器按线圈绕组排列方式的不同可分为一节式、二节式、三节式、四节式和五节式等类型，如图 3-9 所示。一节式灵敏度高，三节式零点残余电压较小，通常采用的是二节式和三节式两类。

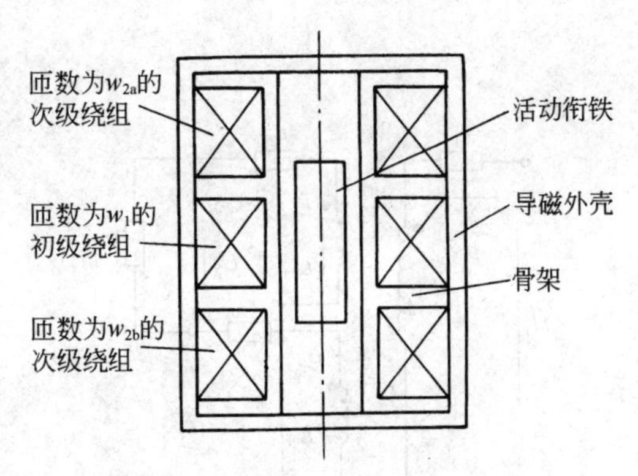

图 3-8 螺线管式差动变压器结构

差动变压器式传感器中两个次级线圈反向串联，并且在忽略铁损、导磁体磁阻和线圈分布电容的理想条件下，其等效电路如图 3-10 所示。当初级绕组 ω_1 加以激励电压 $\dot{U}_1$ 时，根据变压器的工作原理，在两个次级绕组 ω_{2a} 和 ω_{2b} 中便会产生感应电势 $\dot{E}_{2a}$ 和 $\dot{E}_{2b}$。如果工艺上保证变压器结构完全对称，则当活动衔铁处于初始平衡位置时，必然会使两互感系数 $M_1=M_2$。根据电磁感应原理，将有 $\dot{E}_{2a}=\dot{E}_{2b}$。由于变压器两次级绕组反向串联，因而 $\dot{U}_2=\dot{E}_{2a}-\dot{E}_{2b}=0$，即差动变压器输出电压为零。

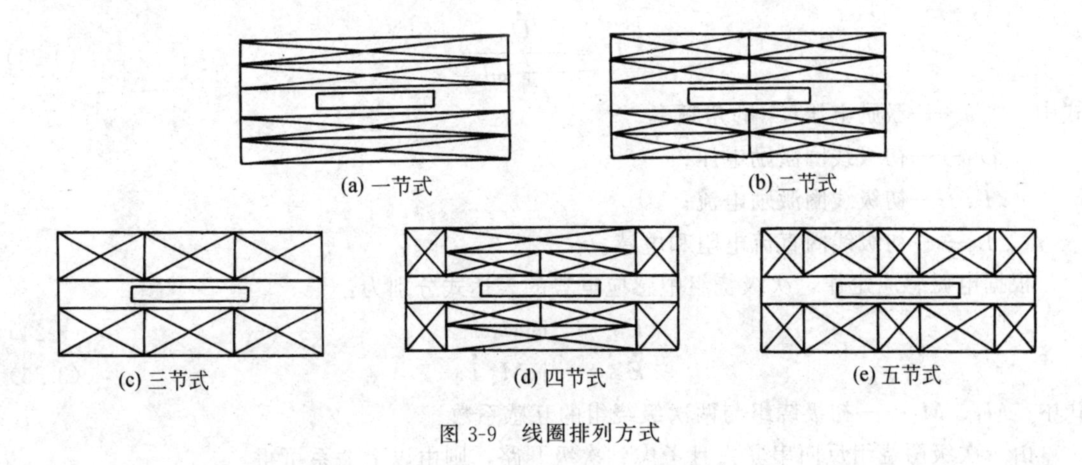

(a) 一节式　(b) 二节式　(c) 三节式　(d) 四节式　(e) 五节式

图 3-9 线圈排列方式

当活动衔铁向上移动时，由于磁阻的影响，ω_{2a} 中磁通将大于 ω_{2b}，使 $M_1>M_2$，因而 $\dot{E}_{2a}$ 增加，而 $\dot{E}_{2b}$ 减小；反之，$\dot{E}_{2b}$ 增加，$\dot{E}_{2a}$ 减小。因为 $\dot{U}_2=\dot{E}_{2a}-\dot{E}_{2b}$，所以当 $\dot{E}_{2a}$、$\dot{E}_{2b}$ 随着衔铁位移 x 变化时，$\dot{U}_2$ 也必将随 x 变化。图 3-11 给出了变压器输出电压 $\dot{U}_2$ 与活动衔铁位移 x 的关系曲线。实际上，当衔铁位于中心位置时，差动变压器输出电压并不等于零，把差动变压器在零位移时的输出电压称为零点残余电压，记作 $\dot{U}_x$，它的存在使传感器的输出特性曲线不过零点，造成实际特性与理论特性不完全一致。零点残余电压产生的原因主要是传感器的两次级绕组的电气参数与几何尺寸不对称，以及磁性材料的非线性等问题引起的。零点残余电压的波形十分复杂，主要由基波和高次谐波组成。基波的产生主要是传感器的两次级绕组的电器参数，几何尺寸不对称，导致它们产生的感应电势幅值不等、相位不同，因此不论怎样调整衔铁位置，两线圈中感应电势都不能完全抵消。高次谐波中起主要作用的是三次谐波，产生的原因是由于磁性材料磁化曲线的非线性（磁饱和、磁滞）。零点残余电压一般在几十毫伏以下，在实际使用时，应设法减小，否则将会影响传感器的测量结果。

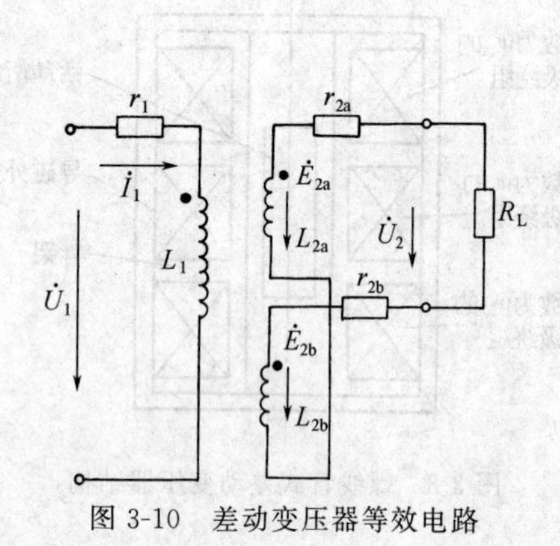

图 3-10　差动变压器等效电路

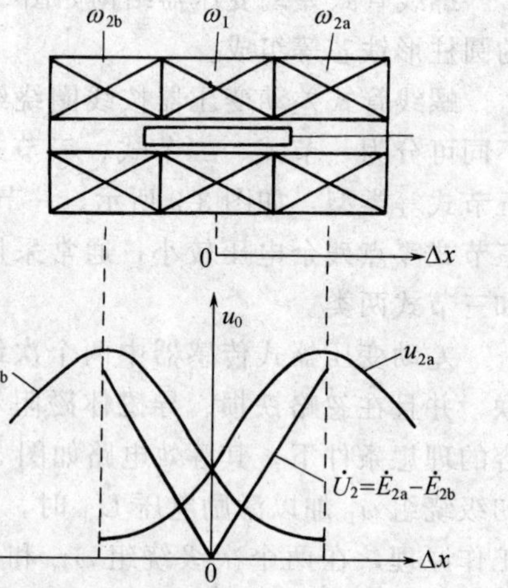

图 3-11　差动变压器的输出电压特性曲线

二、基本特性

差动变压器等效电路如图 3-10 所示。当次级开路时有

$$\dot{I}_1=\frac{\dot{U}_1}{r_1+\mathrm{j}\omega L_1} \tag{3-23}$$

式中　ω——激励电压 $\dot{U}_1$ 的角频率；

$\dot{U}_1$——初级线圈激励电压；

$\dot{I}_1$——初级线圈激励电流；

r_1、L_1——初级线圈直流电阻和电感。

根据电磁感应定律，次级绕组中感应电势的表达式分别为：

$$\dot{E}_{2a}=-\mathrm{j}\omega M_1\dot{I}_1 \tag{3-24}$$

$$\dot{E}_{2b}=-\mathrm{j}\omega M_2\dot{I}_1 \tag{3-25}$$

式中　M_1、M_2——初级绕组与两次级绕组的互感系数。

由于次级两绕组反向串联，且考虑到次级开路，则由以上关系可得：

$$\dot{U}_2=\dot{E}_{2a}-\dot{E}_{2b}=-\frac{j\omega(M_1-M_2)\dot{U}_1}{r_1+j\omega L_1} \tag{3-26}$$

输出电压的有效值为

$$\dot{U}_2=\frac{\omega(M_1-M_2)\dot{U}_1}{[r_1^2+(j\omega L_1)^2]^{1/2}} \tag{3-27}$$

下面分三种情况进行分析。

① 活动衔铁处于中间位置时：

$$M_1=M_2=M$$

故 $U_2=0$。

② 活动衔铁向上移动：

$$M_1=M+\Delta M \quad M_1=M-\Delta M$$

故 $\dot{U}_2=2\omega\Delta MU_1/[r_1^2+(\omega L_1)^2]^{1/2}$，与 $\dot{E}_{2a}$ 同极性。

③ 活动衔铁向下移动：

$$M_1=M-\Delta M \quad M_1=M+\Delta M$$

故 $\dot{U}_2=-2\omega\Delta M\dot{U}_1/[r_1^2+(\omega L_1)^2]^{1/2}$，与 $\dot{E}_{2b}$ 同极性。

三、差动变压器式传感器测量电路

差动变压器输出的是交流电压，若用交流电压表测量，只能反映衔铁位移的大小，而不能反映移动方向。另外，其测量值中将包含零点残余电压。为了达到能辨别移动方向及消除零点残余电压的目的，实际测量时，常常采用差动整流电路和相敏检波电路。

1. 差动整流电路

这种电路是把差动变压器的两个次级输出电压分别整流，然后将整流的电压或电流的差值作为输出，图 3-12 给出了几种典型电路形式。图中 (a)、(c) 适用于交流负载阻抗，(b)、(d) 适用于低负载阻抗，电阻 R_0 用于调整零点残余电压。

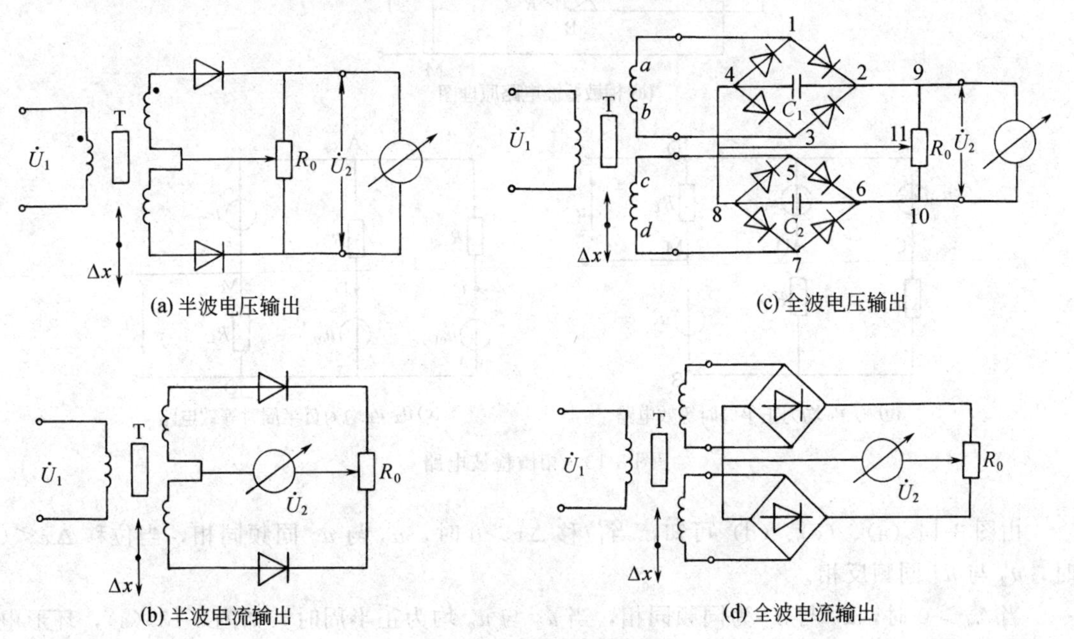

图 3-12　差动整流电路

下面结合图 3-12（c），分析差动整流工作原理。

从图 3-12（c）电路结构可知，不论两个次级线圈的输出瞬时电压极性如何，流经电容 C_1 的电流方向总是从 2 到 4，流经电容 C_2 的电流方向从 6 到 8，故整流电路的输出电压为

$$\dot{U}_2=\dot{U}_{24}-\dot{U}_{68} \tag{3-28}$$

当衔铁在零位时，因为 $\dot{U}_{24}=\dot{U}_{68}$，所以 $\dot{U}_2=0$；当衔铁在零位以上时，因为 $\dot{U}_{24}>\dot{U}_{68}$，则 $\dot{U}_2>0$；而当衔铁在零位以下时，则有 $\dot{U}_{24}<\dot{U}_{68}$，则 $\dot{U}_2<0$。

差动整流电路具有结构简单、不需要考虑相位调整和零点残余电压的影响、分布电容影响小和便于远距离传输等优点，因而获得广泛应用。

2. 相敏检波电路

电路如图 3-13 所示。VD_1、VD_2、VD_3、VD_4 为四个性能相同的二极管，以同一方向串联接成一个闭合回路，形成环形电桥。输入信号 u_2（差动变压器式传感器输出的调幅波电压）通过变压器 T_1 加到环形电桥的一条对角线。参考信号 u_0 通过变压器 T_2 加入环形电桥的另一个对角线。输出信号 u_L 从变压器 T_1 与 T_2 的中心抽头引出。平衡电阻 R 起限流作用，避免二极管导通时变压器 T_2 的次级电流过大。R_L 为负载电阻。u_0 的幅值要远大于输入信号 u_2 的幅值，以便有效控制四个二极管的导通状态，且 u_0 和差动变压器式传感器激磁电压 u_2 由同一振荡器供电，保证二者同频、同相（或反相）。

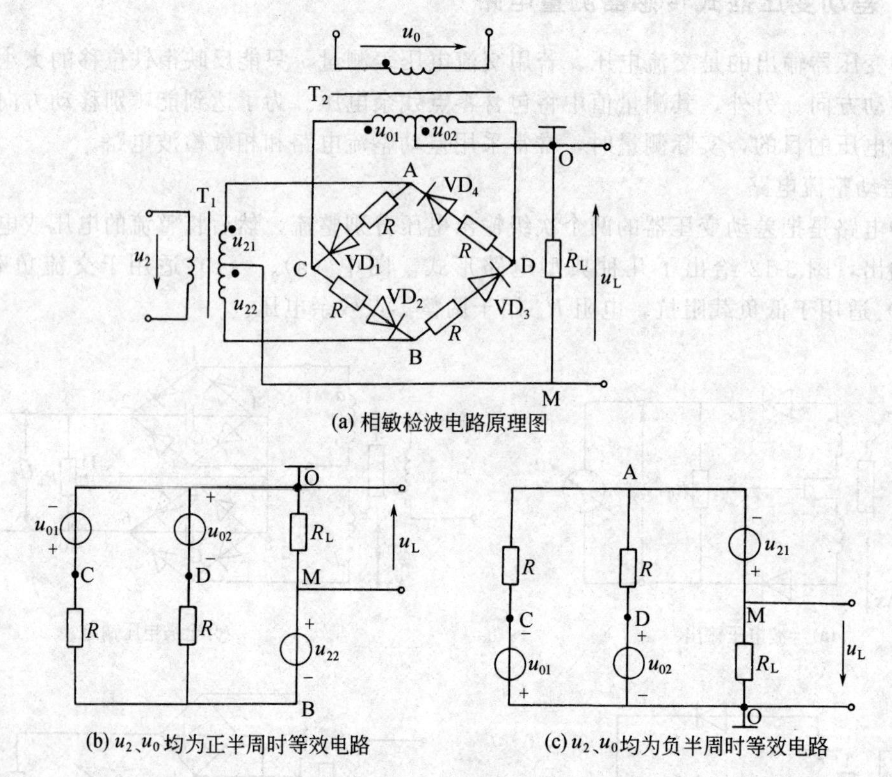

(a) 相敏检波电路原理图

(b) u_2、u_0 均为正半周时等效电路

(c) u_2、u_0 均为负半周时等效电路

图 3-13　相敏检波电路

由图 3-14（a）、（c）、（d）可知，当位移 $\Delta x>0$ 时，u_2 与 u_0 同频同相，当位移 $\Delta x<0$ 时，u_2 与 u_0 同频反相。

当 $\Delta x>0$ 时，u_2 与 u_0 为同频同相，当 u_2 与 u_0 均为正半周时，如图 3-13（a），环形电桥中二极管 VD_1、VD_4 截止，VD_2、VD_3 导通，则可得图 3-13（b）的等效电路。

根据变压器的工作原理，考虑到 O、M 分别为变压器 T_1、T_2 的中心抽头，则有

$$u_{01}=u_{02}=\frac{u_0}{2n_2} \tag{3-29}$$

$$u_{21}=u_{22}=\frac{u_2}{2n_1} \tag{3-30}$$

式中，u_1、u_2 为变压器 T_1、T_2 的变化。采用电路分析的基本方法，可求得图 3-13（b）所示电路的输出电压 u_L 的表达式

$$u_L=\frac{R_L u_2}{n_1(R_1+2R_L)} \tag{3-31}$$

同理当 u_2 与 u_0 均为负半周时，二极管 VD_2、VD_3 截止，VD_1、VD_4 导通。其等效电路如图 3-13（c）所示，输出电压 u_L 表达式与式（3-31）相同，说明只要位移 $\Delta x>0$，不论 u_2 与 u_0 是正半周还是负半周，负载 R_L 两端得到的电压 u_L 始终为正。

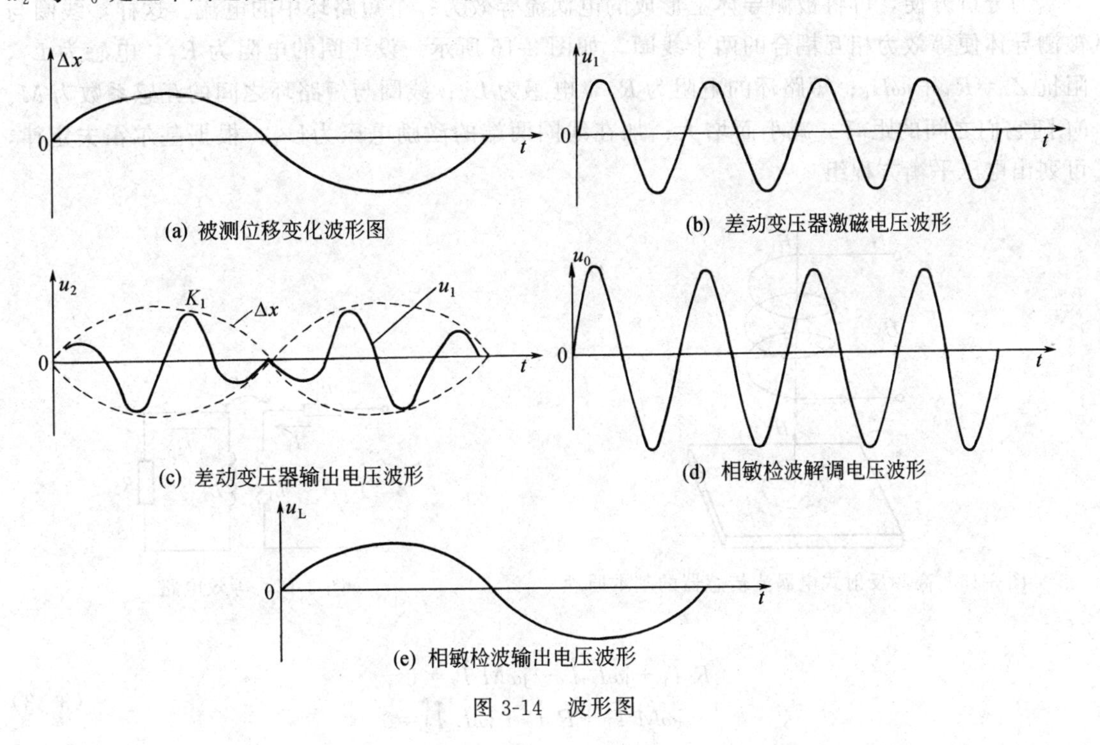

(a) 被测位移变化波形图

(b) 差动变压器激磁电压波形

(c) 差动变压器输出电压波形

(d) 相敏检波解调电压波形

(e) 相敏检波输出电压波形

图 3-14 波形图

当 $\Delta x<0$ 时，u_2 与 u_0 为同频反相。采用上述相同的分析方法不难得到当 $\Delta x<0$ 时，不论 u_2 与 u_0 是正半周还是负半周，负载电阻 R_L 两端得到的输出电压 u_L 表达式总是为

$$u_L=-\frac{R_L u_2}{n_1(R_1+2R_L)} \tag{3-32}$$

所以上述相敏检波电路输出电压 u_L 的变化规律充分反映了被测位移量的变化规律，即 u_L 的值反映位移 Δx 的大小，而 u_L 的极性则反映了位移 Δx 的方向。

第三节 电涡流式传感器

电涡流式传感器是 20 世纪 70 年代以来得到迅速发展的一种传感器，它利用电涡流效应进行工作。由于它结构简单、灵敏度高、频响范围宽、不受油污等介质影响，并能进行非接

触测量，适用范围广，因此一问世就受到各国的重视。目前，这种传感器已广泛用来测量位移、振动、厚度、转速、温度、硬度等参数，以及用于无损探伤领域。

本节着重介绍电涡流式传感器的基本形式——位移传感器，并简要介绍其典型应用。

一、工作原理

如图 3-15 所示，有一通以交变电流 $\dot{I}_1$ 的传感器线圈。由于电流 $\dot{I}_1$ 的存在，线圈周围就产生一个交变磁场 H_1。若被测导体置于该磁场范围内，导体内便产生电涡流 $\dot{I}_2$，$\dot{I}_2$ 也将产生一个新磁场 H_2；H_2 与 H_1 方向相反，力图削弱原磁场 H_1，从而导致线圈的电感量、阻抗和品质因数发生变化。这些参数变化与导体的几何形状、电导率、磁导率、线圈的几何参数、电流的频率以及线圈到被测导体间的距离有关。如果控制上述参数中一个参数改变，余者皆不变，就能构成测量该参数的传感器。

为分析方便，可将被测导体上形成的电涡流等效为一个短路环中的电流。这样，线圈与被测导体便等效为相互耦合的两个线圈，如图 3-16 所示。设线圈的电阻为 R_1，电感为 L_1，阻抗 $Z_1=R_1+j\omega L_1$；短路环的电阻为 R_2，电感为 L_2；线圈与短路环之间的互感系数为 M。M 随它们之间的距离 x 减小而增大；加在线圈两端的激励电压为 $\dot{U}_1$。根据基尔霍夫定律，可列出电压平衡方程组

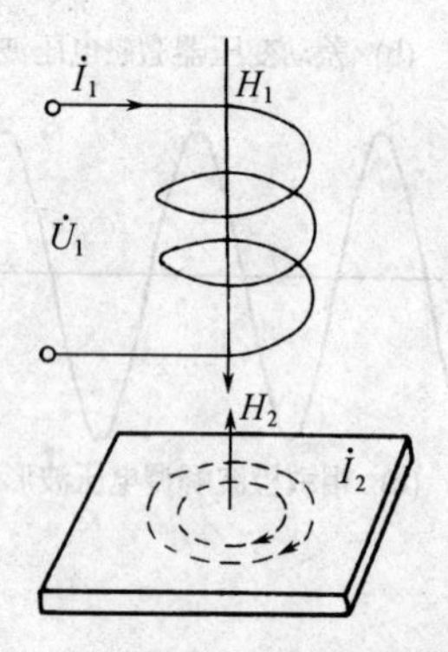

图 3-15　高频反射式电涡流传感器的基本原理

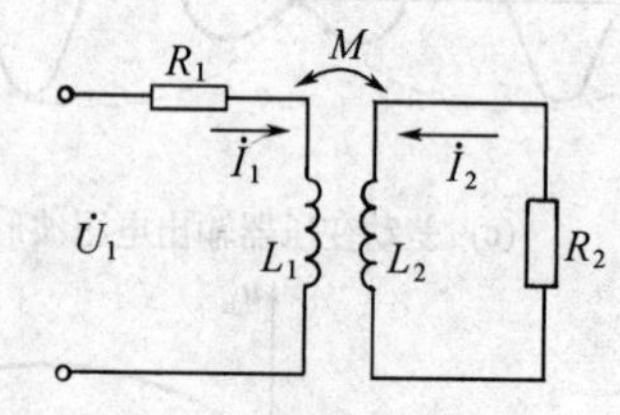

图 3-16　等效电路

$$\begin{cases}R_1\dot{I}_1+j\omega L_1\dot{I}_1-j\omega M\dot{I}_2=\dot{U}_1\\-j\omega M\dot{I}_1+R_2\dot{I}_2+j\omega L_2\dot{I}_2=0\end{cases}\tag{3-33}$$

解之得

$$\dot{I}_1=\frac{\dot{U}_1}{R_1+\frac{\omega^2M^2}{R_2^2+(\omega L_2)^2}R_2+j\omega\left[L_1-\frac{\omega^2M^2}{R_2^2+(\omega L_2)^2}L_2\right]}\tag{3-34}$$

$$\dot{I}_2=j\omega\frac{M\dot{I}_1}{R_2+j\omega L_2}=\frac{M\omega^2L_2\dot{I}_1+j\omega MR_2\dot{I}_1}{R_2^2+(\omega L_2)^2}$$

由此可求得线圈受金属导体影响后的等效阻抗为

$$Z=R_1+R_2\frac{\omega^2M^2}{R_2^2+\omega^2L_2^2}+j\omega\left(L_1-L_2\frac{\omega^2M^2}{R_2^2+\omega^2L_2^2}\right)\tag{3-35}$$

线圈的等效电感为

$$L=L_1-L_2\frac{\omega^2M^2}{R_2^2+\omega^2L_2^2}\tag{3-36}$$

由式（3-35）可见，由于涡流的影响，线圈阻抗的实数部分增大，虚数部分减小，因此线圈的品质因数 Q 下降。由式（3-35）可得

$$Q=Q_0\left(1-\frac{L_2}{L_1}\times\frac{\omega^2M^2}{Z_2^2}\right)\bigg/\left(1+\frac{R_2}{R_1}\times\frac{\omega^2M^2}{Z_2^2}\right) \tag{3-37}$$

式中 Q_0——无涡流影响时线圈的 Q 值，$Q_0=\omega L_1/R_1$；

Z_2——短路环的阻抗，$Z_2=\sqrt{R_2^2+\omega^2L_2^2}$。

Q 值的下降是由于涡流损耗所引起，并与金属材料的导电性和距离 x 直接有关。当金属导体是磁性材料时，影响 Q 值的还有磁滞损耗与磁性材料对等效电感的作用。在这种情况下，线圈与磁性材料所构成磁路的等效磁导率 μ_e 的变化将影响 L。当距离 x 减小时，由于 μ_e 增大而使式（3-36）中的 L_1 变大。

由式（3-35）～式（3-37）可知，线圈金属导体系统的阻抗、电感和品质因数都是该系统互感系数平方的函数。而互感系数又是距离 x 的非线性函数，因此当构成电涡流式位移传感器时，$Z=f_1(x)$、$L=f_2(x)$、$Q=f_3(x)$ 都是非线性函数。但在一定范围内，可以将这些函数近似地用一线性函数来表示，于是在该范围内通过测量 Z、L 或 Q 的变化就可以线性地获得位移的变化。

二、结构类型

1. 高频反射式

高频反射式是最常用的一种结构形式。它的结构很简单，由一个扁平线圈固定在框架上构成。线圈用高强度漆包铜线或银线绕制（高温使用时可采用铼钨合金线），用胶黏剂粘在框架端部或绕制在框架槽内，如图 3-17 所示。

线圈框架应采用损耗小、电性能好、热膨胀系数小的材料，常用高频陶瓷、聚酰亚胺、环氧玻璃纤维、氮化硼和聚四氟乙烯等。由于激励频率较高，对所用电缆与插头也要充分重视。

分析表明，这种传感器线圈外径大时，线圈的磁场轴向分布范围大，但磁感应强度的变化梯度小；线圈外径小时则相反。图 3-18 示出内径与厚度相同，但外径不同的两个线圈轴向磁感应强度 B_P 与轴向距离 x 之间的关系。可见，线圈外径大，线性范围就大，但灵敏度低；反之，线圈外径小，灵敏度高，但线性范围小。分析还表明，线圈内径和厚度的变化影响较小，仅在线圈与导体接近时灵敏度稍有变化。

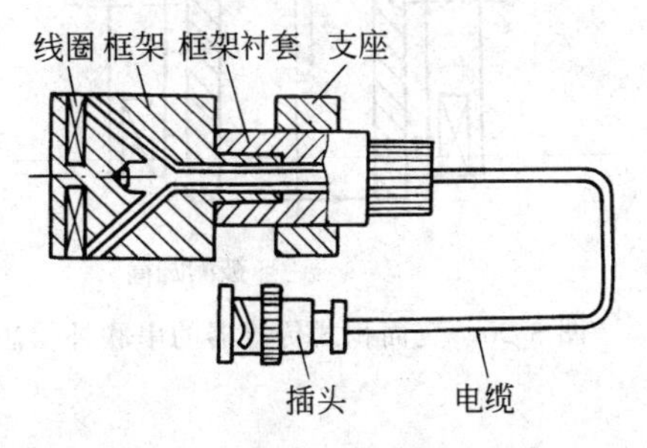

图 3-17 电涡流传感器的结构

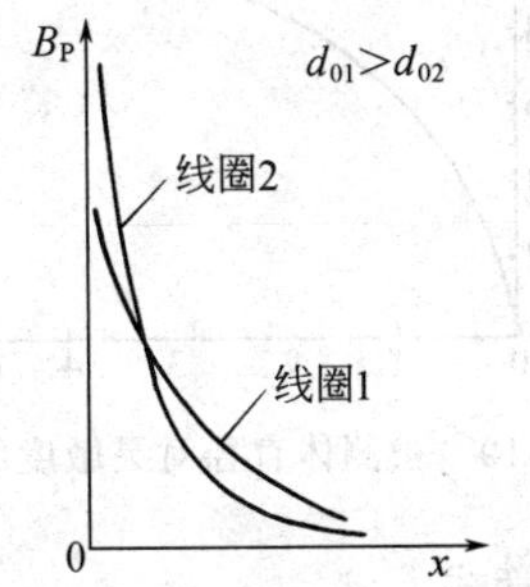

图 3-18 线圈轴向磁感应强度与轴向距离的分布

d_{01}—线圈 1 的外径；d_{02}—线圈 2 的外径

为了使传感器小型化，也可在线圈内加磁心，以便在电感量相同的条件下，减少匝数，提高 Q 值。同时，加入磁心可以感受较弱的磁场变化，造成 μ 值变化增大而扩大测量范围。

需要指出的是，由于电涡流传感器是利用线圈与被测导体之间的电磁耦合进行工作的，因而被测导体作为“实际传感器”的一部分，其材料的物理性质、尺寸与形状都与传感器特性密切相关。因此有必要对被测体进行讨论。

首先，被测导体的电导率、磁导率对传感器的灵敏度有影响。一般说，被测体的电导率越高，灵敏度也越高。磁导率则相反，当被测物为磁性体时，灵敏度较非磁性体低。而且被测体若有剩磁，将影响测量结果，因此应予消磁。

若被测体表面有镀层，镀层的性质和厚度不均匀也将影响测量精度。当测量转动或移动的被测体时，这种不均匀将形成干扰信号。尤其当激励频率较高，电涡流的贯穿深度减小时，这种不均匀干扰影响更加突出。

被测体的大小和形状也与灵敏度密切相关。从分析知，若被测体为平面，在涡流环的直径为线圈直径的1.8倍处，电涡流密度已衰减为最大值的5%。为充分利用电涡流效应，被测体环的直径不应小于线圈直径的1.8倍。当被测体环的直径为线圈直径的一半时，灵敏度将减小一半；更小时，灵敏度下降更严重。

当被测体为圆柱体时，只有其直径为线圈直径的3.5倍以上，才不影响测量结果；两者相等时，灵敏度降低为70%左右。被测体直径对灵敏度的影响见图3-19，图中D为被测体直径，d为线圈直径，K_r为相对灵敏度。

同样，对被测体厚度也有一定要求。一般厚度大于0.2mm即不影响测量结果（视激励频率而定），铜铝等材料更可减薄为70μm。

2. 变面积式

这种传感器是利用被测导体与传感器线圈之间相对覆盖面积的变化引起涡流效应的变化来测量位移的。测量的线性范围比高频反射式大，且线性度提高。

由于电涡流传感器轴向灵敏度高，径向灵敏度低，为保证测量精度，要求被测导体与线圈间的间隙始终恒定；否则，需采用补偿措施。常用的方法如图3-20所示，是将两个参数相同的传感器串联使用，对间隙变化起差动补偿作用。

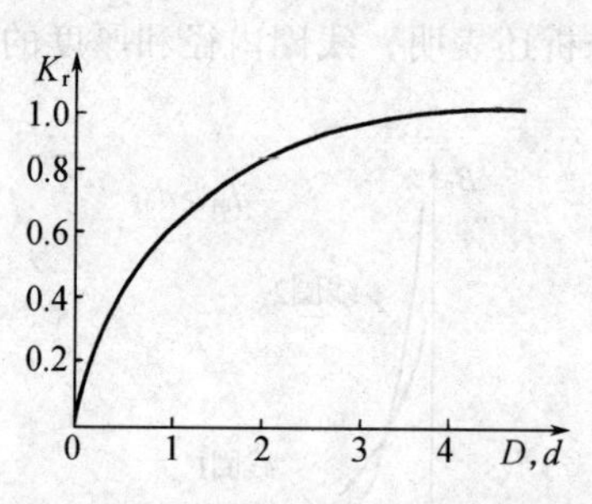

图3-19　被测体直径对灵敏度的影响

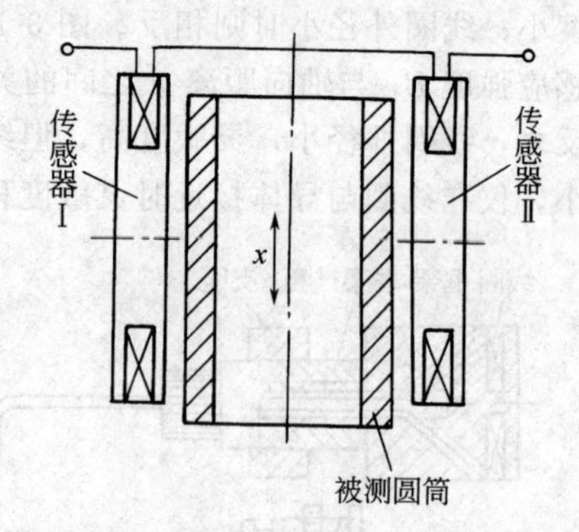

图3-20　变面积式传感器的串联补偿法

3. 螺管式

这种传感器由铜（或银）制短路套筒和螺管线圈组成，短路套筒能沿螺管线圈轴向移动（图3-21）。这种传感器与螺管式电感传感器相似，但不存在铁损；线性范围宽，但灵敏度较低。为此，常用差动结构，且取短路套筒长为线圈长的60%左右。

4. 低频透射式

这种类型与前三种的主要不同在于它采用低频激励，贯穿深度大，适用于测量金属材料的厚度。图 3-22 为其工作原理示意。

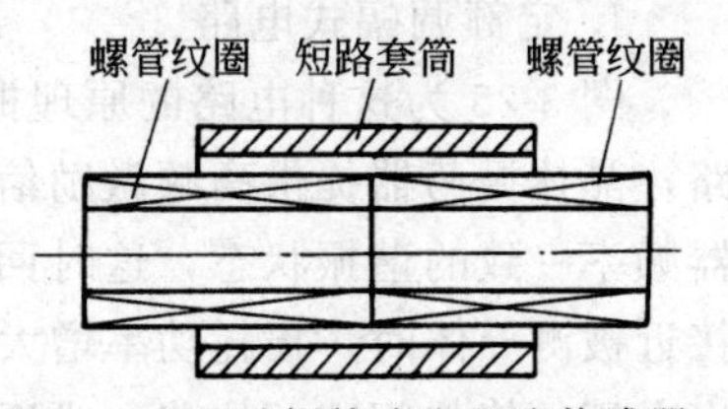

图 3-21 差动螺管式电涡流传感器

传感器由发射线圈 L_1 和接收线圈 L_2 组成，它们分别位于被测金属板材 M 的两侧。当低频激励电压 $\dot{U}_1$ 加到 L_1 的两端时，将在 L_2 的两端产生感应电压 $\dot{U}_2$。若两线圈之间无金属导体，L_1 的磁场就能直接贯穿 L_2，这时 $\dot{U}_2$ 最大。当有金属板后，其产生的涡流，削弱了 L_1 的磁场，造成 $\dot{U}_2$ 下降。金属板越厚，涡流损耗大，$\dot{U}_2$ 就越小。因此可利用 $\dot{U}_2$ 的大小来反映金属板的厚度。

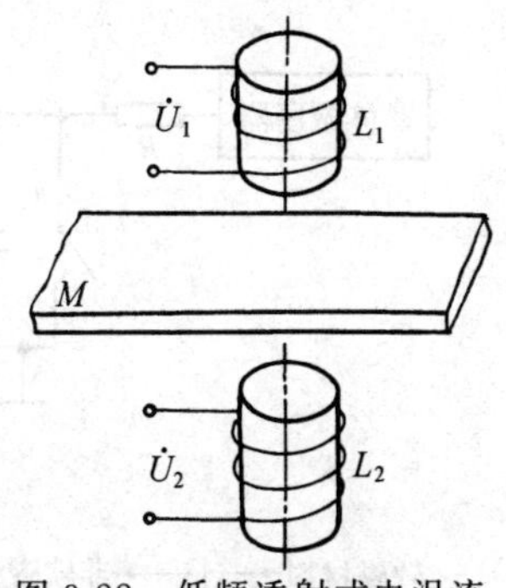

图 3-22 低频透射式电涡流传感器工作原理

理论分析与实验证明：U_2 与 $e^{-h/t}$ 成正比，其中 e 为自然对数的底，h 为被测金属板厚度，t 为电涡流的贯穿深度。因此，U_2 与 h 的关系如图 3-23 所示。

由于 t 与 $\sqrt{\rho/f}$ 成正比（其中 ρ 为被测材料的电阻率，f 为激励频率），当被测材料已定，ρ 为定值，此时若采用不同的激励频率 f，贯穿深度 t 就不同，导致 U_2-h 曲线发生变化，如图 3-24 所示。由图可见，f 较低时（即 t 较大），线性较好。因此 f 应选择较低的频率（通常用 1kHz 左右）。同时，h 较小时，t_3 曲线（f 较高）的斜率较大，因此测薄板时应选较高的频率，测厚板时则选较低的频率。

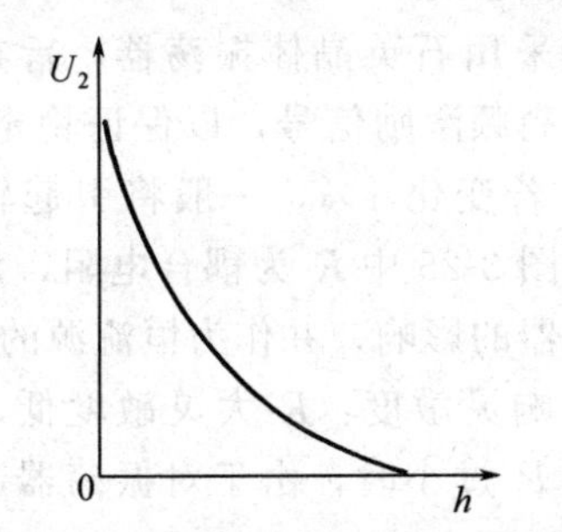

图 3-23 线圈电压被测金属板厚度的关系

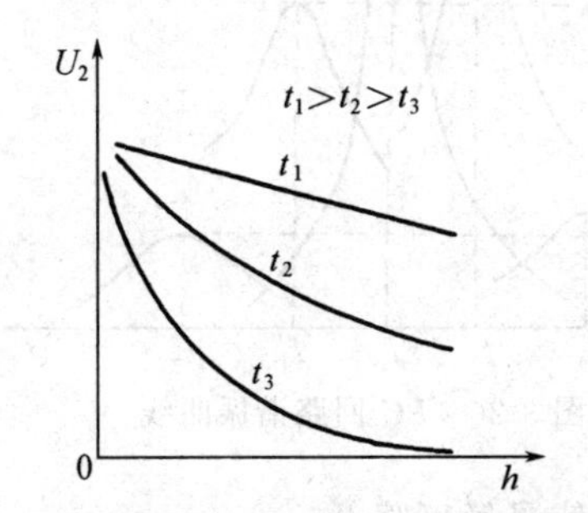

图 3-24 贯穿深度 t 对 $U_2=f(h)$ 曲线的影响

对不同的被测材料，由于 ρ 不同，当 f 一定时，贯穿深度 t 也不同。由此将造成 $U_2=f(h)$ 曲线形状的变化。为保证测量不同材料时的线性度和灵敏度一致，可采用改变激励频率 f 的方法。例如测量紫铜时采用 500Hz，测量黄铜和铝时采用 2kHz。

此外，温度的变化会引起材料 ρ 的变化，故应使材料温度恒定。

三、测量电路

根据电涡流式传感器的工作原理，针对被测变量可以转换为线圈电感、阻抗或 Q 值的三种参数的变化，测量电路也有三种：谐振电路、电桥电路与 Q 值测试电路。Q 值测试电路较少采用，电桥电路在前面中已作了较详细的阐述。本节主要介绍谐振电路。其基本原理是将传感器线圈与电容组成 LC 并联谐振回路，谐振频率 $f=1/(2\pi\sqrt{LC})$；谐振时回路阻抗最大，为 $Z_0=L/(R'C)$，其中 R' 为回路等效损耗电阻。当电感 L 变化时，f 和 Z_0 都随之变化，因此通过测量回路阻抗或谐振频率即可获得被测值。

目前电涡流式传感器所用的谐振电路有三种类型：定频调幅式、变频调幅式与调频式。

1. 定额调幅式电路

图 3-25 为这种电路的原理框图，图中 L 为传感器线圈电感，与电容 C 组成并联谐振回路，晶体振荡器提供高频激励信号。在无被测导体时，LC 并联谐振回路调谐在与晶体振荡器频率一致的谐振状态，这时回路阻抗最大，回路压降最大（图 3-26 之中 U_0）。当传感器接近被测导体时，损耗功率增大，回路失谐，输出电压相应变小。这样，在一定范围内，输出电压幅值与间隙（位移）成近似线性关系。由于输出电压的频率 f_0 始终恒定，因此称调幅式。

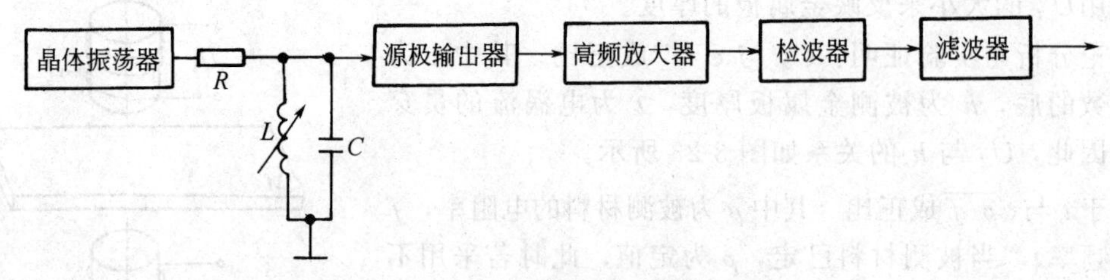

图 3-25　定额调幅式电路框图

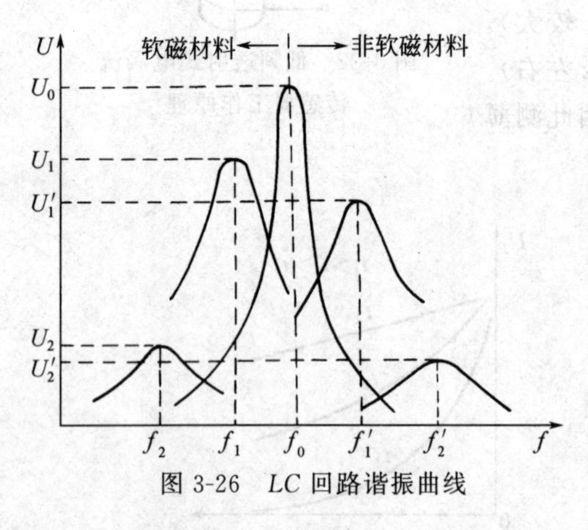

图 3-26　LC 回路谐振曲线

LC 回路谐振频率的偏移如图 3-26 所示。当被测导体为软磁材料时，由于 L 增大而使谐振频率下降（向左偏移）。当被测导体为非软磁材料时则反之（向右偏移）。

这种电路采用石英晶体振荡器，旨在获得最稳定度频率的高频激励信号，以保证稳定的输出。因为振荡频率若变化 1%，一般将引起输出电压 10%的漂移。图 3-25 中 R 为耦合电阻，用来减小传感器对振荡器的影响，并作为恒流源的内阻。R 的大小直接影响灵敏度：R 大灵敏度低，R 小则灵敏度高；但 R 过小时，由于对振荡器起旁路作用，也会使灵敏度降低。

谐振回路的输出电压为高频载波信号，因信号较小，所以没有高频放大、检波和滤波等环节，使输出信号便于传输与测量。图中源极输出器是为减小振荡器的负载而加。

2. 变频调幅式电路

调幅电路虽然有很多优点，并获得广泛应用，但线路较复杂，装调较困难，线性范围也不够宽。因此，人们又研究了一种变频调幅电路，原理框图如图 3-27 所示。这种电路的基本原理是将传感器线圈直接接入电容三点式振荡回路，当导体接近传感器线圈时，由于涡流效应的作用，振荡器输出电压的幅度和频率都发生变化，利用振荡幅度的变化来检测线圈与导体间的位移变化，而对频率变化不予理会。变频调幅式电路的谐振曲线如图 3-28 所示。无被测导体时，振荡回路的 Q 值最高，振荡电压幅值最大，振荡频率为 f_0。当有金属导体接近线圈时，涡流效应使回路 Q 值降低，谐振曲线变钝，振荡幅度降低，振荡频率也发生变化。当被测导体为软磁材料时，由于磁效应的作用，谐振频率降低，曲线左移；被测导体

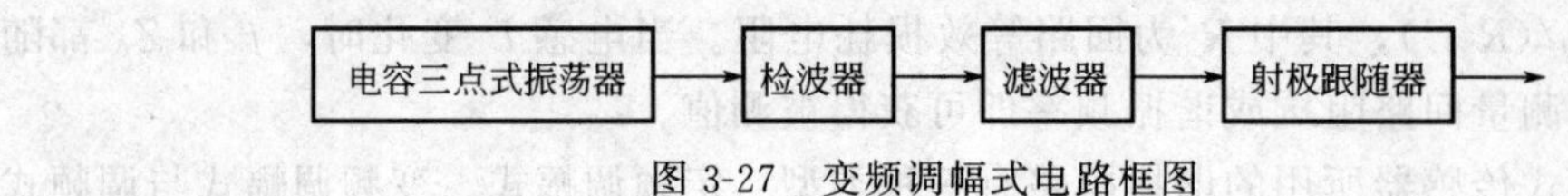

图 3-27　变频调幅式电路框图

为非软磁材料时，谐振频率升高，曲线右移。所不同的是，振荡器输出电压不是各谐振曲线与 f_0 的交点，而是各谐振曲线峰点的连线。

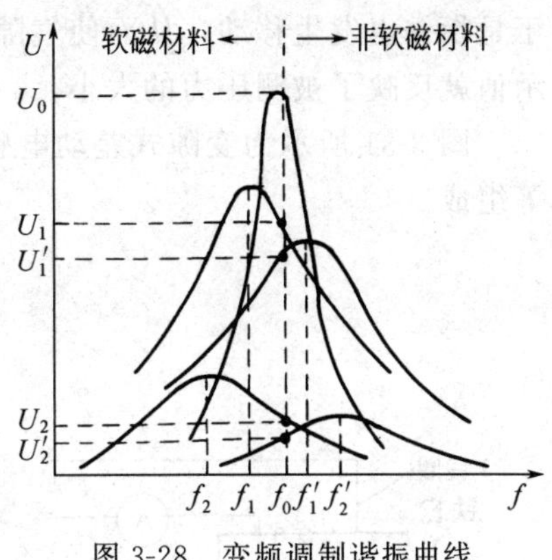

图 3-28 变频调制谐振曲线

这种电路除结构简单、成本较低外，还具有灵敏度高、线性范围宽等优点，因此监控等场合常采用它。

必须指出，该电路用于被测导体为软磁材料时，虽由于磁效应的作用使灵敏度有所下降，但磁效应对涡流效应的作用相当于在振荡器中加入负反馈，因而能获得很宽的线性范围。所以如果配用涡流板进行测量，应选用软磁材料。

3. 调频式电路

调频电路与变频调幅电路一样，将传感器线圈接入电容三点式振荡回路，所不同的是，以振荡频率的变化作为输出信号。如欲以电压作为输出信号，则应后接鉴频器。图 3-29 为调频式测量仪的原理框图。图中“静态”与“动态”分别用于测量静态位移与振动幅度。

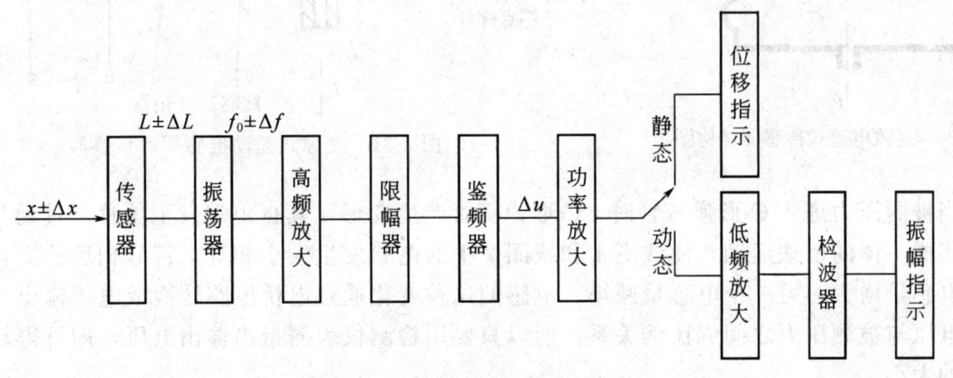

图 3-29 调频式测量仪原理框图

这种电路的关键是提高振荡器的频率稳定度。通常可以从环境温度变化、电缆电容变化及负载影响三方面考虑。

提高谐振回路元件本身的稳定性也是提高频率稳定度的一个措施。为此，传感器线圈 L 可采用热绕工艺绕制在低膨胀系数材料的骨架上，并配以高稳定的云母电容或具适当负温度系数的电容（进行温度补偿）作为谐振电容 C。

此外，提高传感器探头的灵敏度也能提高仪器的相对稳定性，例如，振荡频率为 2MHz，振荡器的频率稳定度为 5×10^{-5}，如果测量范围频带为 10kHz，则仪器稳定性仅 1%；若测量范围频带扩大为 100kHz，则仪器稳定性提高为 0.1%。

第四节 自感式传感器的应用

一、电感式传感器的应用

图 3-30 所示是变隙电感式压力传感器的结构图。它由膜盒、铁芯、衔铁及线圈等组成，衔铁与膜盒的上端连在一起。

当压力进入膜盒时，膜盒的顶端在压力 p 的作用下产生与压力 p 大小成正比的位移。

于是衔铁也发生移动，从而使气隙发生变化，流过线圈的电流也发生相应的变化，电流表指示值就反映了被测压力的大小。

图 3-31 所示为变隙式差动电感压力传感器。它主要由 C 形弹簧管、衔铁、铁芯和线圈等组成。

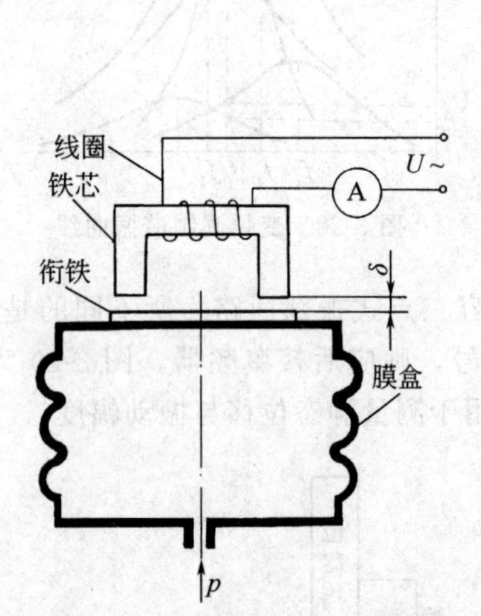

图 3-30　变隙电感式传感器结构图

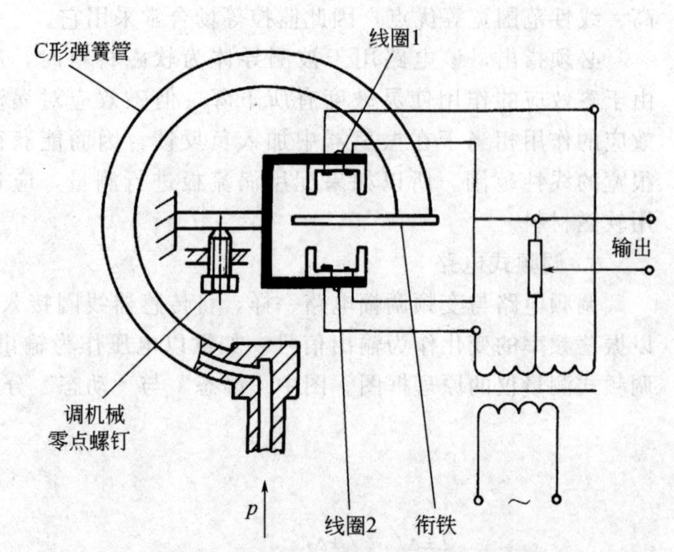

图 3-31　变隙式差动电感压力传感器

当被测压力进入 C 形弹簧管时，C 形弹簧管产生变形，其自由端发生位移，带动与自由端连接成一体的衔铁运动，使线圈 1 和线圈 2 中的电感发生大小相等、符号相反的变化，即一个电感量增大，另一个电感量减小。电感的这种变化通过电桥电路转换成电压输出。由于输出电压与被测压力之间成比例关系，所以只要用检测仪表测量出输出电压，即可得知被测压力的大小。

二、差动变压器式传感器的应用

差动变压器式传感器可以直接用于位移测量，也可以测量与位移有关的任何机械量，如振动、加速度、应力、密度、张力和厚度等。

1. 测量振动和加速度

图 3-32 所示为差动变压器式加速度传感器的结构示意图。它由悬臂弹簧梁和差动变压器构成。测量时，将悬臂弹簧梁底座及差动变压器的线圈骨架固定，而将衔铁的一端与被测振动体相连。当被测体带动衔铁振动时，导致差动变压器的输出电压也按相同规律变化。测量振动物体的频率和振幅时，信号源频率必须大于振动频率的 10 倍，这样测定的结果是十分精确的。可测量振动物体的振幅为 0.1～5.0mm，振动物体的频率一般为 0～150Hz。采用特殊设计的结构，还可以提高其频率响应的范围。

2. 测量大型构件的应力和位移

用差动变压器式传感器测量应力和位移这些参数较之常用的千分表来说，精度高、分辨力高、重复性好，并且可以实现自动化测量和记录。图 3-33 表示测量一的方案大型构件的应力和位移的方案，当外力作用于大型构件时，构件由此发生形变和位移，它们的变化通过安装在构件上的衔铁使差动变压器式传感器输出信号发生变化，从而构件的受力和构件情况得到测量。

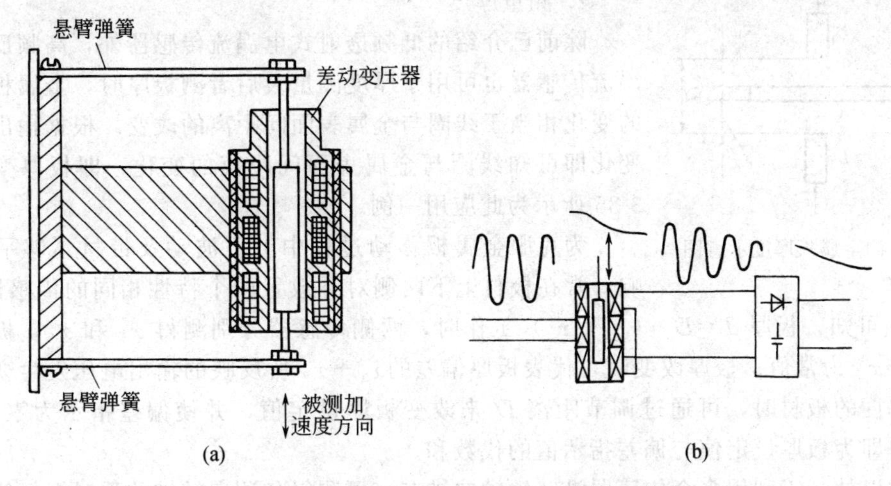

图 3-32 差动变压器式加速度传感器原理图

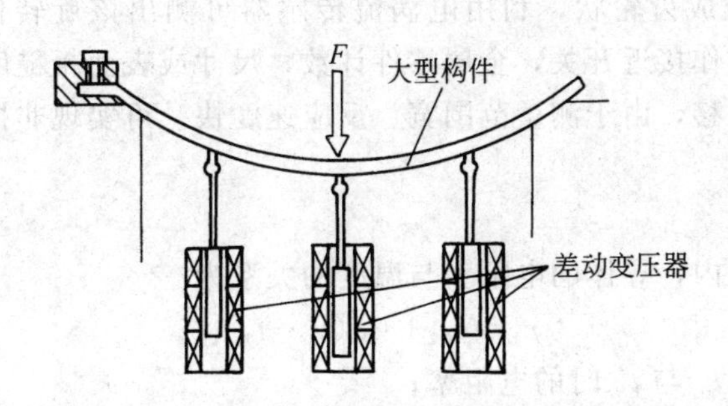

图 3-33 差动变压器式传感器测量应力和位移原理图

三、电涡流式传感器的应用

电涡流式传感器的应用非常广泛，下面就几种典型应用做一简单介绍。

1. 测量位移

电涡流式传感器的主要用途之一是可用来测量金属件的静态或动态位移，最大量程达数百毫米，分辨率为 0.1%。目前电涡流位移传感器的分辨力最高已做到 0.05μm（量程 0～15μm）。凡是可转换为位移量的参数，都可用电涡流式传感器测量，如机器转轴的轴向窜动、金属材料的热膨胀系数、钢水液位、纱线张力、流体压力等。

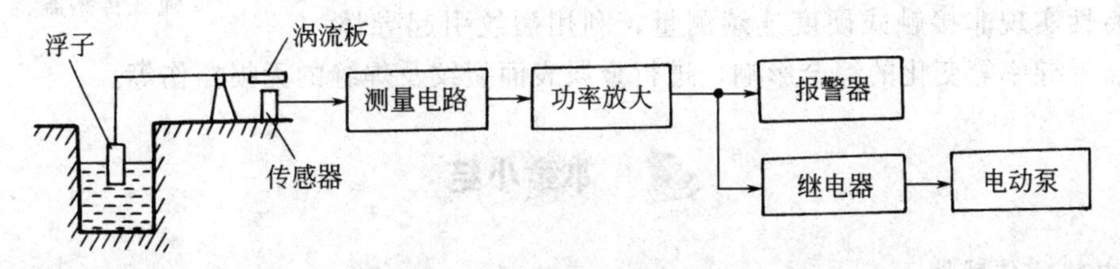

图 3-34 液位监控系统

图 3-34 为用电涡流式传感器构成的液位监控系统。如图所示，通过浮子与杠杆带动涡流板上下位移，由电涡流式传感器发出信号控制电动泵的开启而使液位保持一定。

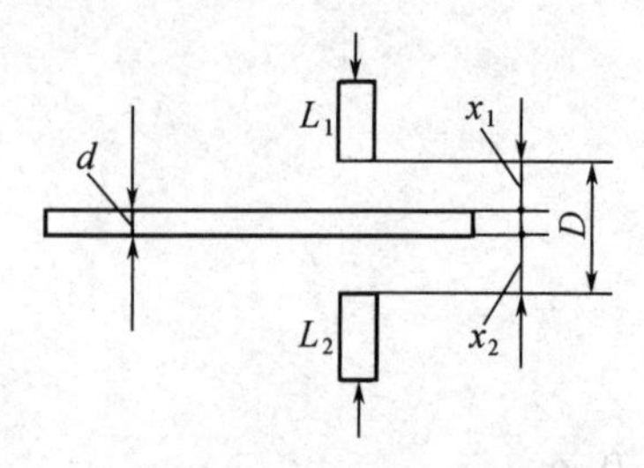

图 3-35　测金属板厚度示意图

2. 测量厚度

除前已介绍的低频透射式电涡流传感器外，高频反射式电涡流传感器也可用于厚度测量。后者测板厚时，金属板材厚度的变化相当于线圈与金属表面间距离的改变。根据输出电压的变化即可知线圈与金属表面间距离的变化，即板厚变化。图3-35 所示为此应用一例。

为克服金属板移动过程中上下波动及带材不够平整的影响，常在板材上下两侧对称放置两个特性相同的传感器 L_1 与 L_2。由图可知，板厚 $d=D-(x_1+x_2)$ 工作时，两侧传感器分别测得 x_1 和 x_2。板厚不变时，x_1+x_2 为常值；板厚改变时，代表板厚偏差的x_1+x_2 所反映的输出电压发生变化。测量不同厚度的板材时，可通过调节距离 D 来改变板厚设定值，并使偏差指示为零。这时，被测板厚即为板厚设定值与偏差指示值的代数和。

除此以外，①利用多个传感器沿转轴轴向排布，可测得各测点转轴的瞬时振幅值，从而做出转轴振型图；②利用两个传感器沿转轴径向垂直安装，可测得转轴轴心轨迹；③在被测金属旋转体上开槽或做成齿轮状，利用电涡流传感器可测出该旋转体的旋转频率或转速；④电涡流传感器还可用作接近开关，金属零件计数，尺寸或表面粗糙度检测等。

电涡流传感器测位移，由于测量范围宽、反应速度快、可实现非接触测量等特点，常用于在线检测。

3. 测量温度

在较小的温度范围内，导体的电阻率与温度的关系为

$$\rho_1=\rho_0[1+\alpha(t_1-t_0)] \tag{3-38}$$

式中　ρ_1、ρ_0——温度 t_1 与 t_0 时的电阻率；

α——在给定温度范围内的电阻温度系数。

若保持电涡流式传感器的机、电、磁各参数不变，使传感器的输出只随被测导体电阻率而变，就可测得温度的变化。上述原理可用来测量液体、气体介质温度或金属材料的表面温度，适合于低温到常温的测量。

图 3-36 为一种测量液体或气体介质温度的电涡流式传感器。它有以下优点：①不受金属表面涂料、油、水等介质的影响；②可实现非接触测量；③反应快。目前已制成热惯性时间常数仅 1ms 的电涡流温度计。

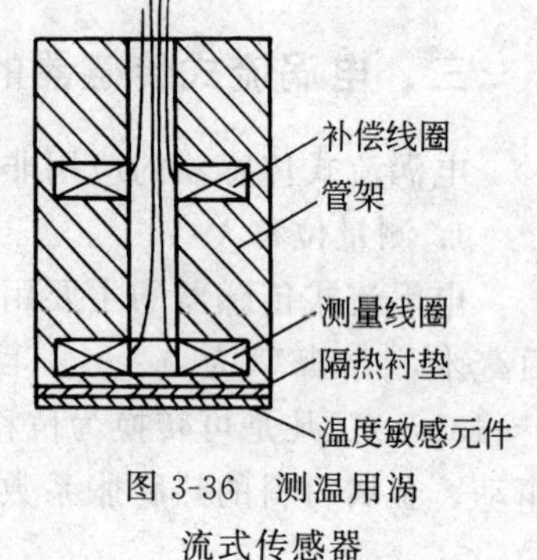

图 3-36　测温用涡流式传感器

除上述应用外，电涡流式传感器还可利用磁导率与硬度有关的特性实现非接触式硬度连续测量，利用裂纹引起导体电阻率、磁导率等变化的综合影响，进行金属表面裂纹及焊缝的无损探伤等。

本章小结

1. 电感式传感器

电感式传感器主要介绍变隙式电感传感器，它分为变气隙厚度的和变气隙面积的两种类型传感器，使用最广泛是变气隙厚度式电感传感器，变气隙式电感传感器分单线圈式和差动式两种类型。

差动变隙式电感传感器由两个相同的线圈与磁路组成。其工作原理为，当被测体带动衔铁移动时，使两个磁路的磁阻发生大小相等、符号相反的变化，引起两线圈产生大小相等、极性相反的电感增量，当将它们接入差动电桥的相邻桥臂时，电桥输出电压与两线圈电感的总变化量 ΔL 有关。

差动式与单线圈式相比，当 $\Delta\delta$ 和 δ_0 一定时，前者的灵敏度与线性度均比后者高，也就是说，当要求两者的灵敏度与线性度相同时，差动式的测量范围较大。但是，差动变隙式也没有从根本上解决单线圈变隙式的矛盾，它仍不适于测量大位移范围。

2. 差动变压器式传感器

差动变压器式传感器在差动变压器上分为变隙式、变面积式和螺线管式三种，应用较为广泛的是螺线管式差动变压器。螺线管式差动变压器由线圈组合、活动衔铁和导磁外壳组成。传感器工作原理为：当被测体没有位移时，活动衔铁处于初始平衡位置，变压器输出电压 $U_2=E_{2a}-E_{2b}=0$；当被测体有位移时，活动衔铁偏离初始平衡位置，$U_2\neq0$。

3. 电涡流式传感器

电涡流式传感器是根据电涡流效应制成的。当块状金属导体置于交变磁场中，或在磁场中做切割磁力线运动时，导体内将产生呈涡旋状的感应电流，此即电涡流效应。激磁线圈通交变电流，周围形成交变磁场，导体内产生电涡流，电涡流磁场反抗原磁场，引起线圈等效阻抗 Z 发生变化，表达式为 $Z=F(\rho, \mu, \gamma, f, x)$，若只改变上式中的一个参量（其他参量为常数），即可建立 Z 与该参量的单值关系，测量 Z 值，即可求得该参量（被测量）。

习题及思考题

3-1 说明单线圈和差动变隙式电感传感器的主要组成、工作原理和基本特性。

3-2 为什么螺线管式电感传感器比变隙式电感传感器有更大的测位移范围？

3-3 根据单线圈和差动螺线管式电感传感器的基本特性，说明它们的性能指标有何异同。

3-4 电感式传感器测量电路的主要任务是什么？变压器式电桥和带相敏整流的交流电桥，谁能更好地完成这一任务？

3-5 概述变隙式差动变压器的组成、工作原理和输出特性。

3-6 根据螺线管式差动变压器的基本特性，说明其灵敏度和线性度的主要特点。

3-7 为什么螺线管式差动变压器比变隙式差动变压器的测量范围大？

3-8 何谓零点残余电压？说明该电压的产生原因及消除方法。

3-9 差动变压器的测量电路有几种类型？试述它们的组成和基本原理。为什么这类电路可以消除零点残余电压？

3-10 概述差动变压器的应用范围，并说明用差动变压器式传感器检测振动的基本原理。

3-11 什么叫电涡流效应？什么叫线圈-导体系统？

3-12 概述电涡流式传感器的基本结构与工作原理。

3-13 电涡流式传感器的基本特性是什么？它是基于何种模型得到的？

3-14 电涡流的形成范围包括哪些内容？它们的主要特点是什么？

3-15 被测体对电涡流式传感器的灵敏度有何影响？

第四章

压电式传感器

内容提要： 本章阐述了构成压电式传感器的基本原理，从物理和数学概念上简明扼要地描述了石英晶体和压电陶瓷两种压电材料将非电量信号转换成电信号的过程，并分析了压电式传感器在测量过程中的等效电路。在第四节中对本章介绍的压电式传感器分别举实例说明各自特点和应用范围。

压电式传感器的工作原理是基于某些介质材料的压电效应，是一种典型的有源传感器（属于发电型传感器）。某些电介质在外力作用下，在电介质的表面上产生电荷，从而实现非电量的电测。

压电式传感器元件是力敏感元件，所以它能测量最终能变换为力的那些物理量，例如力、压力、加速度等。压电式传感器具有响应频带宽、灵敏度高、信噪比大、结构简单、工作可靠、质量轻等优点。近年来，由于电子技术的飞速发展，随着与之配套的二次仪表以及低噪声、小电容、高绝缘电阻电缆的出现，使压电式传感器的使用更为方便。因此，在工程力学、生物医学、电声学等许多技术领域中，压电式传感器获得了广泛的应用。

第一节 压电效应

某些电介质，当沿着一定方向对其施力而使它变形，其内部就产生极化现象，同时在它的两个表面上便产生符号相反的电荷，当外力去掉后，其又重新恢复到不带电状态，这种现象称压电效应。当作用力方向改变时，电荷的极性也随之改变。有时人们把这种机械能转为电能的现象，称为“正压电效应”。相反，当在电介质极化方向施加电场，这些电介质也会产生变形，这种现象称为“逆压电效应”（电致伸缩效应）。具有压电效应的材料，压电材料能实现机-电能量的相互转换，如图 4-1 所示。

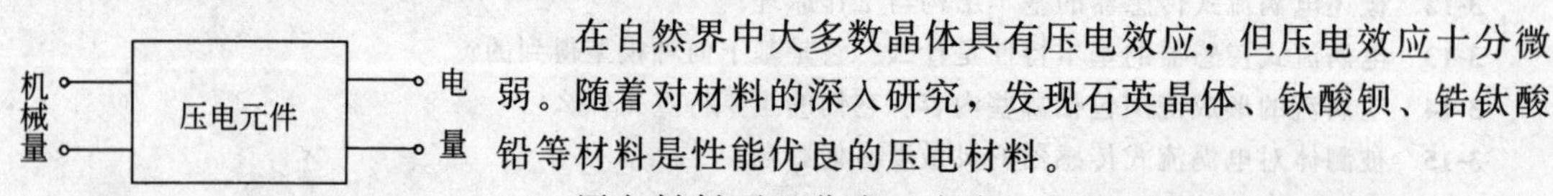

图 4-1 压电效应可逆性

在自然界中大多数晶体具有压电效应，但压电效应十分微弱。随着对材料的深入研究，发现石英晶体、钛酸钡、锆钛酸铅等材料是性能优良的压电材料。

压电材料可以分为两大类：压电晶体和压电陶瓷。

压电材料的主要特性参数如下。

（1）压电常数 是衡量材料压电效应强弱的参数，它直接关系到压电输出的灵敏度。

（2）弹性常数 压电材料的弹性常数、刚度决定着压电器件的固有频率和动态特性。

（3）介电常数 对于一定形状、尺寸的压电元件，其固有电容与介电常数有关；而固有电容又影响着压电传感器的频率下限。

(4) 机械耦合系数 在压电效应中，其值等于转换输出能量（如电能）与输入能量（如机械能）之比的平方根；它是衡量压电材料电能量转换效率的一个重要参数。

(5) 电阻 压电材料的绝缘电阻将减少电荷泄漏，从而改善压电传感器的低频特性。

(6) 居里点 压电材料开始丧失压电特性的温度。

表 4-1 给出了常用压电材料的性能。

表 4-1 常用压电材料性能

压电材料性能	石 英	钛酸钡	锆钛酸铅 PZT-4	锆钛酸铅 PZT-5	锆钛酸铅 PZT-8
压电系数/(pC/N)	$d_{11}=2.31$ $d_{14}=0.73$	$d_{15}=260$ $d_{31}=-78$ $d_{33}=190$	$d_{15}\approx410$ $d_{31}=-100$ $d_{33}=230$	$d_{15}\approx670$ $d_{31}=-185$ $d_{33}=600$	$d_{15}\approx3300$ $d_{31}=-90$ $d_{33}=200$
相对介电常数 ε_r	4.5	1200	1050	2100	1000
居里点温度/℃	573	115	310	260	300
密度/(10^3kg/m^3)	2.65	5.5	7.45	7.5	7.45
弹性模量/(10^3N/m^2)	80	110	83.3	117	123
机械品质因数	10^5～10^6		≥500	80	≥800
最大安全应力/(10^5N/m^2)	95～100	81	76	76	83
体积电阻率/Ω·m	$>10^{12}$	10^{10}(25℃)	$>10^{10}$	10^{11}(25℃)	
最高允许温度/℃	550	80	250	250	
最高允许湿度/%	100	100	100	100	

第二节 压电材料

一、石英晶体

石英晶体化学式为 SiO_2，是单晶体结构。石英晶体俗称水晶，有天然和人工之分。图 4-2 (a)、(b) 表示了天然结构的石英晶体外形，它是一个正六面体。石英晶体各个方向的特性是不同的。其中纵向轴 z 称为光轴，经过六面体棱线并垂直于光轴的 x 轴称为电轴，与 x 轴和 z 轴同时垂直的 y 轴称为机械轴。通常把沿电轴 x 方向的力作用下产生电荷的压电效应称为“纵向压电效应”，而把沿机械轴 y 方向的作用下产生电荷的压电效应称为“横

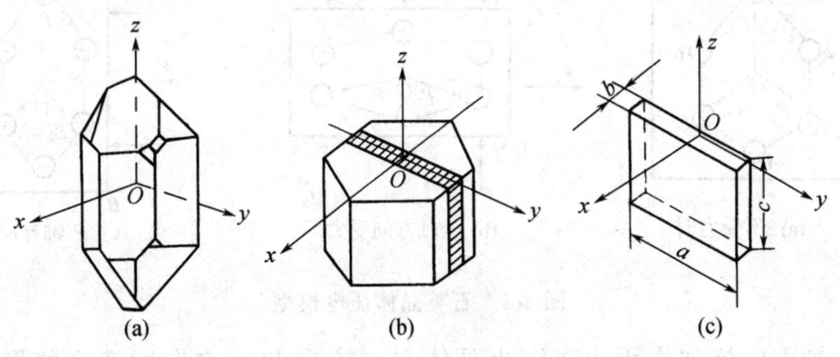

图 4-2 石英晶体

向压电效应”。而沿光轴 z 方向受力时不产生压电效应。

若从晶体上沿 y 方向切下一块如图 4-2（c）所示晶片，当在电轴方向施加作用力时，在与电轴 x 垂直的平面上将产生电荷，其大小为

$$q_x = d_{11} F_x \tag{4-1}$$

式中　d_{11}——x 方向受力的压电系数；

　　　F_x——x 方向作用力。

若同一切片上，沿机械轴 y 方向施加作用力 F_y，则仍在与 x 轴垂直的平面上产生电荷 q_y，其大小为

$$q_y = d_{12} \frac{a}{b} F_y \tag{4-2}$$

式中　d_{12}——y 轴方向受力的压电系数，$d_{12} = -d_{11}$；

　　　a、b——晶体切片长度和厚度。

电荷 q_x 和 q_y 的符号由所受力的性质决定。

石英晶体的上述特性与其内部分子结构有关。图 4-3 是一个单元组体中的构成石英晶体的硅离子和氧离子，在垂直于 z 轴的 xy 平面投影，等效为一个正六边形排列。图中“⊕”代表 Si^{4+} 离子，“⊖”代表离子 O^{2-}。

当石英晶体未受外力作用时，正、负离子正好分布在正六边形的顶角上，形成三个互成 120°夹角的电偶极矩 P_1、P_2、P_3。因为 $P = qL$，q 为电荷量，L 为正负电荷之间的距离。如图 4-3（a）所示，此时正负电荷重心重合，电偶极矩的矢量和等于零，即 $P_1 + P_2 + P_3 = 0$，所以晶体表面不产生电荷，即呈中性。

当石英晶体受到沿 x 轴方向的压力作用时，晶体沿 x 方向将产生压缩变形，正负离子的相对位置也随之变动。如图 4-3（b）所示，此时正负电荷重心不再重合，电偶极矩在 x 方向上的分量由于 P_1 的减小和 P_2、P_3 增加而不等于零，即 $(P_1 + P_2 + P_3)_x > 0$。在 x 轴的正方向出现负电荷，电偶极矩在 y 方向上的分量仍为零，不出现电荷。

当石英晶体受到沿 y 轴方向的压力作用时，晶体的变形如图 4-3（c）所示，与图 4-3（b）所示情况相似，P_1 增大，P_2、P_3 减小。晶体沿 x 轴方向将产生电荷，它的极性为 x 轴的正方向出现正电荷。在 y 轴方向上不出现电荷。

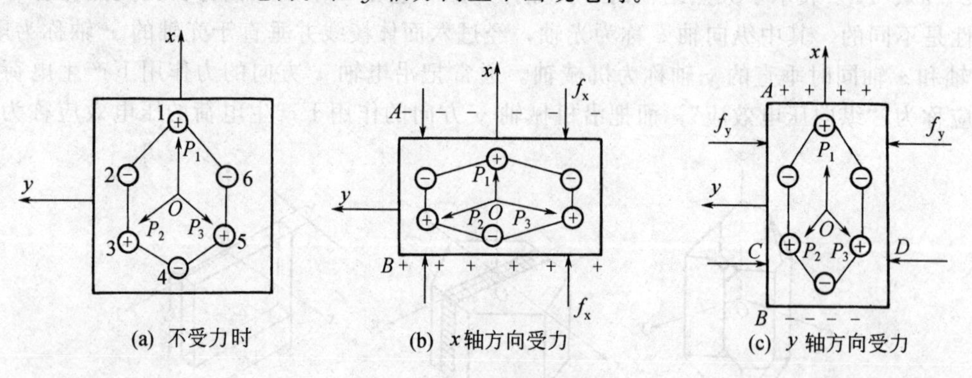

图 4-3　石英晶体压电模型

如果沿 z 轴方向施加作用力，因为晶体在 x 方向和 y 方向所产生的形变完全相同，所以正负电荷重心保持重合，电偶极矩矢量和等于零。这表明沿 z 轴方向施加作用力，晶

体不会产生压电效应。

当作用力 F_x、F_y 的方向相反时，电荷的极性也随之改变。

二、压电陶瓷

压电陶瓷是人工制造的多晶体压电材料。材料内部的晶粒有许多自发极化的电畴，它有一定的极化方向，从而存在电场。在无外电场作用时，电畴在晶体中杂乱分布，它们的极化效应被相互抵消，压电陶瓷内极化强度为零。因此原始的压电陶瓷呈中性，不具有压电性质。如图 4-4（a）所示。

在陶瓷上施加外电场时，电畴的极化方向发生转动，趋向于按外电场方向的排列，从而使材料得到整体极化的效果。外电场愈强，就有更多的电畴更完全地转向外电场方向。让外电场强度大到使材料的极化达到饱和的程度，即所有电畴极化方向都整齐地与外电场方向一致时，外电场去掉后，电畴的极化方向基本不变，即剩余极化强度很大，这时的材料才具有压电特性。如图 4-4（b）所示。

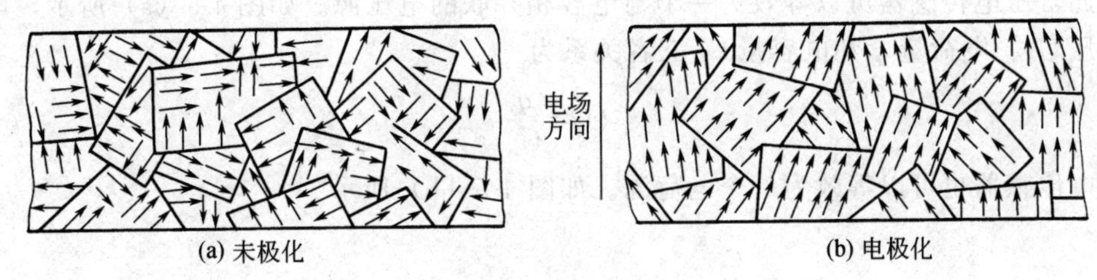

图 4-4　压电陶瓷的极化

极化处理后陶瓷材料内部仍存在有很强的剩余极化，当陶瓷材料受到外力作用时，电畴的界限发生移动，电畴发生偏转，从而引起剩余极化强度的变化，因而在垂直于极化方向的平面上将出现极化电荷的变化。这种因受力而产生的由机械效应转变为电效应，将机械能转变为电能，就是压电陶瓷的正压电效应。电荷量的大小与外力成正比关系

$$q=d_{33}F \tag{4-3}$$

式中　d_{33}——压电陶瓷的压电系数；

　　F——作用力。

压电陶瓷的压电系数比石英晶体的大得多，所以采用压电陶瓷制作的压电式传感器灵敏度较高。极化处理后的压电陶瓷材料其剩余极化强度和特性与温度有关，它的参数也随时间变化，从而使其压电特性减弱。

最早使用的压电陶瓷材料是钛酸钡（$BaTiO_3$）。它是由碳酸钡和二氧化钛按一定比例混合后烧结而成。它的压电系数约为石英的 50 倍，但使用温度较低最高只有 70℃，温度稳定性和机械强度都不如石英。

目前使用较多的压电陶瓷材料是锆钛酸铅（PZT 系列），它是钛酸钡（$BATiO_3$）和锆酸铅（$PbZrO_3$）组成的 $Pb(ZrTi)O_3$。它有较高的压电系数和较高的工作温度。

铌镁酸铅是 20 世纪 60 年代发展起来的压电陶瓷。它由铌镁酸铅［$Pb(Mg_{\frac{1}{3}}\cdot Nb_{\frac{2}{3}})O_3$］、锆酸铅和钛酸铅按不同比例配成的不同性能的压电陶瓷，它具有极高的压电系数和较高的工作温度，而且能承受较高的压力。

第三节　压电式传感器测量电路

一、压电传感器的等效电路

由压电元件的工作原理可知，压电式传感器可以看做一个电荷发生器。同时，它也是一个电容器，晶体上聚集正负电荷的两表面相当于电容的两个极板，极板间物质等效于一种介质，则其电容量为

$$C_a=\frac{\varepsilon_r\varepsilon_0 S}{d} \tag{4-4}$$

式中　S——压电片的面积；

d——压电片的厚度；

ε_r——压电材料的相对介电常数。

因此，压电传感器可以等效为一个与电容相并联的电压源。如图 4-5（a）所示，电容器上的电压 U_a、电荷量 q 和电容量 C_a 三者关系为

$$U_a=\frac{q}{C_a} \tag{4-5}$$

压电传感器也可以等效为一个电荷源。如图 4-5（b）所示。

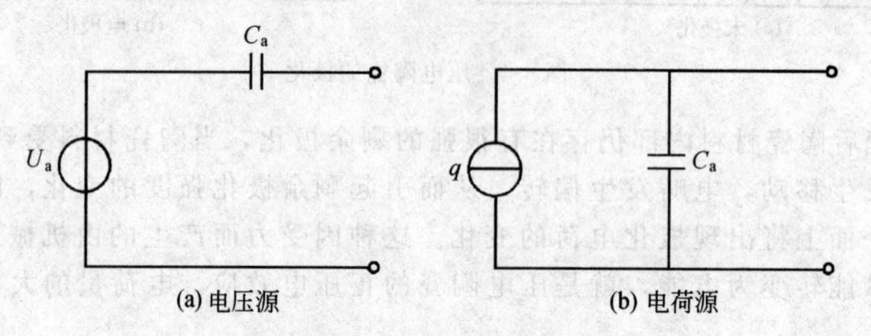

图 4-5　压电传感器的等效电路

压电传感器在实际使用时总要与测量仪器或测量电路相连接，因此还须考虑连接电缆的等效电容 C_c，放大器的输入电阻 R_i，输入电容 C_i 以及压电传感器的泄漏电阻 R_a，这样压电传感器在测量系统中的实际等效电路，如图 4-6 所示。

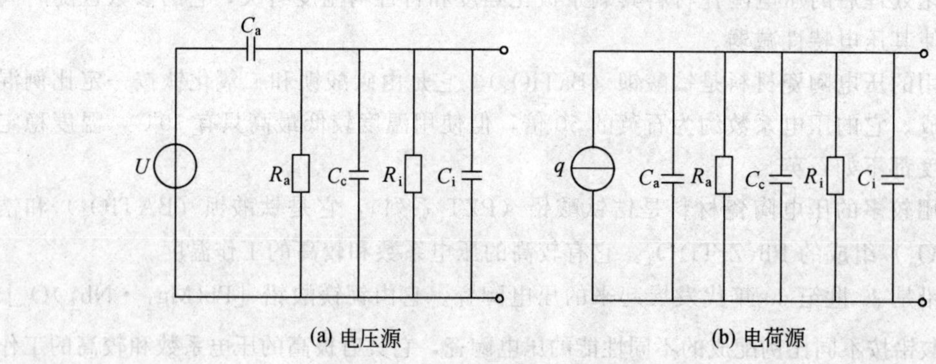

图 4-6　压电传感器的实际等效电路

二、压电式传感器的测量电路

压电传感器本身的内阻抗很高，而输出能量较小，因此它的测量电路通常需要接入一个高输入阻抗的前置放大器，其作用为：一是把它的输出阻抗变换为低输出阻抗；二是放大传感器输出的微弱信号。压电传感器的输出可以是电压信号，也可以是电荷信号，因此前置放大器也有两种形式：电压放大器和电荷放大器。

1. 电压放大器（阻抗变换器）

图 4-7（a）、（b）是电压放大器电路原理图及其等效电路。

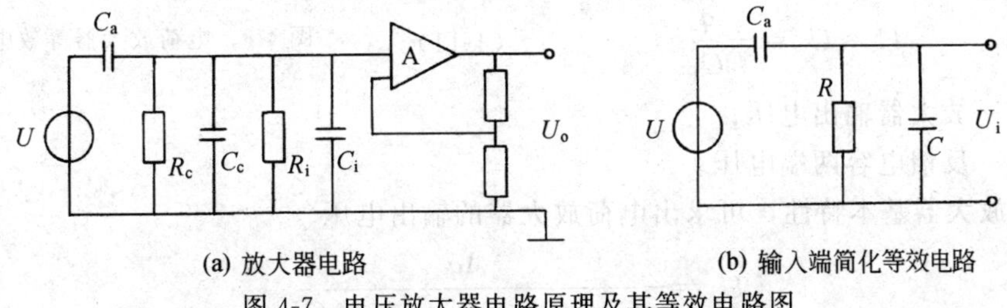

图 4-7 电压放大器电路原理及其等效电路图

在图 4-7（b）中，电阻 $R=R_aR_i/(R_a+R_i)$，电容 $C=C_a+C_c+C_i$，而 $u_a=q/C_a$，若压电元件受正弦力 $f=F_m\sin\omega t$ 的作用，则其电压为

$$u_a=\frac{dF_m}{C_a}\sin\omega t=U_m\sin\omega t \tag{4-6}$$

式中 U_m——压电元件输出电压幅值，$U_m=dF_m/C_a$；

d——压电系数。

由此可得放大器输入端电压 U_i，其复数形式

$$U_i=dF_m\frac{j\omega R}{1+j\omega R(C_i+C_a)} \tag{4-7}$$

U_i 的幅值 U_{im} 为

$$U_{im}=\frac{dF_m\omega R}{\sqrt{1+\omega^2R^2(C_a+C_c+C_i)}} \tag{4-8}$$

输入电压和作用力之间相位差为

$$\Phi=\frac{\pi}{2}-\arctan[\omega(C_a+C_c+C_i)R] \tag{4-9}$$

在理想情况下，传感器的 R_a 电阻值与前置放大器输入电阻 R_i 都为无限大，即 $\omega(C_a+C_c+C_i)R\gg1$，那么由式（4-8）可知，理想情况下输入电压幅值 U_{im} 为

$$U_m=\frac{dF_m}{C_a+C_c+C_i} \tag{4-10}$$

式（4-10）表明装置放大器输入电压 U_{im} 与频率无关。一般认为 $\omega/\omega_0>3$ 时，就可以认为 U_{im} 与 ω 无关，ω_0 表示测量电路时间常数之倒数，即 $\omega_0=1/[R(C_a+C_c+C_i)]$。这表明压电传感器有很好的高频响应，但是，当作用于压电元件力为静态力（$\omega=0$）时，则前置放大器的输入电压等于零，因为电荷会通过放大器输入电阻和传感器本身漏电阻漏掉，所以压电传感器不能用于静态力测量。

当 $\omega^2R^2(C_a+C_c+C_i)\gg1$ 时，放大器输入电压 U_{im} 如式（4-10）所示。式中 C_c 为连接电缆电容，当电缆长度改变时，C_c 也将改变，因而 U_{im} 也随之变化。因此，压电传感器与

前置放大器之间连接电缆不能随意更换，否则将引入测量误差。

2. 电荷放大器

电荷放大器常作为压电传感器的输入电路，由一个反馈电容 C_f 和高增益运算放大器构成，当略去 R_a 和 R_i 并联电阻后，电荷放大器可用图 4-8 表示其等效电路，图中 A 为运算放大器增益。由于运算放大器输入阻抗极高，放大器输入端几乎没有分流，其输出电压U_o为

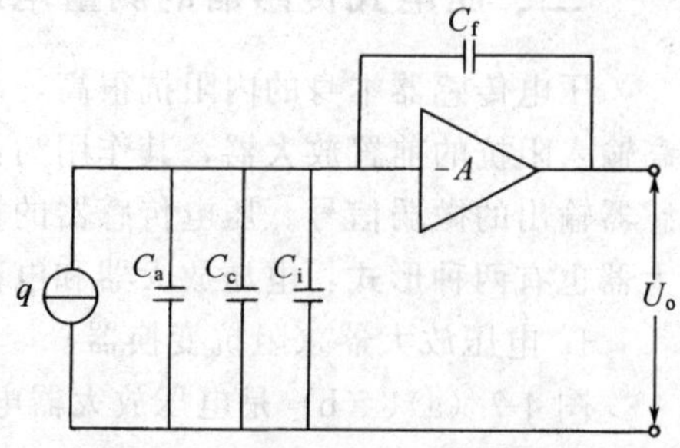

$$U_o \approx U_{cf} = -\frac{q}{C_f} \tag{4-11}$$

图 4-8　电荷放大器等效电路

式中　U_o——放大器输出电压；

U_{cf}——反馈电容两端电压。

由运算放大器基本特性，可求出电荷放大器的输出电压

$$U_o = -\frac{Aq}{C_a + C_c + C_i + (1+A)C_f} \tag{4-12}$$

通常 $A = 10^4 \sim 10^6$，因此若满足 $(1+A)C_f \gg C_a + C_c + C_i$ 时，式（4-12）可表示为

$$U_o \approx -\frac{q}{C_f} \tag{4-13}$$

由式（4-13）可见，电荷放大器的输入电压 U_o 与电缆电容 C_c 无关，且与 q 成正比，这是电荷放大器的最大特点。

第四节　压电式传感器应用举例

一、压电式测力传感器

图 4-9 是压电式单向测力传感器的结构图，它主要由石英晶片、绝缘套、电极、上盖及基座等组成。

传感器上盖为传力元件，它的外缘壁厚为 0.1～0.5mm，当外力作用时，它将产生弹性变形，将力传递到石英晶片上。石英晶片采用 x 轴方向切片，利用其纵向压电效应，通过 d_{11} 实现力—电转换。石英晶片的尺寸为 ϕ8mm×1mm。该传感器的测力范围为 0～50N，最小分辨率为 0.01，固有频率为 50～60kHz，整个传感器重 10g。

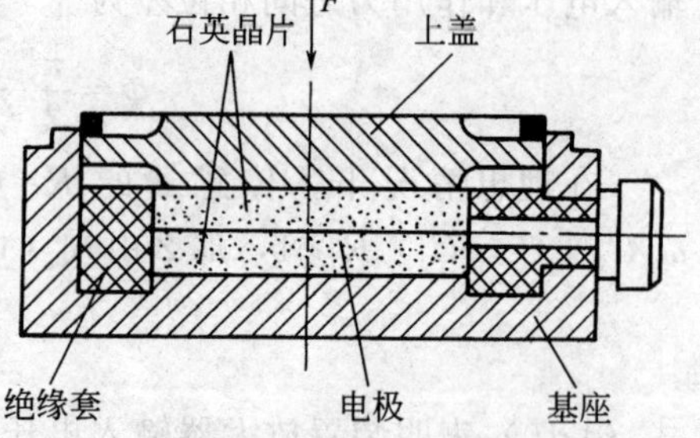

图 4-9　压电式单向测力传感器结构图

二、压电式加速度传感器

图 4-10 是一种压电式加速度传感器的结构图。它主要由压电元件、质量块、预压弹簧、基座及外壳等组成。整个部件装在外壳内，并用螺栓加以固定。

当加速度传感器和被测物一起受到冲击振动时，压电元件受质量块惯性力的作用，根据牛顿第二定律，此惯性力是加速度的函数，即

$$F=ma \tag{4-14}$$

式中　F——质量块产生的惯性力；

m——质量块的质量；

a——加速度。

此时惯性力 F 作用于压电元件上，因而产生电荷 q，当传感器选定后，m 为常数，则传感器输出电荷为

$$q=d_{11}F=d_{11}ma \tag{4-15}$$

与加速度 a 成正比。因此，测得加速度传感器输出的电荷便可知加速度的大小。

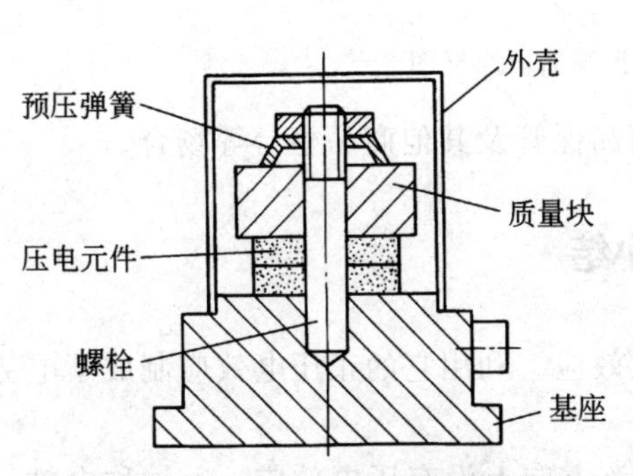

图 4-10　压电式加速度传感器结构图

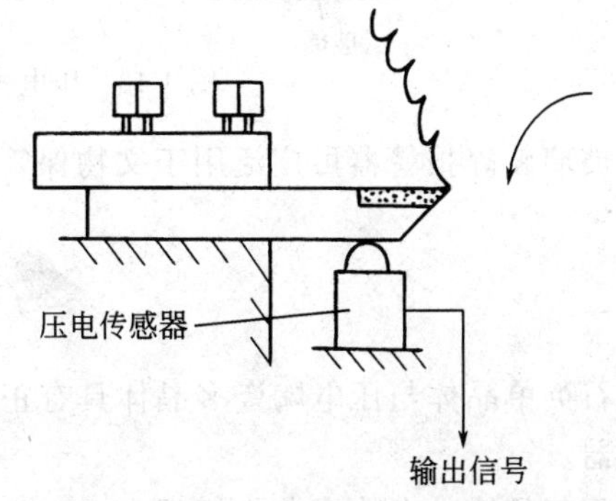

图 4-11　压电式刀具切削力测量示意图

三、压电式金属加工切削力测量

图 4-11 是利用压电陶瓷传感器测量刀具切削力的示意图。由于压电陶瓷元件的自振频率高，特别适合测量变化剧烈的载荷。图中压电传感器位于车刀前部的下方，当进行切削加工时，切削力通过刀具传给压电传感器，压电传感器将切削力转换为电信号输出，记录下电信号的变化便测得切削力的变化。

四、压电式玻璃破碎报警器

BS-D_2 压电式传感器是专门用于检测玻璃破碎的一种传感器，它利用压电元件对振动敏感的特性来感知玻璃受撞击和破碎时产生的振动波。传感器把振动波转换成电压输出，输出电压经放大，滤波、比较等处理后提供给报警系统。

BS-D_2 压电式玻璃破碎传感器的外形及内部电路如图 4-12 所示。传感器的最小输出电压 100mV，最大输出电压为 100V，内阻抗为 15～20kΩ。

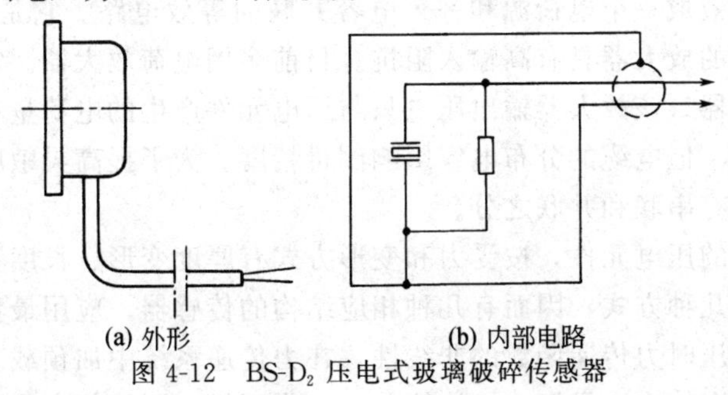

(a) 外形　　(b) 内部电路

图 4-12　BS-D_2 压电式玻璃破碎传感器

报警器的电路框图如图 4-13 所示。使用时传感器用胶粘贴在玻璃上，然后通过电缆和

报警电路相连。为了提高报警器的灵敏度，信号经放大后，需经带通滤波器进行滤波，要求它对选定的频谱通带的衰减要小，而带外衰减要尽量大。由于玻璃振动的波长在音频和超声波的范围内，这就使滤波器成为电路中的关键。当传感器输出信号高于设定的阈值时，才会输出报警信号，驱动报警执行机构工作。

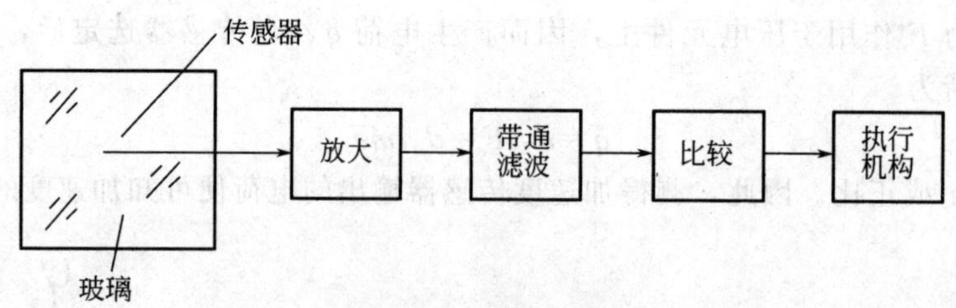

图 4-13　压电式玻璃破碎报警器电路框图

玻璃破碎报警器可广泛用于文物保管、贵重商品保管及其他商品柜台等场合。

本章小结

石英单晶体与压电陶瓷多晶体具有正、逆压电效应。利用它的正压电效应制成了电势型传感器。

石英晶体的右旋直角坐标系中，z 轴称光轴，该方向上没有压电效应；x 轴称电轴，垂直于 x 轴的晶面上压电效应最显著。沿 x 轴施加力时，在力作用的两晶面上产生异性电荷，称纵向压电效应；y 轴称机械轴，沿 y 轴方向上的机械变形最显著。沿 y 轴施加力时，受力的两个晶面上不产生电荷，而仍在沿 x 轴加力的两个晶面上产生异性电荷，称横向压电效应。用石英晶体制作的压电式传感器中主要用纵向压电效应。它的特点是晶面上产生的电荷密度与作用在晶面上的压强成正比，而与晶片厚度、面积无关。横向压电效应产生的电荷密度除了与压强成正比外，还与晶片厚度成反比。

压电陶瓷是人工制造的多晶体，是由无数细微的电畴组成。电畴具有自己自发的极化方向。经过极化处理的压电陶瓷才具有压电效应。沿着压电陶瓷极化方向加力时，其剩余极化强度发生变化，引起垂直于极化方向的平面上电荷量的变化，这种变化的大小与压电陶瓷的压电系数和作用力的大小成正比。

压电陶瓷具有良好的压电效应。它的压电系数比石英晶体大得多。采用压电陶瓷制作的传感器灵敏度较高。但石英晶体具有除压电系数较小外更多的优点，尤其稳定性是其他压电材料无法比的。

压电元件可以等效成一个电荷源和一个电容并联的等效电路。它是内阻很大的信号源。测量中要求与它配接的放大器具有高输入阻抗。目前多用电荷放大器。它是一个电容负反馈高放大倍数运算放大器。该放大器输出压电只与压电元件产生的电荷量和反馈电容有关，而与配接电缆长度无关。但电缆的分布电容影响测量精度。为了提高灵敏度，同型号的压电片叠在一起，连接电路有串联和并联之分。

压电式传感器中的压电元件，按受力和变形方式有厚度变形、长度变形、体积变形和厚度剪切或面剪切变形几种方式，因而有几种相应结构的传感器。应用最普遍的为厚度变形的压缩式。为了克服低压时力传递函数的非线性，在力传递系统中加预载。

压电式传感器具有体小质量轻、结构简单、工作可靠、测量频率范围广的优点，它不能测量频率太低的被测量，更不能测量静态量。目前多用于加速度和动态力或压力的测量。

习题及思考题

4-1　什么叫正压电效应和逆压电效应？什么叫纵向压电效应和横向压电效应？

4-2　石英晶体 x、y、z 轴的名称及其特点是什么？

4-3　简述压电陶瓷的结构及其特性。

4-4　画出压电元件的两种等效电路。

4-5　电荷放大器所要解决的核心问题是什么？试推导其输入输出关系。

4-6　简述压电式加速度传感器的工作原理。

4-7　请利用电压传感器设计一个测量轴承支座受力情况的装置。

4-8　比较石英晶体和压电陶瓷各自的特点。

4-9　简述压电式传感器的特点及应用。

第五章

热电式传感器

内容提要：热电式传感器是一种将温度变化转换为电量变化的装置。本章共分两部分：①热电偶温度传感器；②电阻式温度传感器。本章重点介绍了热电式传感器的测量原理和方法，并针对常见的检测过程列举了大量的实例，对于理解和掌握本章的内容有很大的帮助。

热电式传感器是利用转换元件电磁参量随温度变化的特征，对温度和与温度有关的参量进行检测的装置。其中将温度变化转换为热电势变化的称为热电偶传感器。将温度变化转化为电阻变化的称为热电阻传感器；金属热电阻式传感器简称为热电阻，半导体热电阻式传感器简称为热敏电阻。热电式传感器在工业生产、科学研究、民用生活等许多领域得到广泛应用。

第一节　热电偶温度传感器

热电偶温度传感器将被测温度转化为 mV 级热电势信号输出。热电偶温度传感器通过连接导线与显示仪表（如电测仪表）相连接组成测温系统，实现远距离温度自动测量、显示或记录、报警及温度控制等。热电偶温度传感器属于自发电型传感器，它的测温范围为－270～＋1800℃，是广泛应用的温度检测系统。如图 5-1 所示。

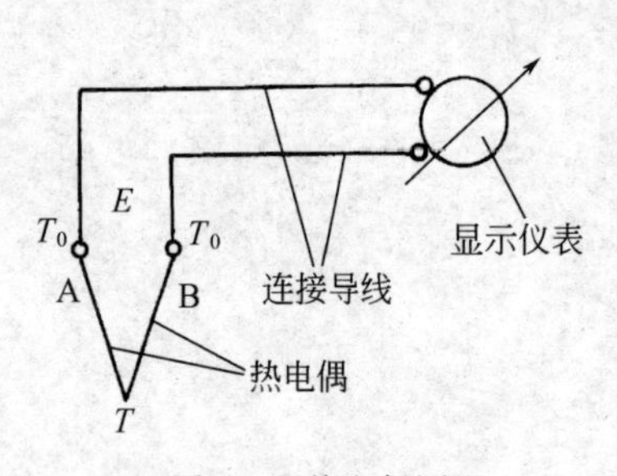

图 5-1　热电偶测温系统示意图

热电偶温度传感器的敏感元件是热电偶。热电偶由两根不同的导体或半导体一端焊接或铰接而成，如图 5-1 中 A、B 所示。组成热电偶的两根导体或半导体称为热电极；焊接的一端称为热电偶的热端，又称测量端、工作端；与导线连接的一端称为热电偶的冷端，又称参考端、自由端。

热电偶的热端一般要插入需要测温的生产设备中，冷端置于生产设备外，如果两端所处温度不同，则测温回路中会产生热电势 E。在冷端温度 T_0 保持不变的情况下，用显示仪表测得 E 的数值后，便可知道被测温度的大小。

由于热电偶的性能稳定、结构简单、使用方便、测温范围广、有较高的准确度，信号可以远传，所以在工业生产和科学实验中应用十分广泛。

一、热电偶测温原理

如图 5-2 所示，把两种不同的导体或半导体两端相接组成闭合回路，当两接点分别置于 T 和 T_0（设 $T>T_0$）两不同温度时，则在回路中就会产生热电势，形成回路电流。这种现象称为塞贝克效应，即热电效应。

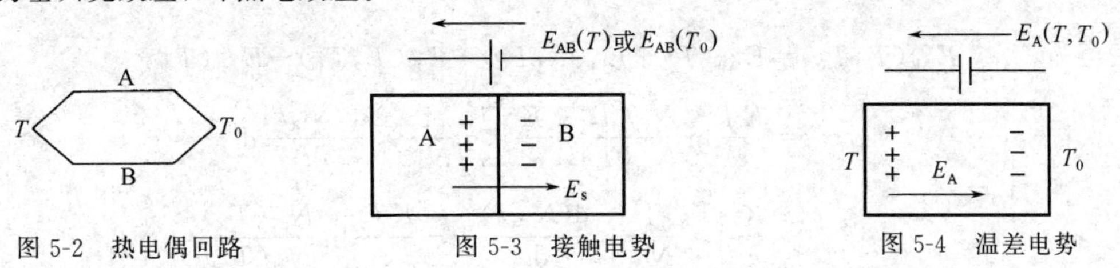

图 5-2　热电偶回路　　图 5-3　接触电势　　图 5-4　温差电势

(一) 热电势的产生

热电偶回路产生的热电势由接触电势和温差电势两部分组成，下面以导体为例说明热电势的产生。

1. 接触电势

不同的导体由于材料不同，电子密度不同，设 $N_A>N_B$。当两种导体相接触时，从 A 扩散到 B 的电子数比从 B 扩散到 A 的电子数多，在 A、B 接触面上形成从 A 到 B 方向的静电场 E_s，如图 5-3 所示。这个电场又阻碍扩散运动，最后达到动态平衡，则此时接点处形成电势差 $E_{AB}(T)$或 $E_{AB}(T_0)$，其大小可用下式表示：

$$E_{AB}(T)=\frac{KT}{e}\ln\frac{N_A(T)}{N_B(T)}=-E_{BA}(T) \tag{5-1}$$

$$E_{AB}(T_0)=\frac{KT_0}{e}\ln\frac{N_A(T_0)}{N_B(T_0)}=-E_{BA}(T_0) \tag{5-2}$$

式中　$N_A(T)$、$N_B(T)$——材料 A、B 在温度为 T 时的自由电子密度；

$N_A(T_0)$、$N_B(T_0)$——材料 A、B 在温度为 T_0 时的自由电子密度；

e——单位电荷，$e=1.6\times10^{-19}$C；

K——玻尔茨曼常数，$K=1.38\times10^{-23}$J/K。

可见，接触电势的大小与接点处温度高低和导体电子密度有关。温度越高，接触电势越大；两种导体电子密度的比值越大，接触电势也越大。

2. 温差电势

同一根导体两端处于 T 和 T_0 不同温度，导体中会产生温差电势。导体 A 两端温度分别为 T 和 T_0，温度不同，从而从高温端跑到低温端电子数比低温端跑到高温端的多，于是在高、低温端之间形成静电场。与接触电势的形成同理，形成温差电势 $E_A(T,T_0)$，如图 5-4 所示。其大小可用下式表达：

$$E_A(T,T_0)=\frac{K}{e}\int_{T_0}^{T}\frac{1}{N_{At}}\times\frac{d(N_{At}t)}{dt}dt=-E_A(T_0,T) \tag{5-3}$$

式中　N_{At}——A 导体在温度 t 时的电子密度。

可见，$E_A(T,T_0)$与导体材料的电子密度和温度及其分布有关，且呈积分关系。若导体为均质导体，即热电极材料均匀，其电子密度只与温度有关，与其长度和粗细无关，在同样温度下电子密度相同。则$E_A(T,T_0)$的大小与中间温度分布无关，只与导体材料和两端温度有关。

3. 热电偶回路总电势

热电偶回路接触和温差电势分布如图 5-5 所示，则热电偶回路总电势

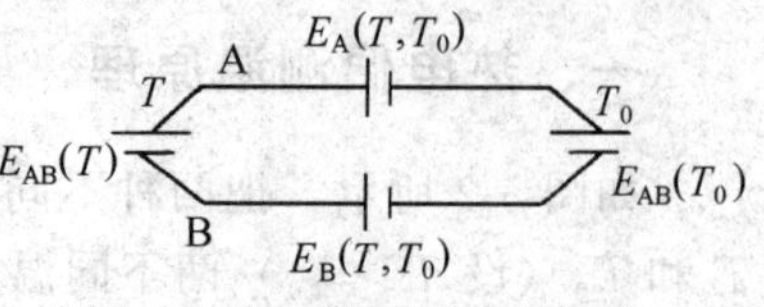

图 5-5　热电偶回路总热电势

$$
\begin{aligned}
E_{AB}(T,T_0)&=E_{AB}(T)+E_B(T,T_0)-E_A(T,T_0)-E_{AB}(T_0)\\
&=\frac{KT}{e}\ln\frac{N_A(T)}{N_B(T)}+\frac{K}{e}\int_{T_0}^{T}\frac{1}{N_{Bt}}\times\frac{d(N_{Bt}t)}{dt}dt-\\
&\quad\frac{K}{e}\int_{T_0}^{T}\frac{1}{N_{At}}\times\frac{d(N_{At}t)}{dt}dt-\frac{KT_0}{e}\ln\frac{N_A(T_0)}{N_B(T_0)}
\end{aligned}
$$

即

$$
\begin{aligned}
E_{AB}(T,T_0)=&\frac{KT}{e}\ln\frac{N_A(T)}{N_B(T)}+\frac{K}{e}\int_0^{T}\frac{1}{N_{Bt}}\times\frac{d(N_{Bt}t)}{dt}dt-\frac{K}{e}\int_0^{T_0}\frac{1}{N_{Bt}}\times\frac{d(N_{Bt})}{dt}dt-\\
&\frac{K}{e}\int_0^{T}\frac{1}{N_{At}}\times\frac{d(N_{At})}{dt}dt+\frac{K}{e}\int_0^{T_0}\frac{1}{N_{At}}\times\frac{d(N_{At})}{dt}dt-\frac{KT_0}{e}\ln\frac{N_A(T_0)}{N_B(T_0)}
\end{aligned}
\tag{5-4}
$$

令

$$
\begin{aligned}
E_{AB}(T,0)=&\frac{KT}{e}\ln\frac{N_A(T)}{N_B(T)}+\frac{K}{e}\int_0^{T}\frac{1}{N_{Bt}}\times\frac{d(N_{Bt})}{dt}dt-\\
&\frac{K}{e}\int_0^{T}\frac{1}{N_{At}}\times\frac{d(N_{At})}{dt}dt
\end{aligned}
\tag{5-5}
$$

$$
\begin{aligned}
E_{AB}(T_0,0)=&\frac{KT_0}{e}\ln\frac{N_A(T_0)}{N_B(T_0)}+\frac{K}{e}\int_0^{T_0}\frac{1}{N_{Bt}}\times\frac{d(N_{Bt})}{dt}dt-\\
&\frac{K}{e}\int_0^{T_0}\frac{1}{N_{At}}\times\frac{d(N_{At})}{dt}dt
\end{aligned}
\tag{5-6}
$$

则有热电偶回路的总热电势为

$$E_{AB}(T,T_0)=E_{AB}(T,0)-E_{AB}(T_0,0) \tag{5-7}$$

式中　$E_{AB}(T,T_0)$——由 A、B 材料构成的热电偶在端点温度为 T 和 T_0 时的总热电势；

$E_{AB}(T,0)$——由 A、B 材料构成的热电偶在端点 T 处的热电势；

$E_{AB}(T_0,0)$——由 A、B 材料构成的热电偶在端点 T_0 处的热电势。

在回路电势中，电子密度大的热电极 A 称正极，电子密度小的热电极 B 称为负极。由式（5-7）可知，在热电极材料一定时，$E_{AB}(T,T_0)$ 成为两端温度的函数，即

$$E_{AB}(T,T_0)=f(T)-f(T_0) \tag{5-8}$$

如果冷端温度 T_0 保持恒定，则总电势成为热端温度 T 的单值函数，即

$$E_{AB}(T,T_0)=f(T)+C=\varphi(T) \tag{5-9}$$

保持冷端温度 T_0 不变，对于确定材料的热电偶，E-T 之间呈单值关系，可以用精密实验法测得。用显示仪表测得 E，即可知热端温度 T。

热电偶的热电势与温度对应关系通常使用热电偶分度表来查询。分度表的编制是在冷端（参考端）温度为 0℃时进行的，根据不同热电偶类型，分别制成表格形式，参见书后附录。现行热电偶分度表是按 1990 国际温标的要求制定的，利用分度表可查出 $E(T,0)$，即冷端温度为 0℃时，热端温度为 T℃时的回路热电势。

由式（5-7）可得出如下结论。

① 由一种均质材料（导体或半导体）两端焊接组成闭合回路，无论导体截面如何以及温度如何分布，将不产生接触电势，温差电势相抵消，回路中总电势为零。

② 如果热电偶两端点温度相同，尽管由两种材料焊接组成闭合回路，同样回路中总电势为零。

③ 热电偶回路热电势的大小只与材料和端点温度有关，与热电偶的尺寸形状无关。

(二) 热电偶的基本定律

使用热电偶测温，要应用以下几条基本定律为理论依据。

1. 中间温度定律

如图 5-6 所示，热电偶回路两接点（温度为 T、T_0）间热电势，等于热电偶在温度为 T、T_n 时的热电势与在温度为 T_n、T_0 时的热电势的代数和。证明如下。

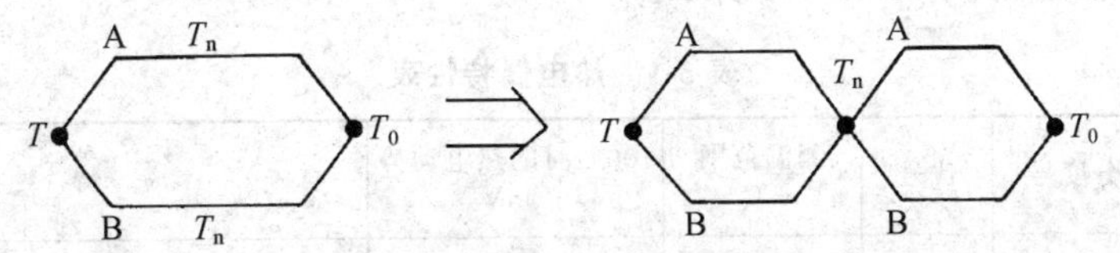

图 5-6 中间温度定律示意图

根据式（5-7），有

$$E_{AB}(T,T_n)+E_{AB}(T_n,T_0)=E_{AB}(T,0)-E_{AB}(T_n,0)+E_{AB}(T_n,0)-E_{AB}(T_0,0)$$
$$=E_{AB}(T,0)-E_{AB}(T_0,0)$$

所以

$$E_{AB}(T,T_n)+E_{AB}(T_n,T_0)=E_{AB}(T,T_0)$$

中间温度定律得证。

热电偶分度表按冷端温度为 0℃时分度，若冷端温度不为 0℃，则可视实际冷端温度 T_0 为中间温度 T_n，则满足

$$E_{AB}(T,0)=E_{AB}(T,T_0)+E_{AB}(T_0,0) \tag{5-10}$$

2. 中间导体定律

在热电偶回路中接入中间导体（第三导体 C），只要中间导体两端温度相同，中间导体的引入对热电偶回路总电势没有影响，这就是中间导体定律。在热电偶测温应用中，中间导体的接入不外乎图 5-7 所示（a）、（b）两种方式。图（a）的等效原理如图（c）所示。

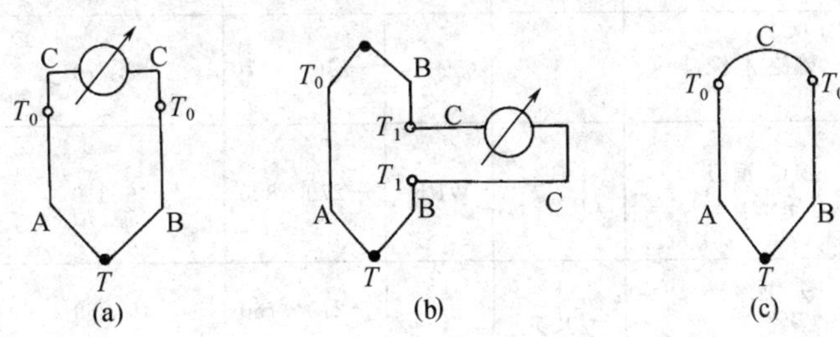

图 5-7 接入中间导体的热电偶测温回路

根据式（5-7）可知，图 5-7（c）所示热电偶回路的热电势为

$$E_{ABC}(T,T_0)=E_{AB}(T,0)+E_{BC}(T_0,0)+E_{CA}(T_0,0) \tag{5-11}$$

因为当回路中各端点的温度相同时，热电偶的总热电势为 0。所以有

$$0=E_{AB}(T_0,0)+E_{BC}(T_0,0)+E_{CA}(T_0,0)$$

变换后得

$$-E_{AB}(T_0,0)=E_{BC}(T_0,0)+E_{CA}(T_0,0) \tag{5-12}$$

把式（5-12）代入式（5-11）得

$$E_{ABC}(T,T_0)=E_{AB}(T,0)-E_{AB}(T_0,0) \tag{5-13}$$

比较式（5-13）和式（5-7），结果完全相同，得证。由此可知，热电偶具有中间导体定律这一特性，不但可以允许在回路中接入电气测量仪表，如图 5-7（b）所示，而且也允许采用任意的方法来焊接热电偶。

二、热电偶的种类与结构

（一）标准热电偶

目前，国际上有 8 种国际电工委员会（IEC）认证的性能较好的标准化热电偶，国际上称之为“字母标志热电偶”，即其名称用专用字母表示，这个字母即热电偶型号标志，称为分度号，是各种类型热电偶的一种很方便的缩写形式。热电偶名称由热电极材料命名，正极写在前面，负极写在后面。如表 5-1 所示。

表 5-1　热电偶特性表

名　　称	分度号	代号	测温范围/℃	100℃时的热电动势/mV	特　　点
铂铑$_{30}$[①]-铂铑$_6$	B (LL-2)[②]	WRR	50～1820	0.033	熔点高，测温上限高，性能稳定，精度高，100℃以下时热电动势极小，可不必考虑冷端补偿；价昂，热电动势小；只适用于高温域的测量
铂铑$_{13}$-铂	R (PR)	—	−50～1768	0.647	使用上限较高，精度高，性能稳定，复现性好；但热电动势较小，不能在金属蒸气和还原性气氛中使用，在高温下连续使用特性会逐渐变坏，价昂；多用于精密测量
铂铑$_{10}$-铂	S (LB-3)	WRP	−50～1768	0.646	同上，性能不如 R 热电偶。长期以来曾经作为国际温标的法定标准热电偶
镍铬-镍硅	K (EU-2)	WRN	−270～1370	4.095	热电动势大，线性好，稳定性好，价廉；但材质较硬，在 1000℃以上长期使用会引起热电动势漂移；多用于工业测量
镍铬硅-镍硅	N	—	−270～1370	2.774	是一种新型热电偶，各项性能比 K 热电偶更好，适宜于工业测量
镍铬-铜镍（康铜）	E (EA-2)	WRK	−270～800	6.319	热电动势比 K 热电偶大 50%左右，线性好，耐高湿度，价廉；但不能用于还原性气氛；多用于工业测量
铁-铜镍（康铜）	J (JC)	—	−210～760	5.269	价格低廉，在还原性气体中较稳定；但纯铁易被腐蚀和氧化；多用于工业测量
铜-铜镍（康铜）	T (CK)	WRC	−270～400	4.279	价廉，加工性能好，离散性小，性能稳定。线性好，精度高；铜在高温时易被氧化，测温上限低；多用于低温域测量，可作（−200～0℃）温域的计量标准

① 铂铑表示该合金含 70%铂及 30%铑，以下类推。

② 括号内为我国旧的分度号，以下同。

（二）非标准化热电偶

非标准化热电偶在生产工艺上还不够成熟，在应用范围和数量上均不如标准化热电偶。它没有统一的分度表，也没有与其配套的显示仪表。但这些热电偶具有某些特殊性能，能满足一些特殊条件下测温的需要，如超高温、极低温、高真空或核辐射环境，因此在应用方面仍有重要意义。

非标准化热电偶有铂铑系、铱铑系、钨铼系及金铁热电偶、双铂钼等热电偶。

(三) 热电偶的结构型式

热电偶温度传感器广泛应用于工业生产过程温度测量，根据它们的用途和安装位置不同，具有多种结构型式。

1. 普通型

通常都由热电极、绝缘套管、保护管和接线盒等主要部分组成。其中，热电极、绝缘套管和接线座组成热电偶的感温元件，如图 5-8 所示，一般制成通用性部件，可以装在不同的保护管和接线盒中。接线座作为热电偶感温元件和热电偶接线盒的连接件，将感温元件固定在接线盒上，其材料一般使用耐火陶瓷。

(1) 热电极　热电极作为测温敏感元件，是热电偶温度传感器的核心部分，其测量端通常采用焊接方式构成。

(2) 绝缘套管　两热电极之间要求有良好的绝缘，绝缘套管用于防止两根热电极短路。

(3) 保护管　为延长热电偶的使用寿命，使之免受化学和机械损伤，通常将热电极（含绝缘套管）装入保护管内，起到保护、固定和支撑热电极的作用。作为保护管的材料应有较好的气密性，不使外部介质渗透到保护管内；有足够的机械强度，抗弯抗压；物理、化学性能稳定，不产生对热电极的腐蚀；高温环境使用，耐高温和抗震性能好。

(4) 接线盒　热电偶的接线盒用来固定接线座和连接外接导线之用，起着保护热电极免受外界环境侵蚀和外接导线与接线柱良好接触的作用。接线盒一般由铝合金制成，根据被测介质温度对象和现场环境条件要求，设计成普通型、防溅型、防水型、防爆型等接线盒。如图 5-9 所示接线盒与感温元件、保护管装配成热电偶产品即形成相应类型的热电偶温度传感器。

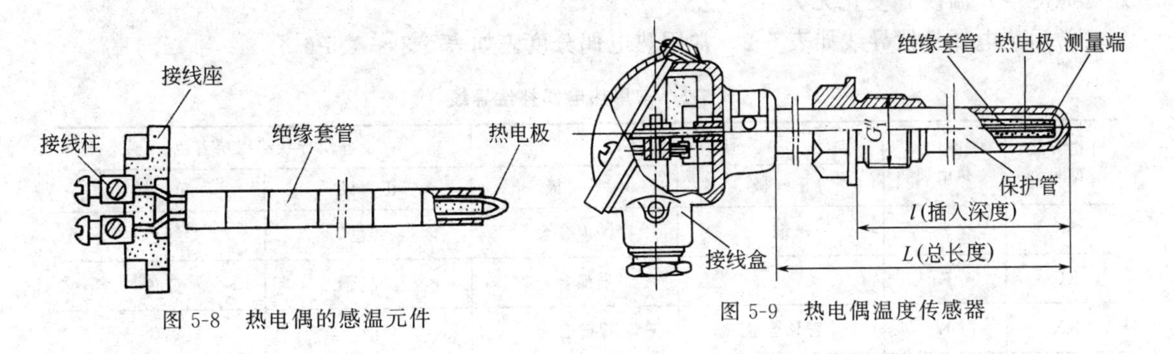

图 5-8　热电偶的感温元件

图 5-9　热电偶温度传感器

2. 铠装热电偶

它是由金属套管、绝缘材料和热电极经焊接密封和装配等工艺制成的坚实的组合体。金属套管材料为铜、不锈钢（1Cr18Ni9Ti）和镍基高温合金（GH30）等，绝缘材料常使用电熔氧化镁、氧化铝、氧化铍等的粉末，热电极无特殊要求。套管中热电极有单支（双芯）、双支（四芯），彼此间互不接触。中国已生产 S 型、R 型、B 型、K 型、E 型、J 型和铱铑$_{40}$-铱等铠装热电偶，套管长达 100m 以上，管外径最细能达 0.25mm。铠装热电偶已达到标准化、系列化。铠装热电偶体积小、热容量小，动态响应快；可挠性好，具有良好柔软性，强度高，耐压、耐震、耐冲击。因此被广泛应用于工业生产过程。

3. 薄膜热电偶

薄膜热电偶是由两种金属薄膜连接而成的一种特殊结构的热电偶，它的测量端既小又薄，热容量很小，可用于微小面积上温度测量；动态响应快，可测量快速变化的表面温度。

应用时薄膜热电偶用胶黏剂紧粘在被测物表面，所以热损失很小，测量精度高。由于使用温度受胶黏剂和衬垫材料限制，目前只能用于－200～300℃范围。

4. 表面热电偶

主要用于测量金属块、炉壁、涡轮叶片、轧辊等固体表面温度。

5. 浸入式热电偶

主要用于测量钢水、铜水、铝水以及熔融合金的温度。

三、热电偶冷端温度补偿

根据热电偶测温原理可知，热电偶回路的热电势的大小不仅与热端温度有关，而且与冷端温度有关，只有当冷端温度保持不变，热电势才是被测热端温度的单值函数。热电偶分度表和根据分度表刻度的显示仪表都要求冷端温度恒定为0℃，否则将产生测量误差。然而在实际应用中，由于热电偶的冷端与热端距离通常很近，冷端（接线盒处）又暴露在空间，受到周围环境温度波动的影响，冷端温度很难保持恒定，保持在0℃就更难。因此必须采取措施，消除冷端温度变化和不为0℃所产生的影响，进行冷端温度补偿。

(一) 补偿导线

补偿导线是由两种不同性质的廉价金属材料制成，在一定温度范围内（0～100℃）与所配接的热电偶具有相同的热电特性的特殊导线。如图5-1热电偶测温系统示意图中，用补偿导线（连接导线）连接热电偶和显示仪表，根据中间温度定律，热电偶与补偿导线产生的热电势之和为$E(t,t_0)$，因此补偿导线的使用相当于将热电极延伸至与显示仪表的接线端，使回路热电势仅与热端和补偿导线与仪表接线端（新冷端）温度t_0有关，而与热电偶接线盒处（原冷端）温度t_0'变化无关。

常用热电偶补偿导线如表5-2。常用热电偶分度表如表5-3～表5-6。

表5-2　常用热电偶补偿导线

补偿导线型号	配用热电偶	补偿导线材料		补偿导线绝缘层着色	
		正　极	负　极	正　极	负　极
SC	S	铜	铜镍合金	红色	绿色
KC	K	铜	铜镍合金	红色	蓝色
KX	K	镍铬合金	镍硅合金	红色	黑色
EX	E	镍硅合金	铜镍合金	红色	棕色
JX	J	铁	铜镍合金	红色	紫色
TX	T	铜	铜镍合金	红色	白色

补偿导线起到了延伸热电极的作用，达到了移动热电偶冷端位置的目的。正是由于使用补偿导线，在测温回路中产生了新的热电势，实现了一定程度的冷端温度自动补偿。

补偿导线分为延伸型（X）补偿导线和补偿型（C）补偿导线。延伸型补偿导线选用的金属材料与热电极材料相同；补偿型补偿导线所选金属材料与热电极材料不同。

在使用补偿导线时，要注意补偿导线型号与热电偶型号匹配、正负极与热电偶正负极对应连接、补偿导线所处温度不超过100℃，否则将造成测量误差。

表 5-3 铂铑$_{10}$-铂热电偶（分度号为 S）分度表

工作端温度/℃	0	10	20	30	40	50	60	70	80	90
	热电动势/mV									
0	0.000	0.055	0.113	0.173	0.235	0.299	0.365	0.432	0.502	0.573
100	0.645	0.719	0.795	0.872	0.950	1.029	1.109	1.190	1.273	1.356
200	1.440	1.525	1.611	1.698	1.785	1.873	1.962	2.051	2.141	2.232
300	2.323	2.414	2.506	2.599	2.692	2.786	2.880	2.974	3.069	3.164
400	3.260	3.356	3.452	3.549	3.645	3.743	3.840	3.938	4.036	4.135
500	4.234	4.333	4.432	4.532	4.632	4.732	4.832	4.933	5.034	5.136
600	5.237	5.339	5.442	5.544	5.648	5.751	5.855	5.960	6.064	6.169
700	6.274	6.380	6.486	6.592	6.699	6.805	6.913	7.020	7.128	7.236
800	7.345	7.454	7.563	7.672	7.782	7.892	8.003	8.114	8.225	8.336
900	8.448	8.560	8.673	8.786	8.899	9.012	9.126	9.240	9.355	9.470
1000	9.585	9.700	9.816	9.932	10.048	10.165	10.282	10.400	10.517	10.635
1100	10.754	10.872	10.991	11.110	11.229	11.348	11.467	11.587	11.707	11.827
1200	11.947	12.067	12.188	12.308	12.429	12.550	12.671	12.792	12.913	13.034
1300	13.155	13.276	13.397	13.519	13.640	13.761	13.883	14.004	14.125	14.247
1400	14.368	14.489	14.610	14.731	14.852	14.793	15.094	15.215	15.336	15.456
1500	15.576	15.697	15.817	15.937	16.057	16.176	16.296	16.415	16.534	16.653
1600	16.771									

表 5-4 铂铑$_{30}$-铂铑$_{6}$ 热电偶（分度号为 B）分度表

工作端温度/℃	0	10	20	30	40	50	60	70	80	90
	热电动势/mV									
0	−0.000	−0.002	−0.003	−0.002	0.000	0.002	0.006	0.011	0.017	0.025
100	0.033	0.043	0.053	0.065	0.078	0.092	0.107	0.123	0.140	0.159
200	0.178	0.199	0.220	0.243	0.266	0.291	0.317	0.344	0.372	0.401
300	0.431	0.462	0.494	0.527	0.561	0.596	0.632	0.669	0.707	0.746
400	0.786	0.827	0.870	0.913	0.957	1.002	1.048	1.095	1.143	1.192
500	1.241	1.292	1.344	1.397	1.450	1.505	1.560	1.617	1.674	1.732
600	1.791	1.851	1.912	1.974	2.036	2.100	2.164	2.230	2.296	2.363
700	2.430	2.499	2.569	2.639	2.710	2.782	2.855	2.928	3.003	3.078
800	3.154	3.231	3.308	3.387	3.466	3.546	3.626	3.708	3.790	3.873
900	3.957	4.041	4.126	4.212	4.298	4.386	4.474	4.562	4.652	4.742
1000	4.833	4.924	5.016	5.109	5.202	5.297	5.391	5.487	5.583	5.680
1100	5.777	5.875	5.973	6.073	6.172	6.273	6.374	6.475	6.577	6.680
1200	6.783	6.887	6.991	7.096	7.202	7.308	7.414	7.521	7.628	7.736
1300	7.845	7.953	8.063	8.172	8.283	8.393	8.504	8.616	8.727	8.839
1400	8.952	9.065	9.178	9.291	9.405	9.519	9.634	9.748	9.863	9.979
1500	10.094	10.210	10.325	10.441	10.558	10.674	10.790	10.907	11.024	11.141
1600	11.257	11.374	11.491	11.608	11.725	11.842	11.959	12.076	12.193	12.310
1700	12.426	12.543	12.659	12.776	12.892	13.008	13.124	13.239	13.354	13.470
1800	13.585									

表 5-5　镍铬-镍硅热电偶（分度号为 K）分度表

工作端温度/℃	0	10	20	30	40	50	60	70	80	90
	热电动势/mV									
－0	－0.000	－0.392	－0.777	－1.156	－1.527	－1.889	－2.243	－2.586	－2.920	3.242
0	0.000	0.397	0.798	1.203	1.611	2.022	2.436	2.850	3.266	3.681
100	4.095	4.508	4.919	5.327	5.733	6.137	6.539	6.939	7.338	7.737
200	8.137	8.537	8.938	9.341	9.745	10.151	10.560	10.969	11.381	11.793
300	12.207	12.623	13.039	13.456	13.874	14.292	14.712	15.132	15.552	15.974
400	16.395	16.818	17.241	17.664	18.088	18.513	18.938	19.363	19.788	20.214
500	20.640	21.066	21.493	21.919	22.346	22.772	23.198	23.624	24.050	24.476
600	24.902	25.327	25.751	26.176	26.599	27.022	27.445	27.867	28.288	28.709
700	29.128	29.547	29.965	30.383	30.799	31.214	31.629	32.042	32.455	32.866
800	33.277	33.686	34.095	34.502	34.909	35.314	35.718	36.121	36.524	36.925
900	37.325	37.724	38.122	38.519	38.915	39.310	39.703	40.096	40.488	40.897
1000	41.269	41.657	42.045	42.432	42.817	43.202	43.585	43.968	44.349	44.729
1100	45.108	45.486	45.863	46.238	46.612	46.985	47.356	47.726	48.095	48.462
1200	48.828	49.192	49.555	49.916	50.276	50.633	50.990	51.344	51.697	52.049
1300	52.398									

表 5-6　铜-康铜热电偶（分度号为 T）分度表

工作端温度/℃	0	10	20	30	40	50	60	70	80	90
	热电动势/mV									
－200	－5.603	－5.753	－5.889	－6.007	－6.105	－6.181	－6.232	－6.258		
－100	－3.378	－3.656	－3.923	－4.177	－4.419	－4.648	－4.865	－5.069	－5.261	－5.439
－0	－0.000	－0.383	－0.757	－1.121	－1.475	－1.819	－2.152	－2.475	－2.788	－3.089
0	0.000	0.391	0.789	1.196	1.611	2.035	2.467	2.908	3.357	3.813
100	4.277	4.749	5.227	5.712	6.204	6.702	7.207	7.718	8.235	8.757
200	9.286	9.320	10.360	10.905	11.456	12.011	12.572	13.137	13.707	14.281
300	14.860	15.443	16.030	16.621	17.217	17.816	18.420	19.027	19.638	20.252
400	20.869									

（二）冷端温度校正法

配用补偿导线，将冷端延伸至温度基本恒定的地方，但新冷端若不恒为0℃，配用按分度表刻度的温度显示仪表，必定会引起测量误差，必须予以校正。

1. 计算修正法

已知冷端温度 t_0，根据中间温度定律，应用下式进行修正：

$$E(t,0)=E(t,t_0)+E(t_0,0) \tag{5-14}$$

式中，$E(t,t_0)$为回路实际热电势。

2. 机械零位调整法

当冷端温度比较恒定时，工程上常用仪表机械零位调整法。如动圈仪表的使用，可在仪表未工作时，直接将仪表机械零位调至冷端温度处。由于外线路电势输入为零，调整机械零位相当于预先给仪表输入一个电势 $E(t_0,0)$。当接入热电偶后，外电路热电势 $E(t,t_0)$与表内预置电势 E（t_0,0）迭加，使回路总电势正好为 $E(t,0)$，仪表直接指示出热端温度 t。使用仪表机械零位调整法简单方便，但冷端温度发生变化时，应及时断电，重新调整仪表机械零位，使之指示到新的冷端温度上。

(三) 冰浴法

实验室常采用冰浴法使冷端温度保持为恒定 0℃，来对热电偶进行热电势值的校验。

(四) 补偿电桥法

补偿电桥法利用不平衡电桥产生的不平衡电势来补偿因冷端温度变化而引起的热电势变化值，可以自动地将冷端温度校正到补偿电桥的平衡点温度上。

补偿器（补偿电桥）的应用如图 5-10 所示。桥臂电阻 R_1、R_2、R_3、R_{Cu} 与热电偶冷端处于相同的温度环境，R_1、R_2、R_3 均为由锰铜丝绕制的 1Ω 电阻，R_{Cu} 是用铜导线绕制的温度补偿电阻。$E=4V$ 是经稳压电源提供的桥路直流电源。R_s 是限流电阻，阻值因配用的热电偶不同而不同。

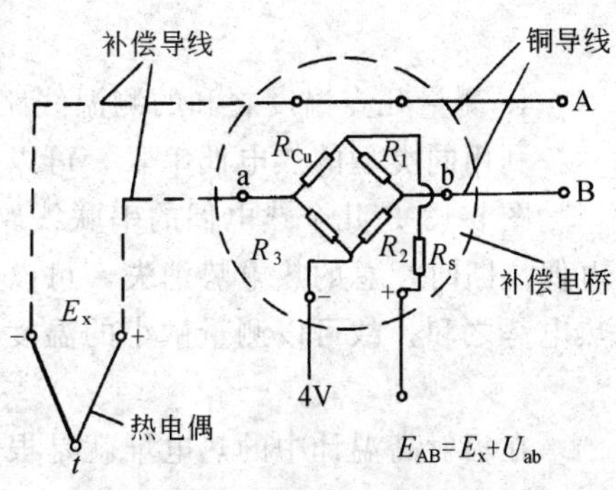

图 5-10　热电偶冷端补偿电桥

一般选择 R_{Cu} 阻值，使不平衡电桥在 20℃（平衡点温度）时处于平衡，此时 $R_{Cu}^{20}=1\Omega$，电桥平衡，不起补偿作用。冷端温度变化，热电偶热电势 E_x 将变化 $E(t,t_0)-E(t,20)=E(20,t_0)$，此时电桥不平衡，适当选择 R_{Cu} 的大小，使$U_{ba}=E(t_0,20)$，与热电偶热电势叠加，则外电路总电势保持 $E_{AB}(t,20)$，不随冷端温度变化而变化。如果配用仪表机械零位调整法进行校正，则仪表机械零位应调至冷端温度补偿电桥的平衡点温度（20℃）处，不必因冷端温度变化重新调整。

冷端补偿电桥可以单独制成补偿器通过外线连接热电偶和后续仪表，更多的是作为后续仪表的输入回路，与热电偶连接。

四、热电偶的测量线路

1. 测量单点温度的基本测温线路

这种测温线路，如图 5-1 所示。

2. 测量两点之间温差的测温线路

这种测温线路如图 5-11 所示。这是测量两个温度之差的一种实用线路。用两只同型号的热电偶，配用相同的补偿导线，采用反向连接方式，这时仪表即可测得两点温度之差。(注意热电偶非线性带来的影响）所以

$$E_t=E_{AB}(t_1)-E_{AB}(t_2) \tag{5-15}$$

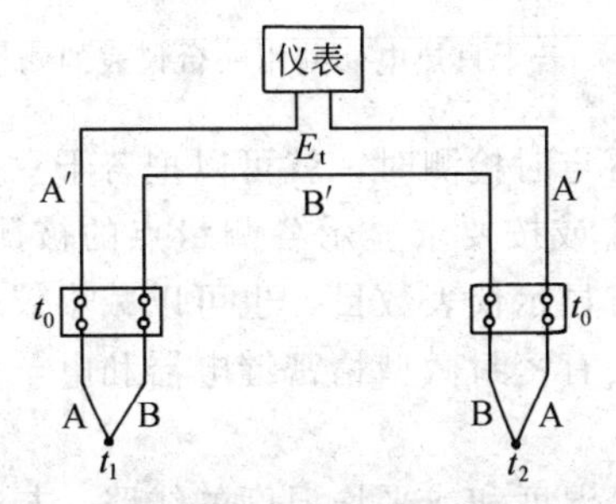

图 5-11　测量两点之间温差的测温线路

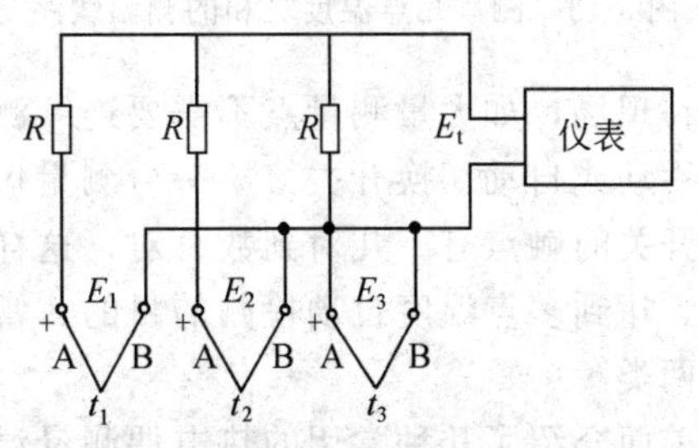

图 5-12　测量平均温度的测温线路

3. 测量平均温度的测温线路

测量平均温度的方法通常用几只型号的热电偶并联在一起，例如，如图 5-12 所示。要

求三只热电偶都工作在线性段。在测量仪表中指示的为三只热电偶输出电势的平均值。在每只热电偶线路中，分别串接均衡电阻 R，其作用是为了在 t_1、t_2 和 t_3 不相等时，使每一只热电偶的线路中流过的电流免受电阻不相等的影响，因此与每一只热电偶的电阻变化相比，R 的阻值必须很大。使用热电偶并联的方法测量多点的平均温度，其好处是仪表的分度仍旧和单独配用一个热电偶时一样，缺点是当有一只热电偶烧断时，不能够很快地觉察出来。如图 5-12 所示的输出电势为

$$E_t=\frac{E_1+E_2+E_3}{3} \tag{5-16}$$

4. 测量几点温度之和的测温线路

利用同类型的热电偶串联，可以测量几点温度之和，也可以测量几点的平均温度。

图 5-13 是几个热电偶的串联线路图。这种线路可以避免并联线路的缺点。当有一只热电偶烧断时，总的热电势消失，可以立即知道有热电偶烧断。同时由于总热电势为各热电偶热电势之和，故可以测量微小的温度变化。图中，回路的总热电势为

$$E_t=E_1+E_2+E_3 \tag{5-17}$$

在辐射高温计中的热电堆就是根据这个原理由几个同类型的热电偶串联而成的。如果要测量平均温度，则

$$E_{平均}=\frac{E_t}{3} \tag{5-18}$$

5. 若干只热电偶共用一台仪表的测量线路

在多点温度测量时，为了节省显示仪表，将若干只热电偶通过模拟式切换开关共用一台测量仪表，常用的测量线路，如图 5-14 所示。条件是各只热电偶的型号相同，测量范围均在显示仪表的量程内。

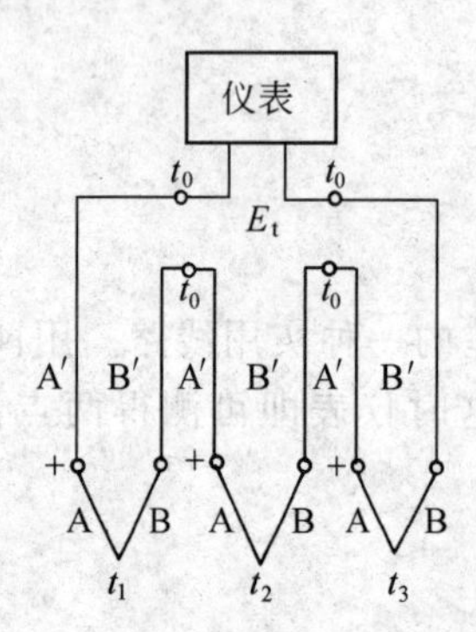

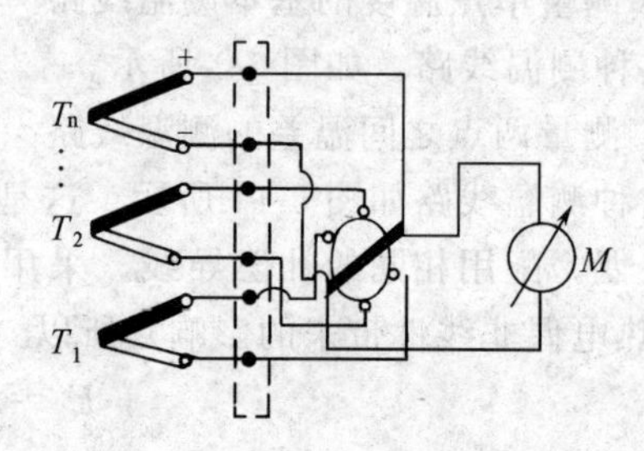

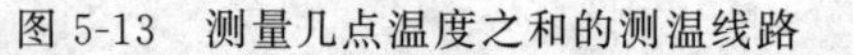
图 5-13 测量几点温度之和的测温线路　　图 5-14 若干只热电偶共用一台仪表的测量线路

在现场，如大量测量点不需要连续测量，而只需要定时检测时，就可以把若干只热电偶通过手动或自动切换开关接至一台测量仪表上，以轮流或按要求显示各测量点的被测数值。切换开关的触点有十几对到数百对，这样可以大量节省显示仪表数目，也可以减小仪表箱的尺寸，达到多点温度自动检测的目的。常用的切换开关有密封微型精密继电器和电子模拟式开关两类。

前面介绍了几种常用的热电偶测量温度、温度差、温度和或平均温度的线路。与热电偶配用的测量仪表可以是模拟仪表和数字电压表。若要组成微机控制的自动测温或控温系统，可直接将数字电压表的测温数据利用接口电路和测控软件连接到微机中，对检测温度进行计算和控制。这种系统在工业检测和控制中应用得十分普遍。

第二节 电阻式温度传感器

电阻式传感器广泛被用于测量－200～960℃范围内的温度。是利用导体或半导体的电阻随温度变化而变化的性质而工作的，用仪表测量出热电阻的阻值变化，从而得到与电阻值对应的温度值。电阻式传感器分为金属热电阻传感器和半导体热电阻传感两类。前者称为热电阻，后者称为热敏电阻。

一、热电阻

（一）热电阻测温原理

热电阻主要是利用电阻随温度升高而增大的特性来测量温度的。温度升高，金属内部原子晶格的振动加剧，从而使金属内部的自由电子通过金属导体时的阻力增大，宏观上表现出电阻率变大，总电阻值增加。

热电阻的阻值与温度的关系为

$$R_t=R_0(1+K_1t+K_2t^2+K_3t^3+K_4t^4) \tag{5-19}$$

式中 R_0——热电阻在0℃时的电阻值；

K_1、K_2、K_3、K_4——温度系数。

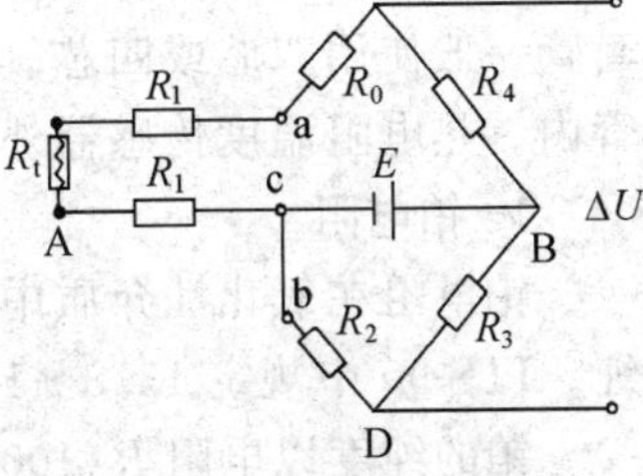

图 5-15 热电阻测温电桥原理

为了准确地测出电阻的大小以反映温度的高低，常采用电桥来测量 R_t 阻值的变化，并转化为电压输出。其原理如图 5-15 所示。

当温度处于测量下限时，$R_t=Rt_{min}$，合理设计桥路电阻阻值，使满足 $R_3(Rt_{min}+2R_1)=R_2R_4$，此时电桥平衡，$\Delta U=0$，即

$$\Delta U=\frac{Rt_{min}+2R_1}{Rt_{min}+2R_1+R_4}E-\frac{R_2}{R_2+R_3}E=0 \tag{5-20}$$

当温度上升时，使 $R_t=Rt_{min}+\Delta R_t$，桥路失去平衡，有

$$\Delta U=\frac{Rt+2R_1}{Rt+2R_1+R_4}E-\frac{R_2}{R_2+R_3}E \tag{5-21}$$

$$=\frac{Rt_{min}+\Delta R_t+2R_1}{Rt_{min}+\Delta R_t+2R_1+R_4}E-\frac{R_2}{R_2+R_3}E$$

则输出

$$\Delta U\neq 0$$

当 $\Delta R_t \ll Rt_{min}+2R_1+R_4$ 时，ΔU 与 ΔR_t 之间呈现较好的正比关系。根据 ΔU 可以知道 R_t 的变化，从而测得温度。

在实际应用中，热电阻是安装在工艺设备中，感受被测介质的温度变化，而测量电阻的桥路通常是作为信号处理器（温度变送器）或显示仪表的输入单元，随相应的仪表安装于控制室的，将热电阻引入桥路的连接导线的阻值 R_1 随环境温度的变化而变化，根据式（5-21）所示，则当环境温度变化时，连接导线电阻值 R_1 的变化 $2\Delta R_1$ 与热电阻阻值变化相叠加，此时

$$\Delta U=\frac{Rt_{min}+\Delta R_t+2R_1+2\Delta R_1}{Rt_{min}+\Delta R_t+2R_1+2\Delta R_1+R_4}E-\frac{R_2}{R_2+R_3}E \tag{5-22}$$

比较式（5-21）和式（5-22）可见，ΔU 出现了变化，从而给测量带来较大的温度附加误差。为此，工业上常采用三线制接法，原理如图 5-16 所示。从热电阻接线盒处引出三根线，使导线电阻分别加在电桥相邻的两个桥臂 AC 和 AD 上以及供电线路上。此时

$$\Delta U=\frac{Rt_{\min}+\Delta R_t+R_1+\Delta R_1}{Rt_{\min}+\Delta R_t+R_1+\Delta R_1+R_4}E-\frac{R_2+R_1+\Delta R_1}{R_2+R_1+\Delta R_1+R_3}E \tag{5-23}$$

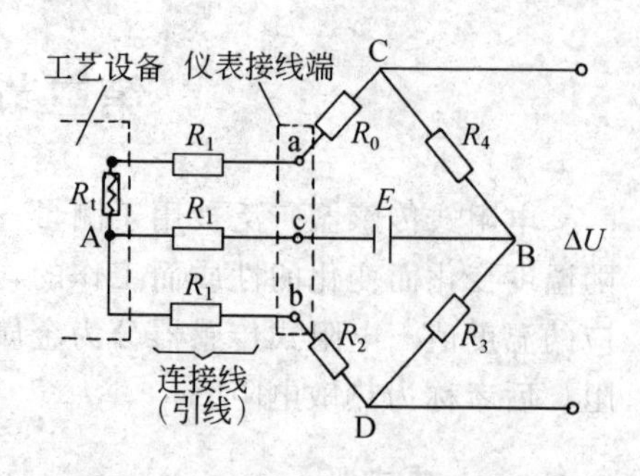

图 5-16　热电阻三线制桥路连接

由式（5-23）可见，连接导线电阻变化对测量的影响基本消除。尽管这种补偿是不完全的，连接导线的温度附加误差依然存在。但采用三线制接法，在环境温度 0～50℃内使用时，能满足工程要求（温度附加误差可控制在 0.5%以内或更小）。

（二）常用热电阻及结构

工业用普通热电阻温度传感器由电阻体、绝缘套管、保护管、接线盒和连接电阻体与接线盒的引出线等部件组成。绝缘套管、保护管、接线盒与热电偶温度传感器基本相同，绝缘套管一般使用双芯或四芯氧化铝绝缘材料，引出线穿过绝缘管。电阻体和引出线均装在保护管内。热电阻温度传感器外形与热电偶温度传感器相同。

1. 铂电阻

铂电阻在氧化性介质中、甚至在高温下其物理、化学性质都非常稳定，铂金属易于提纯。ITS-90 中规定 13.8～1234.93K 之间用标准铂电阻温度计来复现温标，作为内插仪器。

铂的纯度以电阻 R(100℃)/R(0℃)来表示。一般工业用铂电阻温度计对纯度要求不少于 1.3851。目前中国常用的铂电阻有两种，分度号 Pt100 和 Pt10，最常用的是 Pt100，R(0℃)＝100.00Ω，分度表如表 5-7。

表 5-7　铂电阻（分度号为 Pt100）分度表

温度/℃	0	10	20	30	40	50	60	70	80	90
	电阻值/Ω									
−200	18.49	—	—	—	—	—	—	—	—	—
−100	60.25	56.19	52.11	48.00	43.37	39.71	35.53	31.32	27.08	22.80
−0	100.00	96.09	92.16	88.22	84.27	80.31	76.32	72.33	68.33	64.30
0	100.00	103.90	107.79	111.67	115.54	119.40	123.24	127.07	130.89	134.70
100	136.50	142.29	146.06	149.82	153.58	157.31	161.04	164.76	168.46	172.16
200	175.84	179.51	183.17	186.32	190.45	194.07	197.69	201.29	204.88	208.45
300	212.02	215.57	219.12	222.65	226.17	229.67	233.17	236.65	240.13	243.59
400	247.04	250.48	253.90	257.32	260.72	264.11	267.49	270.86	274.22	277.56
500	280.90	284.22	287.53	290.83	294.11	297.39	300.65	303.91	307.15	310.38
600	313.59	316.80	319.99	323.18	326.35	329.51	332.66	335.79	338.92	342.03
700	345.13	348.22	351.30	354.37	357.42	360.47	363.50	366.52	369.53	372.52
800	375.51	378.48	381.45	384.40	387.34	390.26	—	—	—	—

铂电阻体常见形式如图 5-17 所示，其中（a）为云母片做骨架，把云母片两边作成锯齿状，将铂丝绕在云母骨架上，然后用两片无锯齿云母夹住，再用银带扎紧。铂丝采用双线法绕制，以消除电感。图（b）采用石英玻璃，具有良好的绝缘和耐高温特性，把铂丝双绕在直径为 3mm 的石英玻璃上，为使铂丝绝缘和不受化学腐蚀、机械损伤，在石英管外再套一个外径为 5mm 的石英管。铂电阻体用银丝作为引出线。

2. 铜电阻

铜电阻也是工业上普遍使用的热电阻。铜容易加工提取，其电阻温度系数很大，而且电阻与温度之间关系呈线性，价格便宜，在－50～150℃内具有很好的稳定性。所以在一些测量准确度要求不很高、且温度较低场合较多使用铜电阻温度计。

目前中国工业上用的铜电阻分度号为 Cu50 和 Cu100，其R(0℃)分别为 50Ω 和 100Ω。铜电阻的电阻比R(100℃)/R(0℃)＝1.428±0.002。分度表如表 5-8、表 5-9。

表 5-8 铜电阻（分度号为 Cu50）分度表

温度/℃	0	10	20	30	40	50	60	70	80	90
	电阻值/Ω									
－0	50.00	47.85	45.70	43.55	41.40	39.24	—	—	—	—
0	50.00	52.14	54.28	56.42	58.56	60.70	62.84	64.98	67.12	69.26
100	71.40	73.54	75.68	77.83	79.98	82.13	—	—	—	—

表 5-9 铜电阻（分度号为 Cu100）分度表

温度/℃	0	10	20	30	40	50	60	70	80	90
	电阻值/Ω									
－0	100.00	95.70	91.40	87.10	82.80	78.49	—	—	—	—
0	100.00	104.28	108.56	112.84	117.12	121.40	125.68	129.96	134.24	138.52
100	142.80	147.08	151.36	155.66	159.96	164.27	—	—	—	—

铜电阻体结构如图 5-18 所示。它采用直径约 0.1mm 的绝缘铜线，用双线绕法分层绕在圆柱形塑料支架上。用直径 1mm 的铜丝或镀银铜丝做引出线。

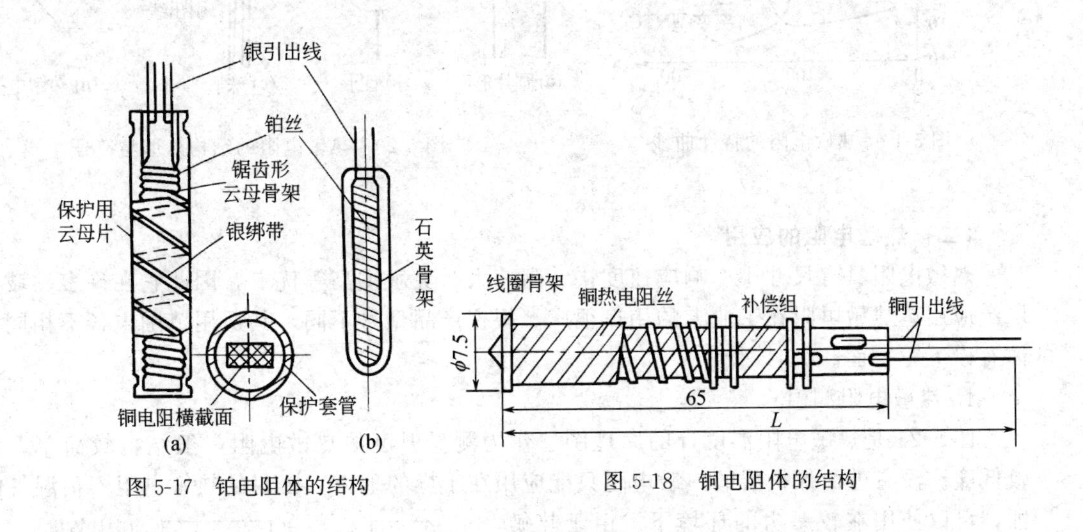

图 5-17 铂电阻体的结构

图 5-18 铜电阻体的结构

二、热敏电阻

热敏电阻是半导体测温元件。按温度系数可分为负温度系数热敏电阻（NTC）和正温度系数热敏电阻（PTC）两大类。NTC 热敏电阻以 MF 为其型号，PTC 热敏电阻以 MZ 为其型号。

（一）测温原理及特性

NTC 热敏电阻研制得较早，也较成熟。最常见的是由金属氧化物组成的。如锰、钴、铁、镍、铜等多种氧化物混合烧结而成。

根据不同的用途，NTC 又可以分为两大类。第一类用于测量温度。它的电阻值与温度之间呈负的指数关系。另一类为负的突变型，当其温度上升到某设定值时，其电阻值突然下降，多用于各种电子电路中抑制浪涌电流，起保护作用。负指数型和负突变型的温度-电阻特性曲线分别如图 5-19 所示。

典型的 PTC 热敏电阻通常是在钛酸钡陶瓷中加入施主杂质以增大电阻温度系数。它的温度-电阻特性曲线呈非线性，如图 5-19 中的曲线 4 所示。它在电子线路中多起限流、保护作用。当流过 PTC 的电流超过一定限度或 PTC 感受到的温度超过一定限度时，其电阻值突然增大。

近年来，还研制出了用本征锗或本征硅材料制成的线性 PTC 热敏电阻，其线性度和互换性均较好，可用于测温。其温度-电阻特性曲线如图 5-19 所示。

热敏电阻按结构形式可分为体形、薄膜型、厚膜型三种；按工作方式可分为直热式、旁热式、延迟电路三种；按工作温区可分为常温区（−60～200℃）、高温区（>200℃）、低温区热敏电阻三种。热敏电阻可根据使用要求封装加工成各种形状的探头，如圆片形、柱形、珠形等，如图 5-20 所示。

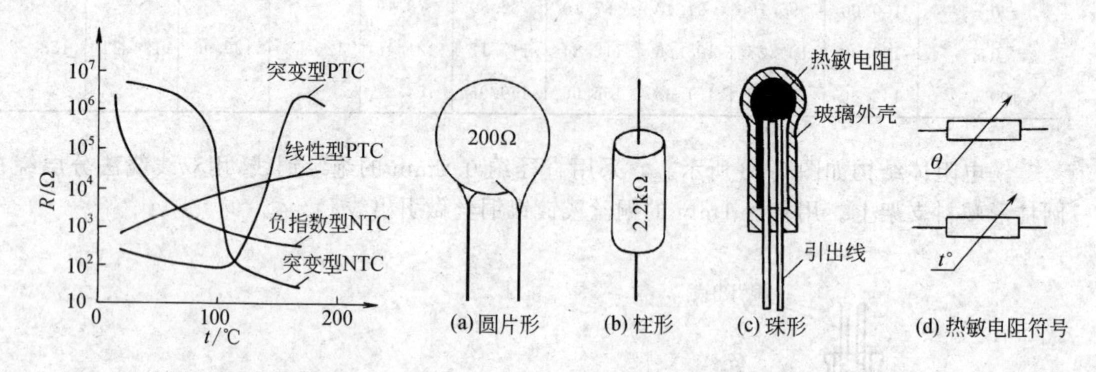

图 5-19　热敏电阻的特性曲线

图 5-20　热敏电阻的结构外形与符号

（二）热敏电阻的应用

热敏电阻具有尺寸小、响应速度快、阻值大、灵敏度高等优点，因此它在许多领域得到广泛应用。热敏电阻在工业上的用途很广。根据产品型号不同，其适用范围也各不相同，具体有以下三方面。

1. 热敏电阻测温

图 5-21 是热敏电阻温度计的原理图。作为测量温度的热敏电阻一般结构较简单，价格较低廉。没有外面保护层的热敏电阻只能应用在干燥的地方。密封的热敏电阻不怕湿气的侵蚀，可以使用在较恶劣的环境下。由于热敏电阻的阻值较大，故其连接导线的电阻和接触电阻可以忽略，使用时采用二线制即可。

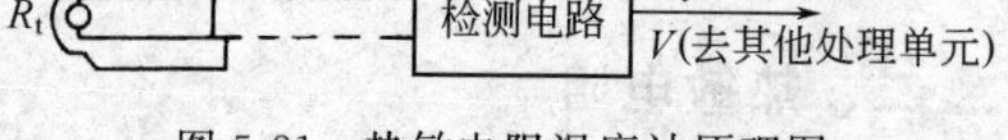

R_t　检测电路　f_t(去计算机)　V(去其他处理单元)

图 5-21　热敏电阻温度计原理图

2. 热敏电阻用于温度补偿

热敏电阻可在一定的温度范围内对某些元件进行温度补偿。例如，动圈式表头中的动圈由铜线绕制而成。温度升高，电阻增大，引起测量误差。可在动圈回路中串入由负温度系数热敏电阻组成的电阻网络，从而抵消由于温度变化所产生的误差。在晶体管电路中也常用热敏电阻补偿电路，补偿由于温度引起的漂移误差。如图 5-22 所示。为了对热敏电阻的温度特性进行线性化补偿，可采用串联或并联一个固定电阻的方式，如图 5-23 所示。

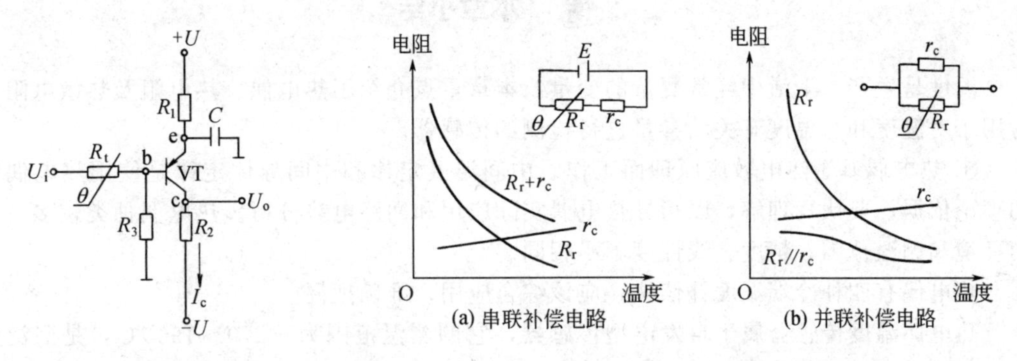

图 5-22　温度补偿电路　　　　图 5-23　线性化补偿电路

3. 热敏电阻用于温度控制

热敏电阻用途十分广泛，如空调与干燥器、热水取暖器、电烘箱箱体温度检测等都用到热敏电阻。

（1）继电保护　将突变型热敏电阻埋设在被测物中，并与继电器串联，给电路加上恒定电压。当周围介质温度升到某一定数值时，电路中的电流可以由十分之几毫安突变为几十毫安，因此继电器动作，从而实现温度控制或过热保护。如图 5-24 所示，用热敏电阻作为对电动机过热保护的热继电器。把三只特性相同的热敏电阻放在电动机绕组中，紧靠绕组处每相各放一只，滴上万能胶固定。经测试，其阻值在 20℃时为 10kΩ，100℃时为 1kΩ，110℃时为 0.6kΩ。当电机正常运行时温度较低，三极管 VT 截止，继电器 J 不动作。当电动机过负荷或断相或一相接地时，电动机温度急剧升高，使热敏电阻阻值急剧减小，到一定值后，VT 导通，继电器 J 吸合，使电动机工作回路断开，实现保护作用。根据电动机各种绝缘等级的允许升温值来调节偏流电阻 R_2 值从而确定三极管 VT 的动作点。

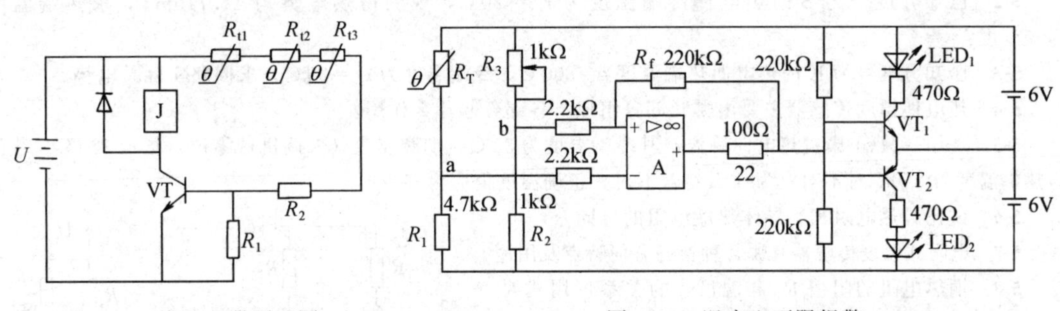

图 5-24　热继电器原理图　　　　图 5-25　温度上下限报警

（2）温度上下限报警　如图 5-25 所示。此电路中采用运算放大器构成迟滞电压比较器，晶体管 VT_1 和 VT_2 根据运放输入状态导通或截止。R_T、R_1、R_2、R_3 构成一个输入电桥，则

$$V_{ab}=E\left(\frac{R_1}{R_1+R_T}-\frac{R_3}{R_3+R_2}\right) \tag{5-24}$$

当 T 升高时，R_T 减少，此时 $V_{ab}>0$，即 $V_a>V_b$，VT_1 导通，LED_1 发光报警。当 T 下降时，R_T 增加，此时 $V_{ab}<0$，即 $V_a<V_b$ 时，VT_2 导通，LED_2 发光报警。当 T 等于设定值时，$V_{ab}=0$，即 $V_a=V_b$，VT_1 和 VT_2 都截止，LED_1 和 LED_2 都不发光。

本章小结

温度是生产、生活中经常测量的变量。本章重点介绍了热电偶、热电阻及热敏电阻三种常用于对温度和与温度有关的参量进行检测的传感器。

① 热电偶基于热电效应原理而工作。中间温度定律和中间导体定律是使用热电偶测温的理论依据，要认真理解，以指导热电偶实际应用和回路电势分析。热电偶种类较多，其适用环境和测温范围、精度、线性度不尽相同。

热电偶有四种冷端温度补偿法，应该综合应用，准确把握。

热电偶温度传感器属于自发电型传感器，它的测温范围为－270～1900℃，是广泛应用的温度检测系统。

② 电阻式传感器广泛被用于测量－200～960℃范围内的温度。是利用导体或半导体的电阻随温度变化而变化的性质而工作的。

电阻式传感器分为金属热电阻传感器和半导体热电阻传感器两类。前者称为热电阻，后者称为热敏电阻。

热电阻变化一般要经过不平衡电桥转换为不平衡电压输出，提供后续处理；为克服连线电阻阻值随环境温度变化而产生温度附加误差，热电阻连入不平衡电桥通常采用三线制。热电阻温度传感器与热电偶温度传感器外形基本相同。

热敏电阻是半导体测温元件。按温度系数可分为负温度系数热敏电阻（NTC）和正温度系数热敏电阻（PTC）两大类。广泛应用于温度测量、电路的温度补偿以及温度控制。

习题及思考题

5-1 什么是热电效应？热电偶测温回路的热电势由哪两部分组成？

5-2 已知分度号为 S 的热电偶冷端温度为 $t_0=20$℃，现测得热电势为 11.710mV，求热端温度为多少度？

5-3 已知分度号为 K 的热电偶热端温度 $t=800$℃，冷端温度为 $t_0=30$℃，求回路实际总电势。

5-4 热电偶温度传感器主要由哪几部分组成？各部分起什么作用？

5-5 现用一只铜-康铜热电偶测温，其冷端温度为 30℃，动圈仪表（未调机械零位）指示 320℃。若认为热端温度为 350℃对不对？为什么？若不对，正确温度值应为多少？

5-6 试比较热电阻和半导体热敏电阻的异同。

5-7 电阻式温度传感器有哪几种？各有何特点及用途？

5-8 铜热电阻的阻值 R_t 与温度 t 的关系可用式 $R_t \approx R_0(1+\alpha t)$ 表示。已知 0℃时铜热电阻的 R_0 为 50Ω，温度系数 α 为 4.28×10^{-3}/℃，求当温度为 100℃时的电阻值。

5-9 分析图 5-26 中应采用什么类型的热敏电阻 R_t 补偿三极管环境温度变化影响。

5-10 用热电阻测温为什么常采用三线制连接？应怎样连接保证确实实现了三线制连接？若在导线敷设至控制室后再分三线接入仪表，是否实现了三线制连接？

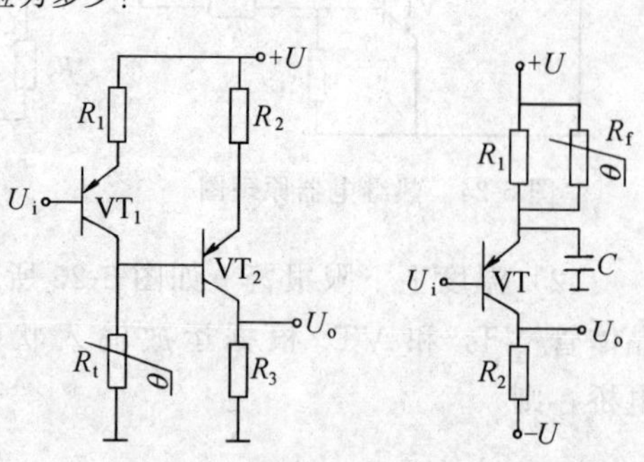

图 5-26　晶体管温度补偿原理

第六章

光电式传感器

内容提要：本章阐述了构成光电式传感器的基本原理、光纤结构和各种光纤传感器的原理，从物理概念上简明扼要地描述了光敏电阻、光敏晶体管、光电池和红外线传感器的光谱特性和将光信号转换成电信号的过程，对于光纤传感器的分类和特点进行了描述。将光纤传感器分为功能型和非功能型两种类型进行讨论。对它们的原理、结构、应用进行详细的介绍。分析了各种光电式传感器各自特点和应用范围。简单对本章介绍的光电式传感器举实例说明各自的特点和应用情况。

第一节　光电器件的基本概念

光电式传感器是以光电器件作为转换元件的传感器。它可用于检测直接引起光量变化的非电量，如光强、光照度、辐射测温、气体成分分析等；也可用来检测能转换成光量变化的其他非电量，如零件直径、表面粗糙度、应变、位移、振动、速度、加速度，以及物体的形状、工作状态的识别等。光电式传感器具有非接触、响应快、性能可靠等特点，因此在工业自动化装置和机器人中获得广泛应用。近年来，新的光电器件不断涌现，特别是CCD图像传感器的诞生，为光电式传感器的进一步应用开创了新的一页。

光电器件是将光能转换为电能的一种传感器件，它是构成光电式传感器最主要的部件。光电器件响应快、结构简单、使用方便，而且有较高的可靠性，因此在自动检测、计算机和控制系统中，应用非常广泛。

光电器件工作的物理基础是光电效应。在光线作用下，物体的电导性能改变的现象称为内光电效应，如光敏电阻等就属于这类光电器件。在光线作用下，能使电子逸出物体表面的现象称为外光电效应，如光电管、光电倍增管就属于这类光电器件。在光线作用下，能使物体产生一定方向的电动势的现象称为光生伏特效应，即阻挡层光电效应，如光电池、光敏晶体管等就属于这类光电器件。

本节主要讨论一些典型的光电器件的特性和应用。

一、光敏电阻传感器

（一）光敏电阻的结构与工作原理

光敏电阻又称光导管，它几乎都是用半导体材料制成的光电器件。光敏电阻没有极性，纯粹是一个电阻器件，使用时既可加直流电压，也可以加交流电压。无光照时，光敏电阻值

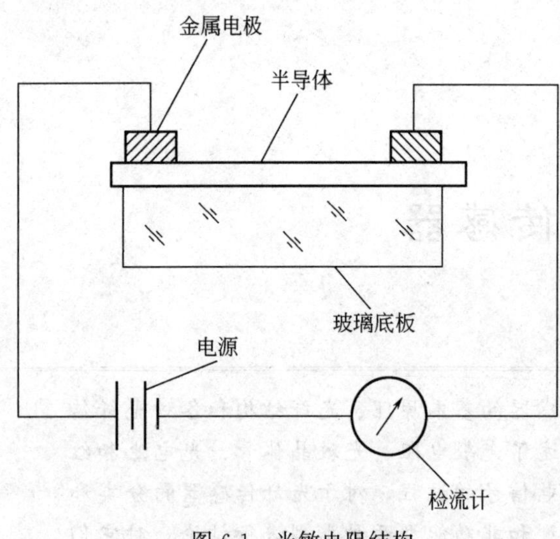

图 6-1 光敏电阻结构

（暗电阻）很大，电路中电流（暗电流）很小。当光敏电阻受到一定波长范围的光照时，它的阻值（亮电阻）急剧减少，电路中电流迅速增大。一般希望暗电阻越大越好，亮电阻越小越好，此时光敏电阻的灵敏度高。实际光敏电阻的暗电阻值一般在兆欧级，亮电阻在几千欧以下。

图 6-1 为光敏电阻的原理结构。它是涂于玻璃底板上的一薄层半导体物质，半导体的两端装有金属电极，金属电极与引出线端相连接，光敏电阻就通过引出线端接入电路。为了防止周围介质的影响，在半导体光敏层上覆盖了一层漆膜，漆膜的成分应使它在光敏层最敏感的波长范围内透射率最大。

（二）光敏电阻的主要参数

1. 暗电阻

光敏电阻在不受光时的阻值称为暗电阻，此时流过的电流称为暗电流。

2. 亮电阻

光敏电阻在受光照射时的电阻称为亮电阻，此时流过的电流称为亮电流。

3. 光电流

亮电流与暗电流之差称为光电流。

（三）光敏电阻的基本特性

1. 伏安特性

在一定照度下，流过光敏电阻的电流与光敏电阻两端的电压的关系称为光敏电阻的伏安特性。图 6-2 为硫化镉光敏电阻的伏安特性曲线。由图可见，光敏电阻在一定的电压范围内，其 I-U 曲线为直线。说明其阻值与入射光量有关，而与电压电流无关。

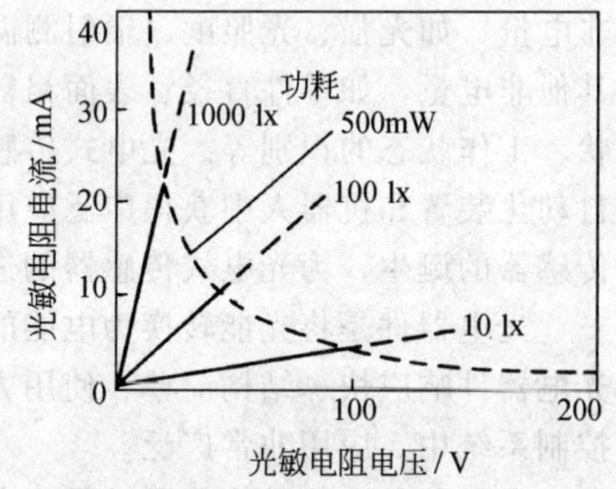

图 6-2 硫化镉光敏电阻的伏安特性曲线

2. 光谱特性

光敏电阻的相对光敏灵敏度与入射波长的关系称为光谱特性，亦称为光谱响应。图 6-3 为几种不同材料光敏电阻的光谱特性曲线。对应于不同波长，光敏电阻的灵敏度是不同的。从图中可见硫化镉光敏电阻的光谱响应的峰值在可见光区域，常被用作光度量测量（照度计）的探头。而硫化铅光敏电阻响应于近红外和中红外区，常用做火焰探测器的探头。

3. 温度特性

温度变化影响光敏电阻的光谱响应，同时，光敏电阻的灵敏度和暗电阻都要改变，尤其是响应于红外区的硫化铅光敏电阻受温度影响更大。图 6-4 为硫化铅光敏电阻的光谱温度特性曲线，它的峰值随着温度上升向波长短的方向移动。因此，硫化铅光敏电阻要在低温、恒温的条件下使用。对于可见光的光敏电阻，其温度影响要小一些。表 6-1 列出几种光敏电阻的特性参数。

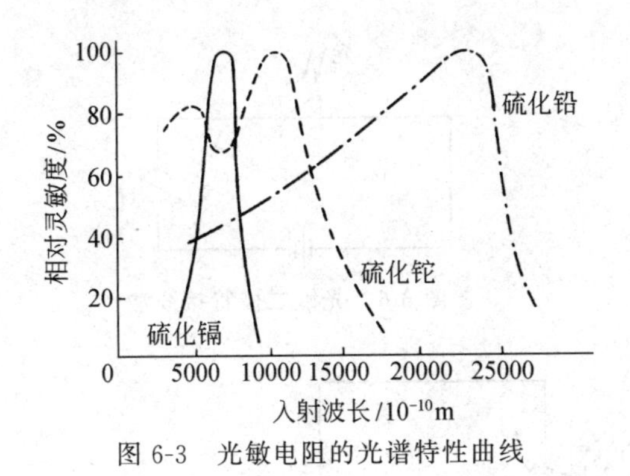

图 6-3 光敏电阻的光谱特性曲线

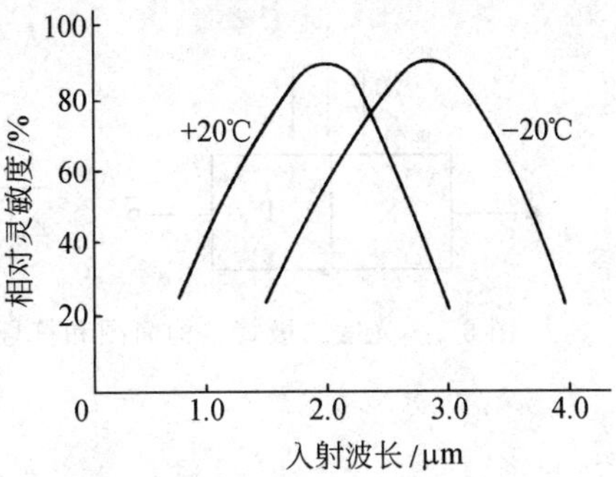

图 6-4 硫化铅光敏电阻的光谱温度特性曲线

表 6-1 几种光敏电阻的特性参数

型号	材料	面积 /mm^2	工作温度 /K	长波限 /μm	峰值探测率 (cm·$Hz^{\frac{1}{2}}$/W)	响应时间 /s	暗电阻值 /MΩ	亮电阻值 (100 lx)/kΩ
MG41-21	CdS	ϕ9.2	233～343	0.8		≤2×10^{-2}	≥0.1	≤1
MG42-04	CdS	ϕ7	248～328	0.4		≥5×10^{-2}	≥1	≤10
P397	PbS	5×5	298	298	2×10^{10}[1300,100,1]	(1～4)×10^{-4}	2	
P791	PbSe	1×5	298		1×10^{9}[λ_m,100,1]	2×10^{-6}	2	
9903	PbSe	1×3	263		3×10^{9}[λ_m,100,1]	10^{-5}	3	
OE-10	PbSe	10×10	298		2.5×10^{9}	1.5×10^{-6}	4	
OTC-3MT	InSb	2×2	253		6×10^{8}[λ_m,100,1]	4×10^{-6}	4	
Ge(Au)	Ge		77	8.0	1×10^{10}	5×10^{-8}		
Ge(Hg)	Ge		38	14	4×10^{10}	1×10^{-9}		
Ge(Cd)	Ge		20	23	4×10^{10}	5×10^{-8}		
Ge(Zn)	Ge		4.2	40	5×10^{10}	$<10^{-6}$		
Ge-Si(Au)			50	10.3	8×10^{10}	$<10^{-6}$		
Ge-Si(Zn)			50	13.8	10^{10}	$<10^{-6}$		

二、光敏二极管和光敏晶体管

（一）结构原理

光敏二极管的结构与一般二极管相似。它装在透明玻璃外壳中，其 PN 结装在管的顶部，可以直接受到光照射（见图 6-5）。光敏二极管在电路中一般是处于反向工作状态（见图 6-6），在没有光照射时，反向电阻很大，反向电流很小，该反向电流称为暗电流。当光照射在 PN 结上，光子打在 PN 结附近，使 PN 结附近产生光生电子和光生空穴对，它们在 PN 结处的内电场作用下作定向运动，形成光电流。光的照度越大，光电流越大。因此光敏二极管在不受光照射时，处于截止状态，受光照射时，处于导通状态。

光敏晶体管与一般晶体管相似，具有两个 PN 结，只是它的发射极一边做得很大，以扩大光的照射面积。图 6-7 为 NPN 型光敏晶体管的结构简图和基本电路。大多数光敏晶体管

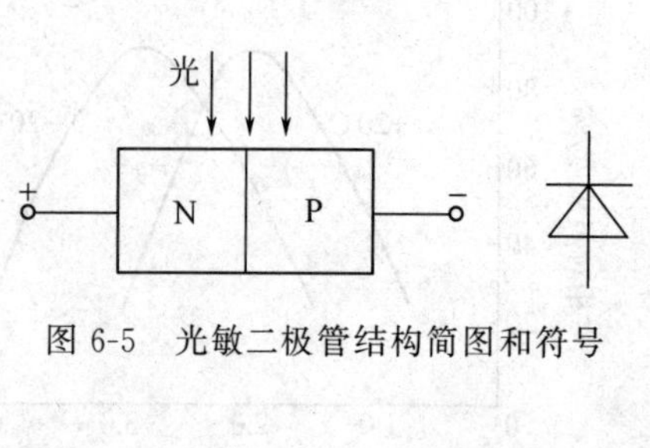

图 6-5　光敏二极管结构简图和符号

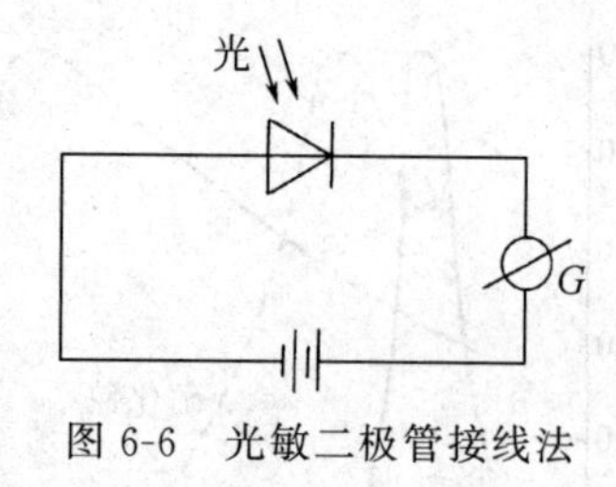

图 6-6　光敏二极管接线法

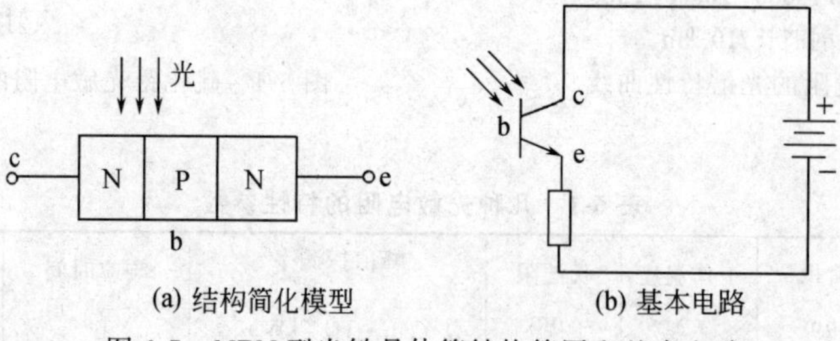

(a) 结构简化模型　　(b) 基本电路

图 6-7　NPN 型光敏晶体管结构简图和基本电路

的基极无引出线，当集电极加上相对于发射极为正的电压而不接基极时，集电结就是反向偏压，当光照射在集电结上时，就会在结附近产生电子一空穴对，从而形成光电流，相当于三极管的基极电流，由于基极电流的增加，因此集电极电流是光生电流的 β 倍，所以光敏晶体管有放大作用。

光敏二极管和光敏晶体管的材料几乎都是硅（Si）。在形态上，有单体型和集合型，集合型是在一块基片上有两个以上光敏二极管，比如在后面讲到的 CCD 图像传感器的光电耦合器件，就是由光敏晶体管和其他发光元件组合而成的。

（二）基本特性

1. 光谱特性

光敏二极管和光敏晶体管的光谱特性曲线如图 6-8 所示。从曲线可以看出，硅的峰值波长约为 0.9μm，锗的峰值波长约为 1.5μm，此时灵敏度最大，而当入射光的波长增加或缩短时，相对灵敏度也下降。一般来讲，锗管的暗电流较大，因此性能较差，故在可见光或探测赤热状态物体时，一般都用硅管。但对红外光进行探测时，则锗管较为适宜。

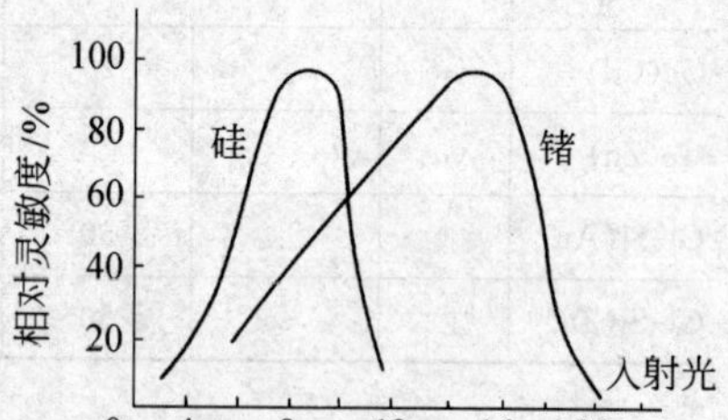

图 6-8　光敏二极（晶体）管的光谱特性曲线

2. 伏安特性

图 6-9 为硅光敏管在不同照度下的伏安特性曲线。从图中可见，光敏晶体管的光电流比相同管型的二极管大上百倍。

3. 温度特性

光敏晶体管的温度特性是指其暗电流及光电流与温度的关系。光敏晶体管的温度特性曲线如图 6-10 所示。从特性曲线可以看出，温度变化对光电流影响很小，而对暗电流影响很大，所以在电子线路中应该对暗电流进行温度补偿，否则将会导致输出误差。

表 6-2 列出几种硅光电二极管的特性参数。

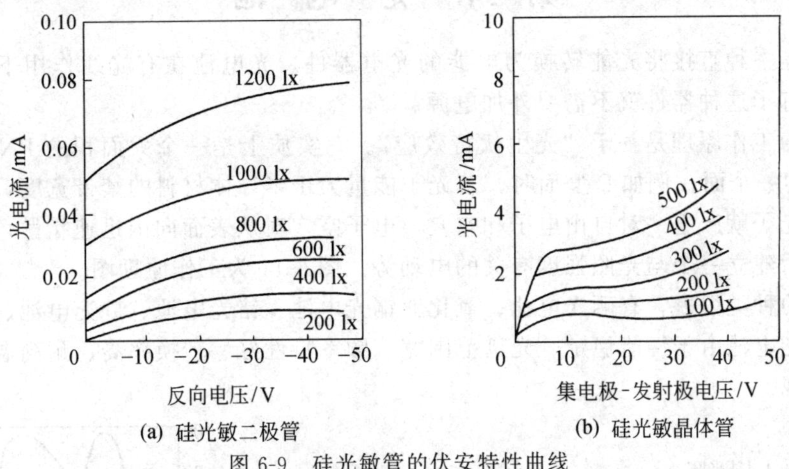

图 6-9　硅光敏管的伏安特性曲线

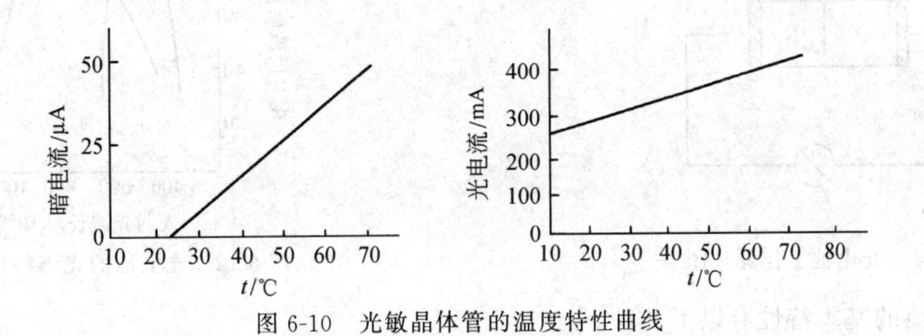

图 6-10　光敏晶体管的温度特性曲线

表 6-2　硅光电二极管的特性参数

型号或名称	光谱范围/μm	峰值波长/μm	灵敏度/(μA/μW)	响应时间	探测本领
2DU	0.4～1.1	0.9	>0.4	10^{-7}	最小可探测功率 $P_{min}=10^{-8}$(W)
2CU	0.4～1.1	0.9	>0.5	10^{-7}	$P_{min}=10^{-8}$(W)
$2DU_L$	0.4～1.1	1.06	>0.6	5×10^{-9}	
硅复合光电二极管	0.4～1.1	0.9	>0.5	$\leqslant10^{-9}$	
硅雪崩光电二极管	0.4～1.1	0.8～0.86	>30	10^{-9}	NEP$=5\times10^{-9}$(WHz$^{1/2}$)
锗光电二极管	0.4～1.9	1.5	>0.5	10^{-7}	
GaAs 光电二极管	0.3～0.95	0.85		10^{-7}	
HgCdTe 光电二极管	1～12	由 Cd 组分决定		10^{-7}	
PbSnTe 光电二极管	1～16	由 Sn 的组分决定		10^{-7}	
InSb 光电二极管	0.4～5.5	5		10^{-7}	

第二节　光　电　池

光电池是一种直接将光能转换为电能的光电器件。光电池在有光线作用下实质就是电源，电路中有了这种器件就不需要外加电源。

光电池的工作原理是基于“光生伏特效应”。它实质上是一个大面积的PN结，当光照射到PN结的一个面，例如P型面时，若光子能量大于半导体材料的禁带宽度，那么P型区每吸收一个光子就产生一对自由电子和空穴，电子空穴对从表面向内迅速扩散，在结电场的作用下，最后建立一个与光照强度有关的电动势。图6-11为工作原理图。

光电池的种类很多，有硒光电池、氧化亚铜光电池、锗光电池、硅光电池、砷化镓光电池。其中硅光电池由于性能稳定、光谱范围宽、频率特性好、转换率高、耐高温辐射，所以最受人们重视。

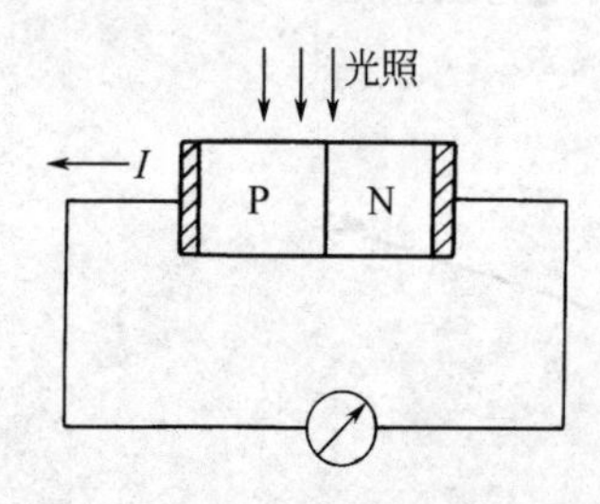

图6-11　光电池工作原理图

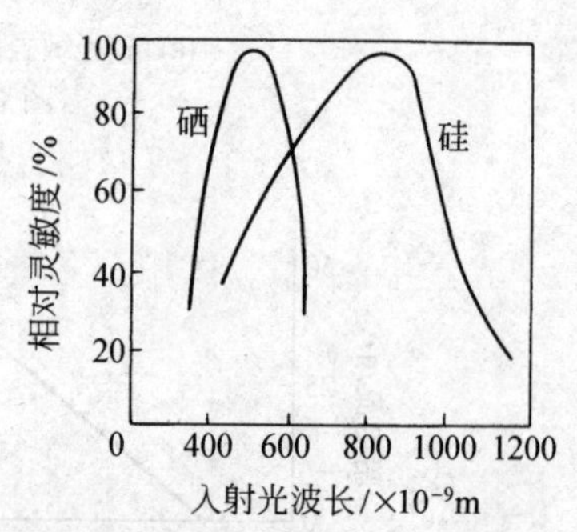

图6-12　光电池的光谱特性曲线

光电池的基本特性有以下几种。

一、光谱特性

光电池对不同波长的光的灵敏度是不同的。图6-12为硅光电池和硒光电池的光谱特性曲线。从图中可知，不同材料的光电池，光谱响应峰值所对应的入射光波长是不同的，硅光电池在0.8μm附近，硒光电池在0.5μm附近。硅光电池的光谱响应波长范围从0.4～1.2μm，而硒光电池只能在0.38～0.75μm。可见硅光电池可以在很宽的波长范围内得到应用。

二、光照特性

光电池在不同光照度下，光生电流和光生电动势是不同的，它们之间的关系就是光照特性。图6-13（a）为硅光电池的开路电压和短路电流与光照的关系曲线。从图中看出，短路

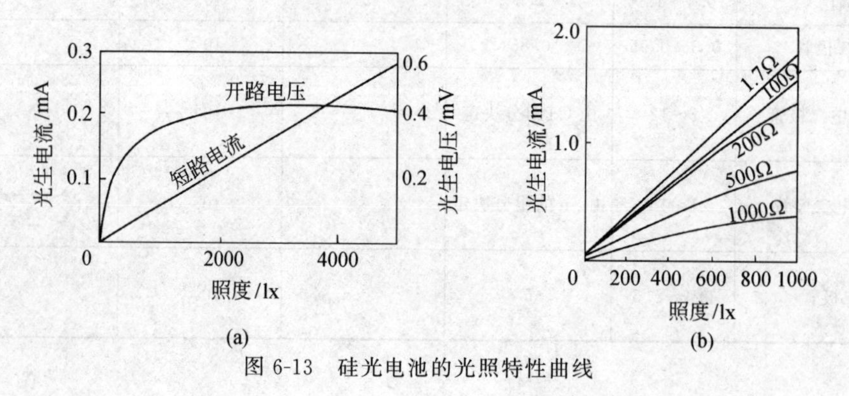

图6-13　硅光电池的光照特性曲线

电流在很大范围内与光照强度成线性关系，开路电压（负载电阻 R_L 无限大时）与光照度的关系是非线性的，并且当照度在 2000 lx 时就趋于饱和了。因此把光电池作为测量元件时，应把它当作电流源的形式来使用，不能用做电压源。

图 6-13（b）为在不同负载下硅光电池的光生电流与光照度的关系曲线。

三、温度特性

光电池的温度特性是描述光电池的开路电压和短路电流随温度变化的情况。由于它关系到应用光电池的仪器或设备的温度漂移，影响到测量精度或控制精度等重要指标，因此温度特性是光电池的重要特性之一。光电池的温度特性曲线如图 6-14 所示。从图中看出，开路电压随温度升高而下降的速度较快，而短路电流随温度升高而缓慢增加。由于温度对光电池的工作有很大影响，因此把它作为测量器件应用时，最好能保证温度恒定或采取温度补偿措施。

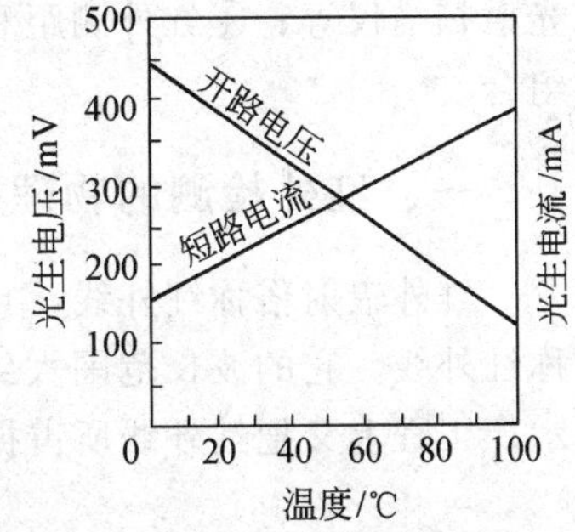

图 6-14 硅光电池温度特性曲线

表 6-3 为国产硅光电池的特性参数。由表可见，硅光电池的最大开路电压为 600mV，在照度相等的情况下，光敏面积越大，输出的光电流也越大。

表 6-3 硅光电池 2CR 型特性参数

参数 型号	开路电压/mV	短路电流/mA	输出电流/mA	转换效率/%	面积/mm²
2CR11	450～600	2～4		>6	2.5×5
2CR21	450～600	4～8		>6	5×5
2CR31	450～600	9～15	6.5～8.5	6～8	5×10
2CR32	550～600	9～15	8.6～11.3	8～10	5×10
2CR33	550～600	12～15	11.4～15	10～12	5×10
2CR34	550～600	12～15	15～17.5	12 以上	5×10
2CR41	450～600	18～30	17.6～22.5	6～8	10×10
2CR42	500～600	18～30	22.5～27	8～10	10×10
2CR43	550～600	23～30	27～30	10～12	10×10
2CR44	550～600	27～30	27～35	12 以上	10×10
2CR51	450～600	36～60	35～45	6～8	10×20
2CR52	500～600	36～60	45～54	8～10	10×20
2CR53	550～600	45～60	54～60	10～12	10×20
2CR54	550～600	54～60	54～60	12 以上	10×20
2CR61	450～600	40～65	30～40	6～8	ϕ17
2CR62	500～600	40～65	40～51	8～10	ϕ17
2CR63	550～600	51～65	51～61	10～12	ϕ17
2CR64	550～600	61～65	61～65	12 以上	ϕ17
2CR71	450～600	72～120	54～120	>6	20×20
2CR81	450～600	88～140	66～85	6～8	ϕ25
2CR82	500～600	88～140	86～110	8～10	ϕ25
2CR83	550～600	110～140	110～132	10～12	ϕ25
2CR84	550～600	132～140	132～140	12 以上	ϕ25
2CR91	450～600	18～30	13.5～30	>6	5×20
2CR101	450～600	173～288	130～288	>6	ϕ35

注：1. 测试条件：在室温 30℃下，入射辐照度 E_c=100mW/cm²，输出电流是在输出电压为 400mV 下测得。

2. 光谱范围：0.4～1.1μm；峰值波长：0.8～0.9μm；响应时间：10^{-3}～10^{-6}s；使用温度：−55～125℃。

3. 2DR 型参数分类均与 2CR 型相同。

第三节　红外传感器

红外技术是在最近几十年中发展起来的一门新兴技术。它已在科技、国防和工农业生产等领域获得了广泛的应用。红外传感器按其应用可分为以下几方面：①红外辐射计，用于辐射和光谱辐射测量；②搜索和跟踪系统，用于搜索和跟踪红外目标，确定其空间位置并对它的运行进行跟踪；③热成像系统，可产生整个目标红外辐射的分布图像，如红外图像仪、多光谱扫描仪等；④红外测距和通信系统；⑤混合系统，是指以上各类系统中的两个或多个的组合。

一、红外检测的物理基础

红外辐射俗称红外线，它是一种不可见光，由于是位于可见光中红色光以外的光线，故称红外线。它的波长范围大致在 0.76～1000μm，红外线在电磁波谱中的位置如图 6-15 所示。工程上又把红外线所占据的波段分为四部分，即近红外、中红外、远红外和极远红外。

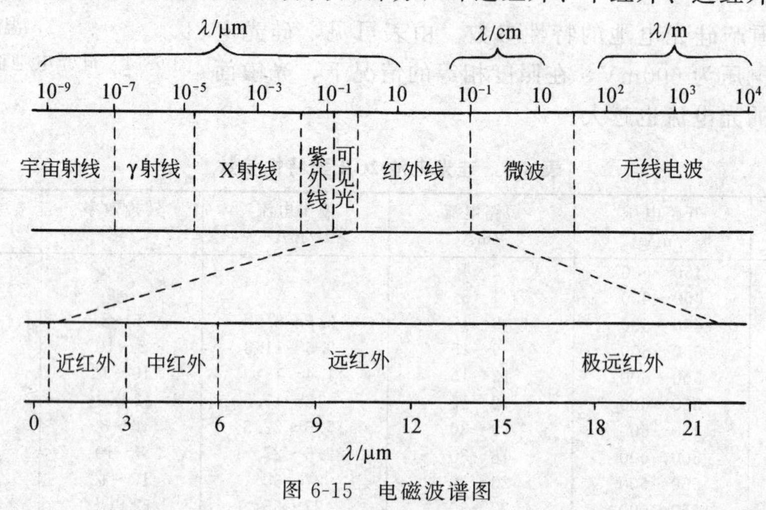

图 6-15　电磁波谱图

红外线辐射的物理本质是热辐射。一个炽热物体向外辐射的能量大部分是通过红外线辐射出来的。物体的温度越高，辐射出来的红外线越多，辐射的能量就越强。而且，红外线被物体吸收时，可以显著地转变为热能。

红外辐射和所有电磁波一样，是以波的形式在空间直线传播的。它在大气中传播时，大气层对不同波长的红外线存在不同的吸收带，红外线气体分析器就是利用该特性工作的，空气中对称的双原子气体，如 N_2、O_2、H_2 等不吸收红外线。而红外线在通过大气层时，有三个波段透过率高，它们是 2～2.6μm、3～5μm 和 8～14μm，统称它们为“大气窗口”。这三个波段对红外探测技术特别重要，因为红外探测器一般都工作在这三个波段（大气窗口）之内。

在自然界中只要物体本身具有一定温度（高于绝对零度），都能辐射红外光。例如电机、电器、炉火，甚至冰块都能产生红外辐射。

红外光和所有电磁波一样，具有反射、折射、散射、干涉、吸收等特性。能全部吸收投射到它表面的红外辐射的物体称为黑体；能全部反射的物体称为镜体；能全部透过的物体称为透明体；能部分反射、部分吸收的物体称为灰体，严格地讲，在自然界中，不存在黑体、镜体与透明体。

1. 基尔霍夫定律

物体向周围发射红外辐射能时，同时也吸收周围物体发射的红外辐射能，即

$$E_R = \alpha E_0$$

式中 E_R——物体在单位面积和单位时间内发射出的辐射能；

α——物体的吸收系数；

E_0——常数，其值等于黑体在相同条件下发射出的辐射能。

2. 斯忒藩-玻尔兹曼定律

物体温度越高，发射的红外辐射能越多，在单位时间内其单位面积辐射的总能量 E 为

$$E = \sigma\varepsilon T^4$$

式中 T——物体的绝对温度，K；

σ——斯忒藩-玻耳兹曼常数，$\sigma = 5.67\times10^{-8}\text{W}/(\text{m}^2\cdot\text{K}^4)$；

ε——比辐射率，黑体的 $\varepsilon=1$。常用材料的比辐射率如表 6-4。

表 6-4 常用材料的比辐射率

材料名称	温度/℃	比辐射率 ε	材料名称	温度/℃	比辐射率 ε
抛光的铝板	100	0.05	石墨(表面粗糙)	20	0.98
阳极氧化的铝板	100	0.55	腊克(白的)	100	0.92
抛光的铜	100	0.05	腊克(无光泽黑的)	100	0.97
严重氧化的铜	20	0.78	油漆(16 色平均)	100	0.94
抛光的铁	40	0.21	沙	20	0.90
氧化的铁	100	0.69	干燥的土壤	20	0.92
抛光的钢	100	0.07	水分饱和的土壤	20	0.95
氧化的钢	200	0.79	蒸馏水	20	0.96
砖(一般红砖)	20	0.93	光滑的冰	−10	0.96
水泥面	20	0.92	雪	−10	0.85
玻璃(抛光板)	20	0.94	人的皮肤	30	0.98

3. 维恩位移定律

红外辐射的电磁波中，包含着各种波长，其峰值辐射波长 λ_m (μm) 与物体自身的绝对温度 T 成反比，即

$$\lambda_m = 2897/T(\mu\text{m})$$

图 6-16 为不同温度的光谱辐射分布曲线，图中虚线表示了上式描述的峰值辐射波长 λ_m 与温度的关系曲线。从图中可以看到，随着温度的升高其峰值波长向短的方向移动；在温度不很高的情况下，峰值辐射波长在红外区域。

二、红外探测器

红外传感器一般由光学系统、探测器、信号调理电路及显示等组成。红外探测器是红外传感器的核心，红外探测器种类很多，常见的有两大类：热探测器和光子探测器。

1. 热控测器

热控测器是利用红外辐射的热效应，探测器的敏感元件吸收辐射能后引起温度升高，进

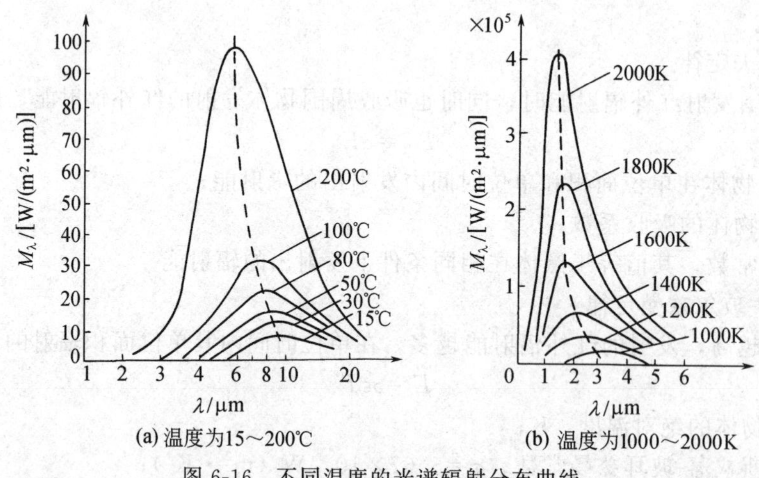

(a) 温度为15～200℃　　(b) 温度为1000～2000K

图 6-16　不同温度的光谱辐射分布曲线

而使有关物理参数发生相应变化，通过测量物理参数的变化，便可确定探测器所吸收的红外辐射。

与光子探测器相比，热探测器的探测率比光子探测器的峰值探测率低，响应时间长。但热探测器主要优点是响应波段宽，响应范围可扩展到整个红外区域，可以在室温下工作，使用方便，应用仍相当广泛。

热探测器主要类型有热释电型、热敏电阻型、热电偶型和气体型探测器。而热释电探测器在热探测器中探测率最高，频率响应最宽，所以这种探测器备受重视，发展很快，这里主要介绍热释电探测器。

热释电红外探测器是由具有极化现象的热晶体或被称为“铁电体”的材料制作的。“铁电体”的极化强度（单位面积上的电荷）与温度有关。当红外辐射照射到已经极化的铁电体薄片表面上时，引起薄片温度升高，使其极化强度降低，表面电荷减少，这相当于释放一部分电荷，所以叫做热释电型传感器。如果将负载电阻与铁电体薄片相连，则负载电阻上便产生一个电信号输出。输出信号的强弱取决于薄片温度变化的快慢，从而反映出入射的红外辐射的强弱，热释电型红外传感器的电压响应率正比于入射光辐射率变化的速率。

2. 光子探测器

光子探测器是利用入射红外辐射的光子流与探测器材料中的电子相互作用，从而改变电子的能量状态，引起各种电学现象，称光子效应。通过测量材料电子性质的变化，可以知道红外辐射的强弱。利用光子效应制成的红外探测器，统称光子探测器。光子探测器有内光电和外光电探测器两种，后者又分为光电导、光生伏特和光磁电探测器三种。光子探测器的主要特点是灵敏度高，响应速度快，具有较高的响应频率，但探测波段较窄，一般需在低温下工作。

第四节　光纤传感器

光纤传感器（简称 FOS）是 20 世纪 70 年代迅速发展起来的一种新型传感器。它具有灵敏度高、电绝缘性能好、抗电磁干扰、耐腐蚀、耐高温、体积小、质量轻等优点，可广泛应用于位移、速度、加速度、压力、温度、液位、流量、水声、电流、磁场、放射性射线等物理量的测量。

光纤传感器种类繁多，应用范围极广，发展极为迅速。直至目前为止，已相继研制出

六、七十种不同类型的光纤传感器。本章选择其中典型的几种加以简要的介绍。

一、光纤的基本概念

(一) 结构和种类

1. 光纤的结构

光纤的结构很简单，由纤芯和包层组成（图 6-17)。纤芯位于光纤的中心部位。它是由玻璃或塑料制成的圆柱体，直径为 5～100μm。光主要在纤芯中传输。围绕着纤芯的那一部分称为包层，材料也是玻璃或塑料。但两者材料的折射率不同。纤芯的折射率 n_1 稍大于包层的折射率 n_2。由于纤芯和包层构成一个同心圆双层结构，所以光纤具有使光功率封闭在里面传输的功能。

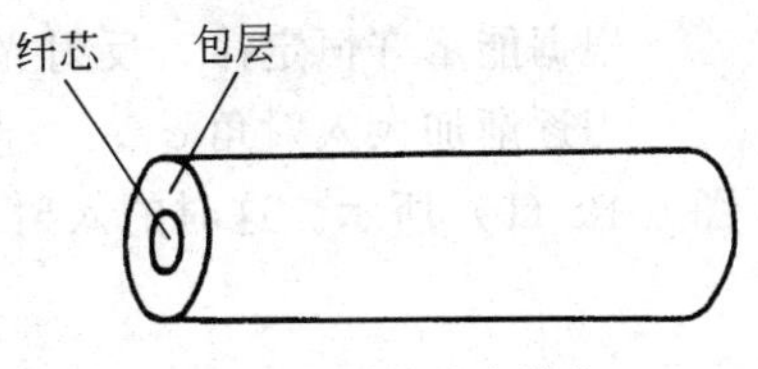

图 6-17　光纤的基本结构

2. 光纤的种类

光纤按纤芯和包层材料性质分类，有玻璃光纤及塑料光纤两大类；按折射率分布分类，有阶跃折射率型和梯度折射率型两种。

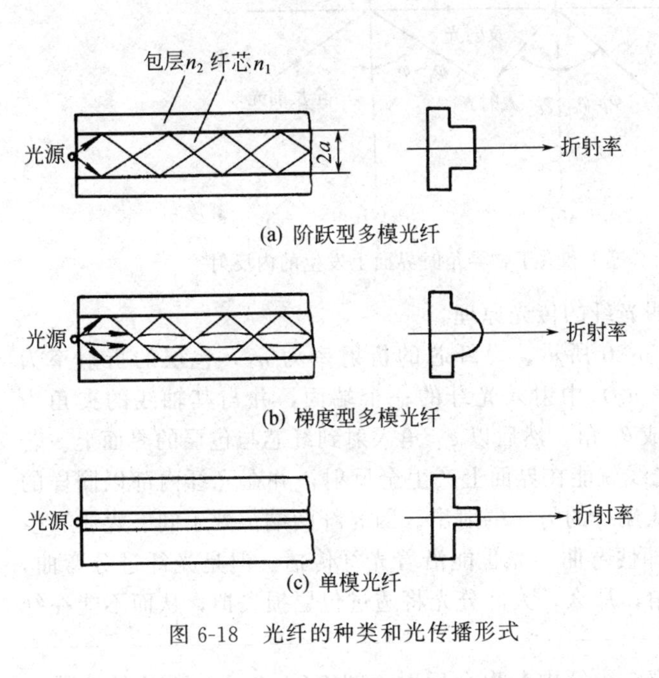

图 6-18　光纤的种类和光传播形式

图 6-18（a）所示阶跃型光纤，纤芯的折射率分布 n_1 均匀，不随半径变化。包层内的折射率 n_2 分布也大体均匀。可是纤芯与包层之间折射率的变化呈阶梯状。在纤芯内，中心光线沿光纤轴线传播。通过轴线平面的不同方向入射的光线（子午光线）呈锯齿形轨迹传播。

梯度型光纤纤芯内的折射率不是常值，从中心轴线开始沿径向大致按抛物线规律逐渐减小。因此光在传播中会自动地从折射率小的界面处向中心会聚。光线偏离中心轴线越远，则传播路程越长。传播的轨迹类似正弦波曲线。这种光纤又称自聚焦光纤。图 6-18（b）所示为经过轴线的子午光线传播的轨迹。

光纤还有另一种分类方法，即按光纤的传输模式分类，可以分为多模光纤和单模光纤两类［如图 6-18（c）］。这里简单介绍一下模的概念。

在纤芯内传播的光波，可以分解为沿轴向传播的平面波和沿垂直方向（剖面方向）传播的平面波。沿剖面方向传播的平面波在纤芯与包层的界面上将产生反射。如果此波在一个往复（入射和反射）中相位变化为 2π 的整数倍，就会形成驻波。只有能形成驻波的那些以特定角度射入光纤的光才能在光纤内传播，这些光波就称为模。在光纤内只能传输一定数量的模。通常，纤芯直径较粗（几十微米以上）时，能传播几百个以上的模，而纤芯很细（5～10μm)，只能传播一个模。前者称为多模光纤，后者为单模光纤。

（二）传光原理

光的全反射现象是研究光纤传光原理的基础。在几何光学中，当光线以较小的入射角 φ_1（$\varphi_1<\varphi_c$，φ_c 为临界角），由光密媒质（折射率为 n_1）射入光疏媒质（折射率为 n_2）时，一部分光线被反射，另一部分光线折射入光疏媒质，如图 6-19（a）所示。折射角满足斯乃尔法则

$$n_1\sin\varphi_1=n_2\sin\varphi_2 \tag{6-1}$$

根据能量守恒定律，反射光与折射光的能量之和等于入射光的能量。

当逐渐加大入射角 φ_1，一直到 φ_c，折射光就会沿着界面传播，此时折射角 $\varphi_2=90°$，如图 6-19（b）所示。这时的入射角 $\varphi_1=\varphi_c$，φ_c 称为临界角，由下式决定

$$\sin\varphi_c=\frac{n_2}{n_1} \tag{6-2}$$

当继续加大入射角 φ_1（即 $\varphi_1>\varphi_c$），光不再产生折射，只有反射，形成光的全反射现象，如图 6-19（c）所示。

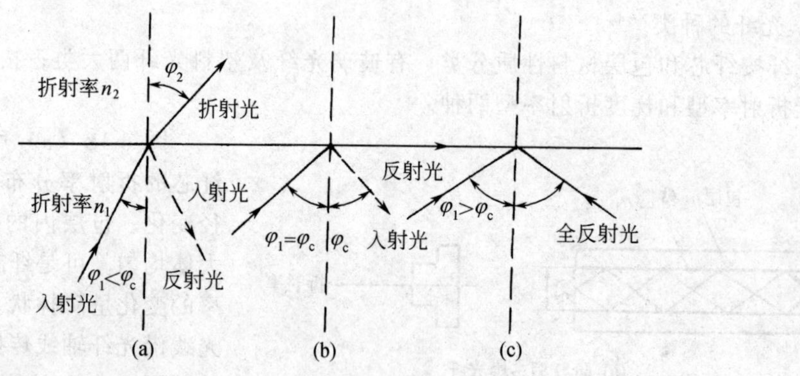

图 6-19　光线入射角小于、等于和大于临界角时界面上发生的内反射

下面以阶跃型多模光纤为例来说明光纤的传光原理。

阶跃型多模光纤的基本结构如图 6-20 所示。设纤芯的折射率为 n_1，包层的折射率为 n_2（$n_1>n_2$）。当光线从空气（折射率 n_0）中射入光纤的一个端面，并与其轴线的夹角为 θ_0，如图 6-20（a）所示，在光纤内折成 θ_1 角。然后以 φ_1 角入射到纤芯与包层的界面上。若入射角 φ_1 大于临界角 φ_c，则入射的光线就能在界面上产生全反射，并在光纤内部以同样的角度反复逐次全反射向前传播，直至从光纤的另一端射出。因光纤两端都处于同一媒质（空气）之中，所以出射角也为 θ_0。光纤即便弯曲，光也能沿着光纤传播。但是光纤过分弯曲，以致使光射至界面的入射角小于临界角，那么，大部分光将透过包层损失掉，从而不能在纤芯内部传播。

从空气中射入光纤的光并不一定都在光纤中产生全反射。图 6-20（a）中的虚线表示入射角 θ_0 过大，光线不能满足临界角要求（即 $\varphi_1<\varphi_c$），这部分光线将穿透包层而逸出，称为漏光。即使有少量光经过反射回纤维内部，但经过多次这样的反射后，能量已基本上损耗掉，以致几乎没有光通过光纤传播出去。因此，只有在光纤端面一定入射角范围内的光线才能在光纤内部产生全反射传播出去。能产生全反射的最大入射角可以通过临界角定义求得。

引入光纤的数值孔径 NA 这个概念，则

$$\sin\theta_c=\frac{1}{n_0}\sqrt{n_1^2-n_2^2}=NA \tag{6-3}$$

式中，n_0 为光纤周围媒质的折射率。对于空气，$n_0=1$。

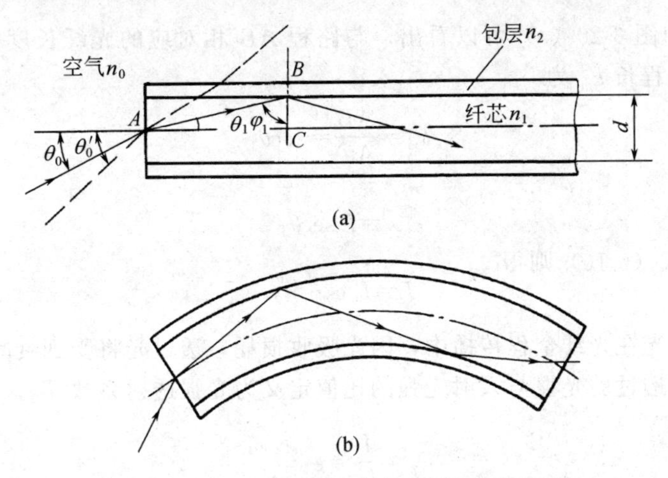

图 6-20 阶跃型多模光纤中子午光线的传播

数值孔径是衡量光纤集光性能的一个主要参数，它决定了能被传播的光束的半孔径角的最大值 θ_c，反映了光纤的集光能力。它表示无论光源发射功率多大，只有 $2\theta_c$ 张角的光，才能被光纤接收、传播（全反射），NA 数值孔径越大，光纤的集光能力越强。光纤产品通常不给出折射率，而只给出 NA 的值。石英光纤的 $NA=0.2\sim0.4$。

（三）传光损耗

在上面讨论光纤的传光特性时，忽略了光在传播过程中的各种损耗。实际上光纤传光中存在着费涅耳反射损耗、光吸收损耗、全反射损耗以及弯曲损耗等。因此，光纤不可能百分之百地将入射光的能量传播出去，能够传输的只是总能量中的一部分。下面以阶跃型多模光纤为例，简要地讨论光纤的损耗。

1. 费涅耳反射损耗

当一束光射入光纤的端面时，由于纤芯的折射率 n_1 与光纤所处周围媒质（如空气）的折射率 n_0 不同，因此在界面（光纤端面）上将产生反射光束和折射光束。

设入射光束的光强为 I_i，反射光束的光强为 I_r，定义 $R=\frac{I_r}{I_i}$ 为费涅耳反射损耗率，由费涅耳公式可以推导出费涅耳反射损耗率为

$$R=\frac{(n_1-n_0)^2}{(n_1+n_0)^2} \tag{6-4}$$

光纤出射端面的费涅耳反射损耗率仍可按上式计算。考虑光纤的入射端面和出射端面上的费涅耳反射损耗，光强的透射系数 T_1 应为

$$T_1^2=(1-R)^2 \tag{6-5}$$

2. 光吸收损耗

光通过任何媒质，都或多或少要被媒质所吸收。即使是透明度极高的光纤，虽然吸收系数不大，但当光纤很长时，仍不能忽略光吸收的影响。

由普通物理学可知，透过媒质的光强 I 与入射光强 I_0 之间有以下关系

$$I=I_0\mathrm{e}^{-ax} \tag{6-6}$$

式中 a——光纤纤芯的吸收系数；

x——光透过媒质层的距离。

当子午光线沿光纤传播时，光路的长度 x 可由光纤每单位长度上的几何程长 l_m 乘上光纤的

总长度 L 求得。由图 6-20（a）可以看出，与路程 AB 相对应的光纤长度是 AC，所以光纤单位长度上的几何程长 l_m 为

$$l_m=\frac{AB}{AC}=\sec\theta_1 \tag{6-7}$$

这样，光路长度为

$$x=L\sec\theta_1 \tag{6-8}$$

将式（6-8）代入式（6-16）则得

$$I=I_0 e^{-\alpha L\sec\theta_1} \tag{6-9}$$

由上式可知，光在光纤全程传播中，因光吸收损耗，透过光将受到衰减。光纤越长，光能量衰减越大。将透过的光强与入射光强的比值定义为光强透射系数 T_2，即

$$T_2=\frac{I}{I_0}=e^{-\alpha L\sec\theta_1} \tag{6-10}$$

式中　α——光纤纤芯的吸收系数；

L——光纤总长度；

θ_1——光线在光纤端面上的折射角。

3. 全反射损耗

由于纤芯和包层之间的界面不平滑引起散射，以及包层媒质的光吸收作用，使全反射率不可能达到百分之百而产生损耗。设每次全反射的损耗率为 A，光纤纤芯直径为 d，总反射次数 N $\left(\text{即光纤每单位长度上的反射次数}\frac{1}{2AC}=\frac{\tan\theta_1}{d}\text{，再乘以光纤的长度 }L\right)$为

$$N=\frac{L}{d}\tan\theta_1 \tag{6-11}$$

由上式可知，随着入射角的加大，光路长度和反射次数也会增加，光的衰减也就会越来越严重。考虑全反射损耗，光强的透射系数 T_3 为

$$T_3=(1-A)^N=(1-A)^{\frac{L}{d}\tan\theta_1} \tag{6-12}$$

将以上三种损耗（即费涅耳反射损耗、光吸收损耗、全反射损耗）综合起来考虑，可以得到光纤的总透射率 T 为

$$T=(1-R)^2 e^{-\alpha L\sec\theta_1}(1-A)^{\frac{L}{d}\tan\theta_1} \tag{6-13}$$

式中　T——光纤的总透射率；

α——光纤纤芯的吸收系数；

R——费涅耳反射损耗率；

L——光纤总长度；

d——光纤纤芯直径；

θ_1——光线在光纤端面上的折射角。

由此可见，要提高光纤的透射率，必须加大光纤的直径、缩短光纤的长度、减小光的入射角。若在光纤的两个端面镀上反射介质膜，可以有效地减小端面上费涅耳反射损耗。

（四）光纤传感器的分类

按照光纤在传感器中的作用，通常可将光纤传感器分为两种类型：功能型（或称传感型）和非功能型（或称传光型、结构型）。图 6-21（a）所示为功能型光纤传感器，主要使用单模光纤。光纤不仅起传光作用，又是敏感元件。其原理为利用光纤本身的传输特性受被测物理量作用发生变化，而使光纤中波导光的属性（光强、相位、偏振态、波长等）被调制这

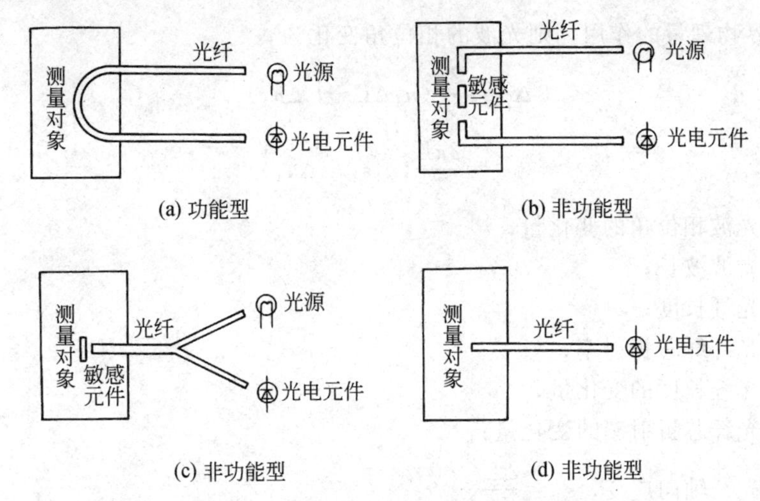

图 6-21　光纤传感器的基本结构原理

一特点。因此，这一类光纤传感器又分光强调制型、相位调制型、偏振态调制型和波长调制型等数种。功能型光纤传感器典型的例子有：利用光纤在高电场下的泡克耳效应的光纤电压传感器，利用光纤法拉第效应的光纤电流传感器，利用光纤微弯效应的光纤位移（压力）传感器。功能型光纤传感器的特点是：由于光纤本身是敏感元件，因此加长光纤的长度，可以得到很高的灵敏度。尤其是利用种种干涉技术对光的相位变化进行测量的光纤传感器，具有超高的灵敏度。但这一类光纤传感器技术上难度较大，结构比较复杂，调整也比较困难。

非功能型光纤传感器中，光纤不是敏感元件。它是利用在光纤的端面或在两根光纤中间放置光学材料、机械式或光学式的敏感元件感受被测物理量的变化，使透射光或反射光强度随之发生变化。这种情况光纤只是作为光的传输回路。所以这种传感器也称之为传输回路型光纤传感器。如图 6-21（b）和（c）所示。为了得到较大受光量和传输的光功率，非功能型光纤传感器使用的光纤主要是数值孔径和芯径大的阶跃型多模光纤。非功能型光纤传感器的特点是结构简单、可靠，技术上容易实现，便于推广应用，但灵敏度一般比功能型光纤传感器低，测量精度也差些。

在非功能型（传光型）光纤传感器中，也有并不需要外加敏感元件的情况，光纤把测量对象辐射的光信号或测量对象反射散射的光信号传播到光电元件上，即可达到目的。如图 6-21（d）所示。这种光纤传感器也称为传感控针型光纤传感器，通常使用单模光纤或多模光纤。典型的例子有光纤激光多普勒速度传感器和光纤辐射温度传感器，其特点是非接触式测量，而且具有较高的精度。

二、功能型光纤传感器

（一）相位调制型光纤传感器

1. 相位调制的原理

当一束波长为 λ 的相干光在光纤中传播时，光波的相位角与光纤的长度 L、纤芯折射率 n_1 和纤芯直径 d 有关。若光纤受物理量的作用，将会使这三个参数发生不同程度的变化，从而引起光相移。一般说来，光纤长度和折射率的变化引起光相位的变化要比光纤直径引起的变化大得多，因此可忽略光纤直径引起的相位变化。由普通物理学知道，在一段长为 L 的单模光纤（纤芯折射率 n_1）中，波长为 λ 的输出光相对输入端来说，其相位角 ϕ 为

$$\phi=\frac{2\pi n_1 L}{\lambda} \tag{6-14}$$

当光纤受到外界物理量的作用，则光波的相位角变化为

$$\Delta\phi = \frac{2\pi}{\lambda}(n_1\Delta L + L\Delta n_1)$$

$$= \frac{2\pi L}{\lambda}(n_1\varepsilon_L + \Delta n_1) \tag{6-15}$$

式中　$\Delta\phi$——光波相位角的变化量；

λ——光波波长；

L——光纤长度；

n_1——光纤纤芯折射率；

ΔL——光纤长度的变化量；

Δn_1——光纤芯折射率的变化量；

ε_L——光纤轴向应变，$\varepsilon_L = \frac{\Delta L}{L}$。

这样，就可以应用光的相位检测技术测量出温度、压力、加速度、电流等物理量。

由于光的频率很高（约为 10^{14} Hz），光电探测器不能够响应这样高的频率，也就是说，光电探测器不能跟踪以这样高的频率进行变化的瞬时值。因此，光波的相位变化是不能够直接被检测到的。为了能检测光波的相位变化，就必须应用光学干涉测量技术将相位调制转换成振幅（强度）调制。通常，在光纤传感器中常采用干涉测量仪。干涉测量仪的基本原理：即光源的输出光都被分束器（棱镜或低损耗光纤耦合器）分成光功率相等的两束光（也有的分成几束光），并分别耦合到两根或几根光纤中去。在光纤的输出端再将这些分离光束汇合起来，输到一个光电探测器，这样在干涉仪中就可以检测出相位调制信号。

2. 应用举例

下面将以干涉仪在压力及温度测量中的应用为例，介绍相位检测的原理。

图 6-22 所示为利用干涉仪测量压力或温度的相位调制型光纤传感器原理图。激光器发出的一束相干光经过扩束以后，被分束棱镜分成两束光，并分别耦合到传感光纤和参考光纤中。传感光纤被置于被测对象的环境中，感受压力（或温度）的信号；参考光纤不感受被测

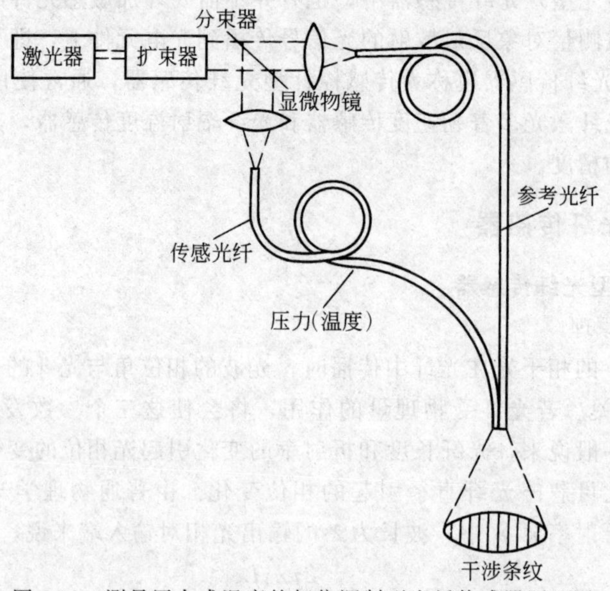

图 6-22　测量压力或温度的相位调制型光纤传感器原理图

物理量。这两根光纤（单模光纤）构成干涉仪的两个臂。当两臂的光程长大致相等（在光源相干长度内），那么来自两根光纤的光束经过准直和合成后将会产生干涉，并形成一系列明暗相间的干涉条纹。

若传感光纤受物理量的作用，则光纤的长度、直径和折射率将会发生变化，但直径变化对光的相位变化影响不大。当传感光纤感受的温度变化时，光纤的折射率会发生变化，而且光纤的长度因热胀冷缩发生改变。

由图 6-22 可知，光纤的长度和折射率变化，将会引起传播光的相位角变化。这样，传感光纤和参考光纤的两束输出光的相位也发生了变化。从而使合成光强随着相位的变化而变化（增强或减弱）。

如果在传感光纤和参考光纤的汇合端放置一个光电探测器，就可以将合成光强的强弱变化转换成电信号大小的变化，如图 6-23 所示。

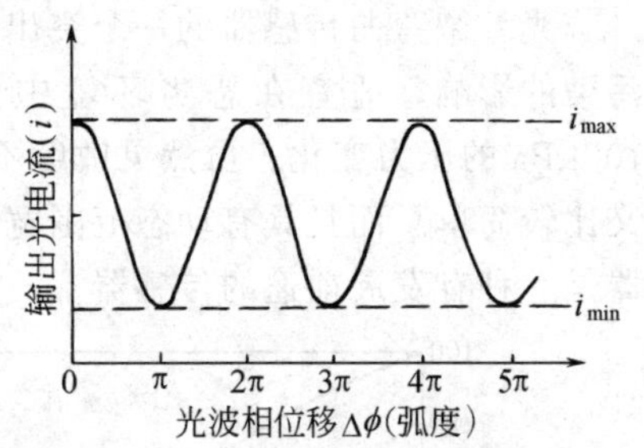

图 6-23 输出光电流与光相位变化的关系

由图 6-23 可以看出，在初始情况，传感光纤中的传播光与参考光纤中的传播光同相时，输出光电流最大。随着相位增加，光电流逐渐减小。相位移增加 π 弧度，光电流达到最小值。相位移继续增加到 2π 弧度时，光电流又上升到最大值。这样，光的相位调制便转换成电信号的幅值调制。对应相位变化 2π 弧度，移动一根干涉条纹。如果在两光纤的输出端用光电元件来扫描干涉条纹的移动，并变换成电信号，再经放大后输入记录仪。从记录的移动条纹数就可以检测出温度（或压力）信号。试验表明，检测温度的灵敏度比检测压力的灵敏度高得多。例如，1m 长的石英光纤，温度变化 1℃，干涉条纹移动 17 条，而压力需变化 154kPa，才移动一根干涉条纹。然而，加长光纤长度可以提高灵敏度。

（二）光强调制型光纤传感器

1. 微弯曲损耗原理

这是一种基于光纤微弯而产生的弯曲损耗原理制成的光强调制型传感器。微弯曲损耗的机理可用图 6-24 中光纤微弯对传播光的影响来说明。假如光线在光纤的直线段以大于临界角射入界面（$\varphi_1>\varphi_c$），则光线在界面上产生全反射。理想情况，光将无衰减地在纤芯内传播。当光线射入微弯曲段的界面上时，入射角将小于临界角（$\varphi_1<\varphi_c$）。这时，一部分光在纤芯和包层的界面上反射；另一部分光则透射进入包层，从而导致光能的损耗。基于这一原理，研制成光纤微弯曲传感器。如图 6-25 所示，它由两块波形板（变形器）构成。其中一块是活动板；另一块是固定板。波形板一般采用尼龙、有机玻璃等非金属材料制成。一根阶跃型多模光纤（或渐变型多模光纤）从一对波形板之间通过。当活动板受到微扰（位移或压力作用）时，光纤就会发生周期性微弯曲，引起传播光的散射损耗，使光在芯模中再分配：一部分光从芯模（传播模）耦合到包层模（辐射模）；另一部分光反射回芯模。当活动板的位移或所加的压力增加时，泄漏到包层的散射光随之增大；相反，光纤芯模的输出光强度就减小，如图 6-26 所示。这样光强受到了调制。通过检

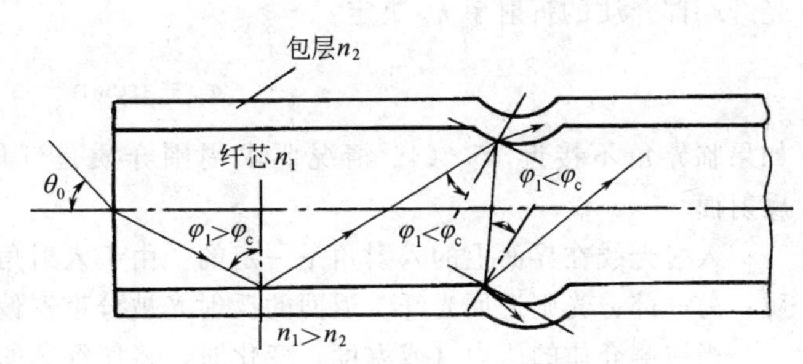

图 6-24 光纤微弯对传播光的影响

测泄漏出包层的散射光强度或光纤芯透射光强度就能测出位移（或压力）信号。

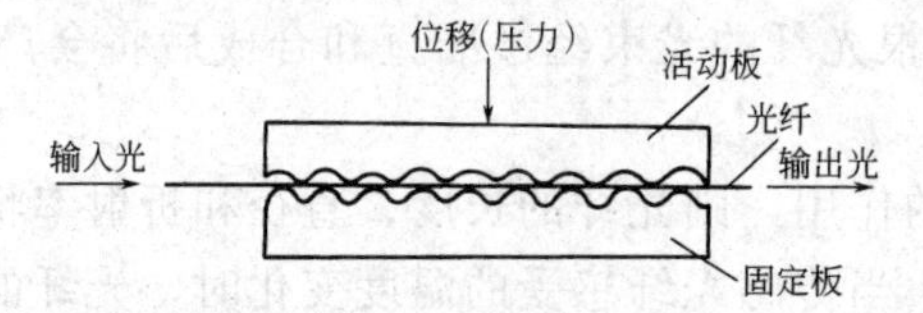

图 6-25　光纤微弯曲位移(压力)传感器原理图

光纤微弯曲传感器的一个突出的优点是光功率维持在光纤内部，这样可以免除周围环境污染的影响，适宜在恶劣环境中使用。光纤微弯曲传感器的灵敏度很高，能检测小至 100μPa 的压力变化。虽然灵敏度不及干涉型光纤传感器，但它能兼容多模光纤技术，结构又比较简单。而且具有动态范围宽、线性度较好、性能稳定等优点。因此，光纤微弯曲传感器是一种有发展前途的传感器。

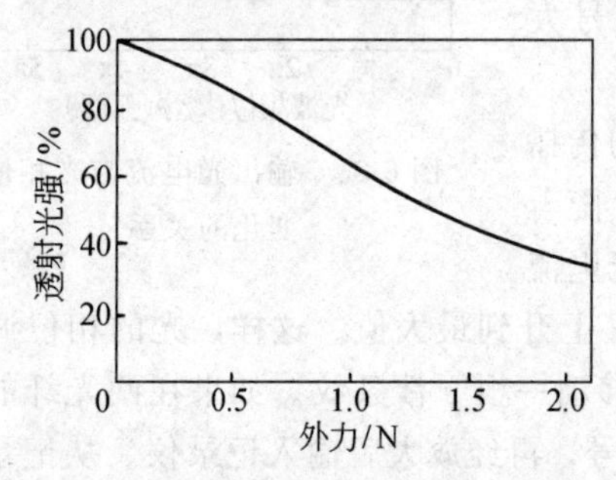

图 6-26　光纤芯透射光强度与外力的关系

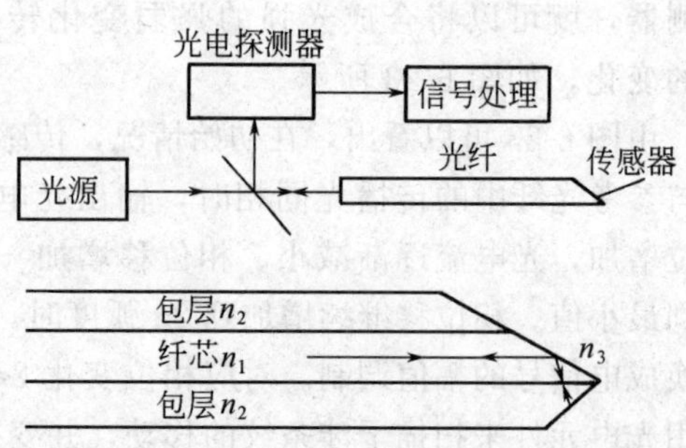

图 6-27　临界角光强调制型光纤传感器

2. 临界角光纤压力传感器

临界角光纤传感器也是一种光强调制型传感器。如图 6-27 所示，在一根单模光纤的端部切割（直接抛光出来）一个反射面。切割角刚小于临界角。临界角 φ_c 由纤芯折射率 n_1 和光纤端部介质的折射率 n_3 决定：

$$\varphi_c = \arcsin\frac{n_3}{n_1} \tag{6-16}$$

如果临界角不接近 45°（45°情况要求周围介质是气体），那么就需要在端面再切割一个反射面。

入射光线在界面上的入射角是一定的。由于入射角小于临界角，一部分光折射入周围介质；另一部分光则返回光纤。返回的反射光被分束器偏转到光电探测器输出。

当被测介质的压力（或温度）变化时，将使纤芯的折射率 n_1 和介质的折射率 n_3 发生不同程度的变化，引起临界角发生改变，返回纤芯的反射光强度也就变化。

基于这一原理，有可能设计出一种微小探针型压力传感器。这种传感器的缺点是灵敏度较低。然而频率响应高、尺寸小却是它的独特优点。

（三）偏振态调制型光纤传感器

从普通物理学知道，当某些介质中传播的线偏振光受到沿光传播方向的磁场的作用时，线偏振光的偏振面会发生旋转，这一现象就是所谓磁光效应，通常称为法拉第旋转效应。

偏振态调制型光纤传感器就是基于这一效应的具体应用。其中最典型的应用例子是检测高压输电线电流的光纤电流传感器。如图 6-28 所示，在高压输电线上绕有单模光纤。激光器发出的光束经起偏器变成线偏振光，通过显微物镜耦合进光纤。光纤中传播的线偏振光在高压输电线形成的磁场作用下，使偏振面发生旋转。旋转的角度 θ 与磁场强度 H 及磁场中

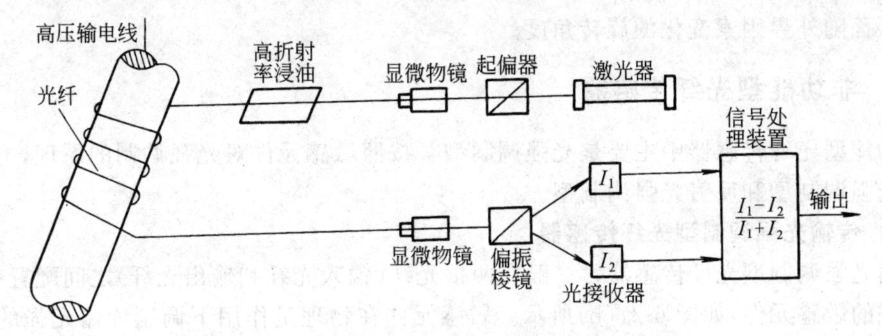

图 6-28 偏振态调制型光纤电流传感器测试原理图

光纤的长度 L 成正比，即

$$\theta=VHL \tag{6-17}$$

式中 V——费尔德（Verdet）常数。

载流长导线在离轴线距离为 r 处的空间磁场的磁场强度 H，可以用安培环路定律计算得到。

$$H=\frac{I}{2\pi r} \tag{6-18}$$

式中 I——载流导线通过的电流。

由于光纤直接绕在载流导线上，因此只要将式（6-18）中的 r 当作导线的半径，那么 H 就是光纤所处空间位置的磁场强度。将式（6-18）代入式（6-17），可得到导线中电流强度的计算式

$$I=\frac{2\pi r\theta}{VL} \tag{6-19}$$

由上式可知，电流强度 I 与线偏振光的偏振面旋转角 θ 成正比。只要测出 θ 角就可知道导线中的电流。

由于法拉第旋转效应，线偏振光在通过磁场中的一段光纤以后，其偏振面已经旋转了一个角度。这样必然使偏振光强度发生变化。如图 6-28 所示，将光纤的出射光通过偏振棱镜分成振动方向互相垂直的两束偏振光，并分别被送到光接收器。经过信号处理装置处理后，可以输出与两束偏振光强度有关的信号，即

$$P=\frac{I_1-I_2}{I_1+I_2} \tag{6-20}$$

式中，I_1 和 I_2 分别为两束偏振光的强度。在没有任何磁场时，$P=0$；在磁场作用下，偏振面发生旋转，相应输出信号 P。计算表明，P 与旋转角 θ 的关系为

$$P=\sin 2\theta \tag{6-21}$$

在高压输电线中，光纤中传播的线偏振光偏振面旋转的角度很小，所以

$$P\approx 2\theta \tag{6-22}$$

因此测出 P 值后，就可以求出传输导线中的电流 I。

这种光纤电流传感器的优点是：测量范围大，灵敏度高，尤其是因为光纤具有良好的电绝缘性能，所以能安全地在高压电力系统中进行测量。但光纤自身存在一定的双折射效应，温度、压力等外界因素将使光的偏振面产生附加的旋转，从而引起输出不稳定。降低光纤的固有双折射或采用“旋光纤”（在拉制光纤过程中旋转坯棒拉制出来的光纤），可以大大降低

光的偏振面随外界因素变化的旋转角度。

三、非功能型光纤传感器

非功能型光纤传感器中主要是光强调制型。按照敏感元件对光强调制的原理，又可以分为传输光强调制型和反射光强调制型。

（一）传输光强调制型光纤传感器

传输光强调制型光纤传感器，一般在两根光纤（输入光纤和输出光纤）之间配置有机械式或光学式的敏感元件，如图 6-21(b)所示。敏感元件在物理量作用下调制传输光强的方式有：改变输入光纤和输出光纤之间的相对位置、遮断光路和吸收光能量等，下面举例说明原理。

1. 改变光纤相对位置的光强调制型光纤传感器原理

受抑全内反射光纤压力传感器，是利用改变光纤轴向相对位置对光强进行调制的一个典型例子。传感器有两根多模光纤：一根固定；另一根在压力作用下可以垂直位移，如图 6-29 所示。这两根光纤相对的端面被抛光，并与光纤轴线成一足够大的角度 θ，以便使光纤中传播的所有模式的光产生全内反射。当两根光纤充分靠近（中间约有几个波长距离的薄层空气），一部分光将透射入空气层并进入输出光纤。这种现象称为受抑全内反射现象，它类似于量子力学中的“隧道效应”或“势垒穿透”。当一根光纤相对另一根固定光纤垂直位移距离 x 时，则两根光纤端面之间的距离变化 $x\sin\theta$。透射光强便随距离发生变化。图 6-30 为光源波长 $\lambda=0.63\mu m$，光纤芯折射率 $n_1=1.48$，数值孔径 $NA=0.2$，θ 角分别为 52°、64°和 76°时光纤透射光强与间隙之间的关系。由曲线可知，光强变化与间隙距离的变化呈非线性关系。

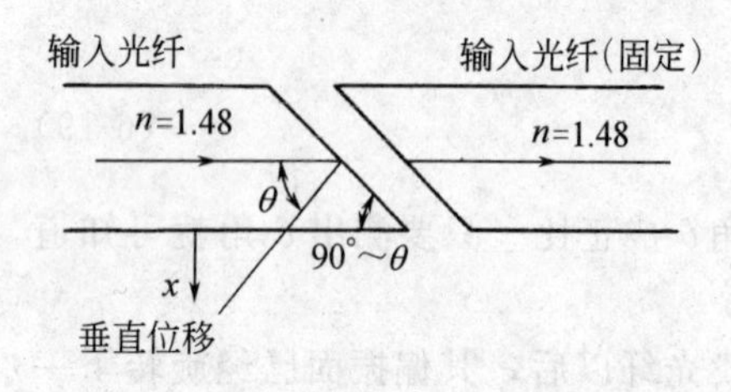

图 6-29　受抑全内反射光纤压力传感器的光纤

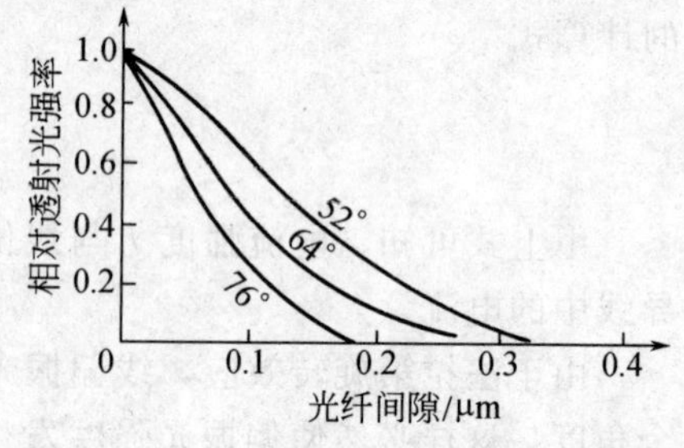

图 6-30　透射光强与光纤间隙距离的关系

因此在实际使用中应限制光纤的位移距离，使传感器工作在变化距离较小的一段线性范围内。从曲线还可以看出，θ 角越大，曲线的线性段斜率越大。所以为了使传感器获得较高的灵敏度，光纤端面的倾斜面（90°～θ）要切割得较小。

图 6-31 为基于受抑全内反射原理的光纤压力传感器原理图。一根光纤固定在支架上；另一根光纤通过支架安装在铁青铜弹簧片上。支架上端与膜片相连。当膜片受压力而挠曲并使可动光纤作垂直位移时，透射入输出光纤的光强被调制。经光电探测器转换成电信号，便能够检测出压力信号。

受抑全内反射光纤传感器的灵敏度相当高。它可以检测到 1μPa 的微小压力信号。最初应用于水声检测。只要适当增加入射光功率，能检测 100Hz～10kHz 的深海噪声。其缺点是要求严格的机械公差，机械调整比较困难，而且光不能约束在光纤内部，在外场工作不易稳定。这些缺点限制了它在外场的应用。

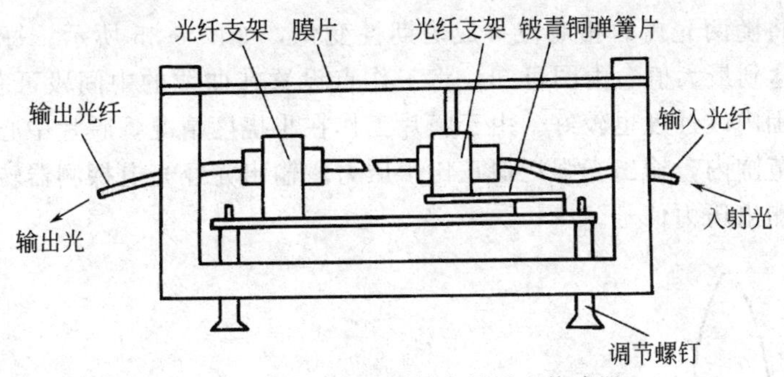

图 6-31 受抑全内反射光纤压力传感器

改变两根光纤之间的径向相对位置也能对光强进行调制。图 6-32 便是基于这一原理的光纤线加速度传感器原理图。传感器有两根多模光纤（芯径约 60μm）：一根光纤传感器支架固定；另一根光纤（悬臂光纤）的一端固定在支架上，另一端加一个质量块。为了获得良好的频响特性，传感器内腔注入阻尼油。

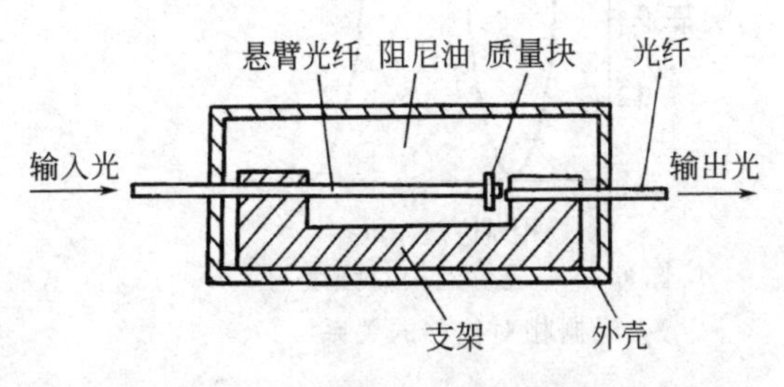

图 6-32 光纤加速度传感器

当传感器受到垂直方向的线加速度作用时，悬臂光纤产生垂直位移。由质量块、阻尼器和起弹簧作用的悬臂光纤组成一个二阶系统。只不过弹簧刚度是光纤的横向刚度。由于阶系统的频响特性可知，在频响特性曲线的平坦段，质量块（即悬臂光纤活动端头）相对于固定光纤的位移与加速度的大小成正比。

由于悬臂光纤在加速度作用下产生位移，因此透射入输出光纤的光强被调制。经光电探测器转换成电信号，便可以检测出加速度的大小。

2. 遮断光路的光强调制型光纤传感器原理

图 6-33 为光栅调制光强的原理图。在两根大芯径多模光纤之间放置一对线光栅。光栅由全透过和不透过光的等宽度栅格组成。当两光栅相对平行移动时，透射光强度发生变化。

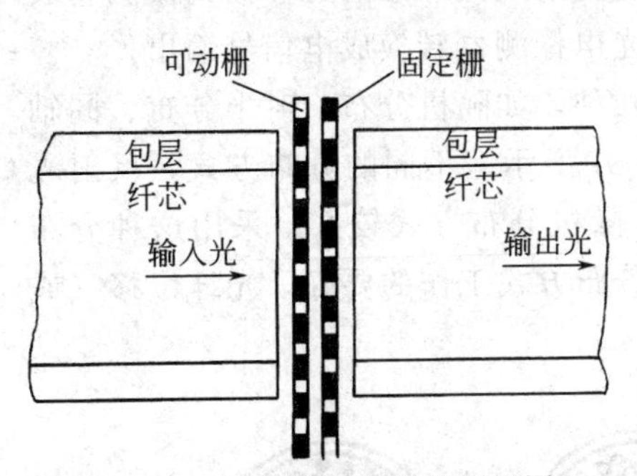

图 6-33 光栅调制光强的原理图

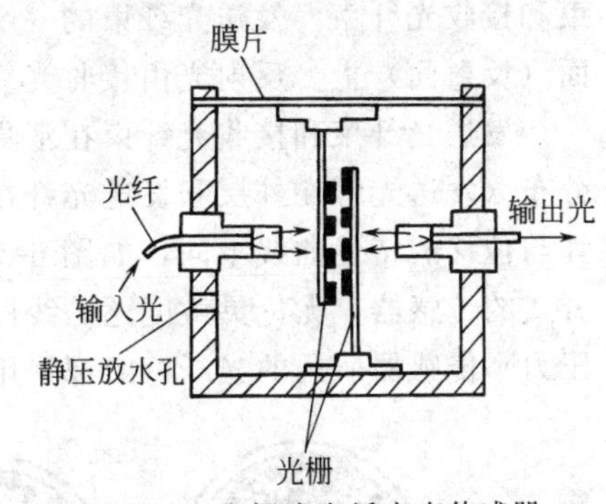

图 6-34 光栅式光纤水声传感器

图 6-34 为应用光栅调制光强原理的光栅式水声传感器。其中一个光栅固定在传感器底板上；另一个光栅与弹性膜片相连。输入光经透镜准直后射到一对光栅上，如果两光栅所处的相对位置正好是全透过与不透过部分重合，这种情况将没有光透过光栅，输出光强为零。如果两光栅所处的相对位置是全透过部分与全透过部分重合，这时输出光强达到最大。输出光经另一个透镜聚焦到输出光纤中。假设两个光栅都由间距为 5μm、格子宽 5μm 的栅元组

成，则透射光强将随两光栅的相对位移成周期性变化，如图 6-35 所示。每当活动光栅位移 5μm，光强相继达到最大值。由图可知，将工作点设置在曲线的中间段可获得最大灵敏度。在这一段位移范围内线性度也较好。由于膜片工作在小挠度情况，膜片中心位移与压力成正比。因此在这个范围内，输出光强近似正比于压力。输出光经光电探测器转换成电信号，再经过放大就可检测出压力信号。

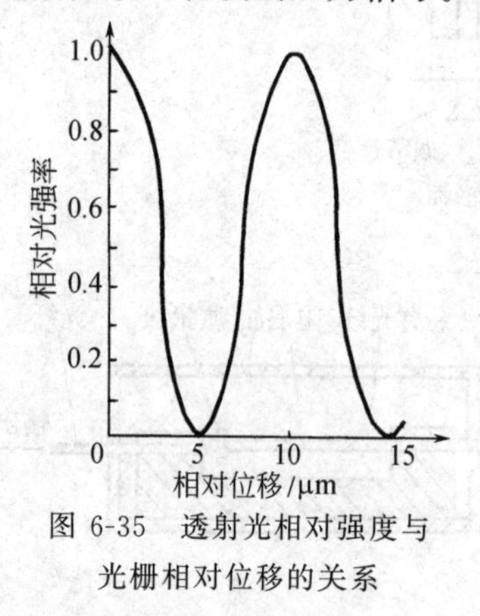

图 6-35　透射光相对强度与光栅相对位移的关系

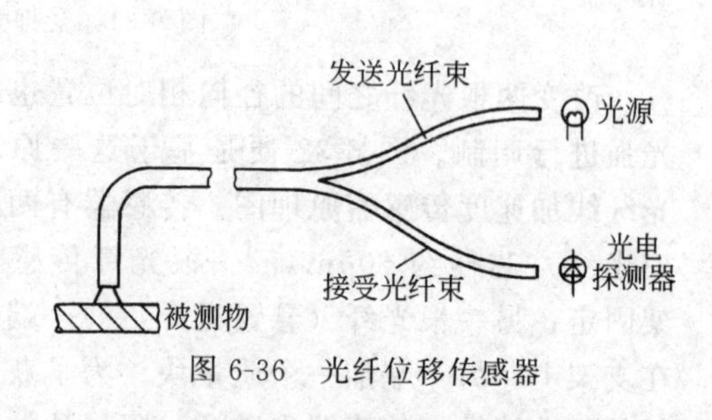

图 6-36　光纤位移传感器

光栅式光纤传感器的结构简单，工艺要求并不严格，灵敏度相当高，可检测出小至 1μPa 的压力。而且具有较好的长时间稳定性和可靠性。因此这种光纤传感器是具有实用价值的一种传感器。

（二）反射光强调制型光纤传感器

实现反射光强调制的常见形式有两种：改变反射面与光纤端面之间的距离；改变反射面的面积。下面举例说明原理。

图 6-36 为光纤位移传感器原理图。这是一种基于改变反射面与光纤端面之间距离的反射光强调制型传感器。反射面是被测物的表面。Y 形光纤束由约几百根至几千根直径为几十微米的阶跃型多模光纤集束而成。它被分成纤维数目大致相等、长度相同的两束：发送光纤束和接收光纤束。发送光纤束的一端与光源耦合，并将光源射入其纤芯的光传播到被测物表面（反射面）上。反射光由接收光纤束拾取，并传播到光电探测器转换成电信号输出。

发送光纤束和接收光纤束在汇集处端面的分布有好几种，如随机分布、对半分布、同轴分布（发送光纤在外层和发送光纤在里层两种），如图 6-37 所示。不同的分布方式，反射光强与位移的特性曲线不同，如图 6-37 所示。由图可见，随机分布方式较好。采用这种分布方式的传感器，无论灵敏度还是线性度都比按其他几种分布方式工作的要好，光纤位移（或压力）传感器所用的光纤一般都采用随机分布的光纤。

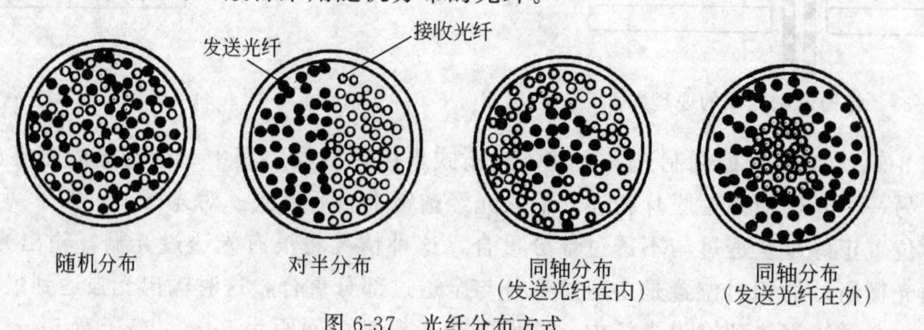

图 6-37　光纤分布方式

图 6-38 中的曲线可以从实验得到，也可以从理论分析上加以定性说明。现以相邻两根光纤（一根发送光纤；一根接收光纤）为例。如图 6-39 所示，当反射面与光纤端面之间的距离为 x 时，发送光纤的出射光在反射面上的光照面积为 A。但当距离为 x 时，实际上只有两圆交叉的那一部分光照面积（B_1）的光能够被反射到接收光纤的端面上（光照面积 B_2）。距离 x 增大，发送光纤在反射面上的光照面积 A 和交叉部分的光照面积 B_1 都相应变大，以致接收光纤端面的反射光照面积 B_2 也随之增大。接收光纤拾取的光通量也就相应增加。当接收光纤的端面全部被反射光照射时（即 $B_2=C$），反射到接收光纤的光强达到最大值。如果距离继续增大，由于接收光纤端面的光照面积不再增加，相反随着距离增加，入射到反射面的光强却急剧减小，因此反射到接收光纤的光强将随距离的增加而减小。

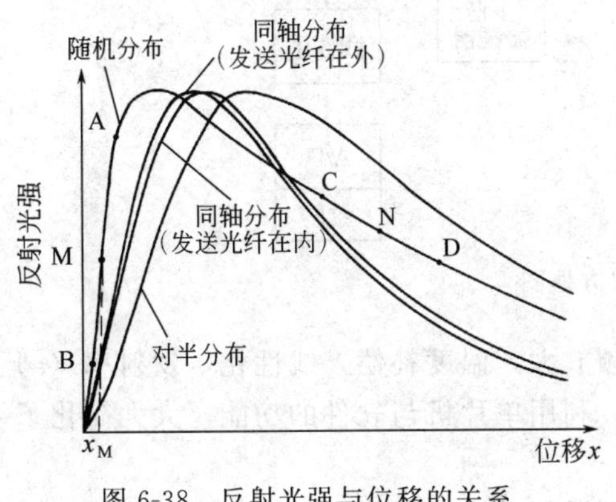

图 6-38 反射光强与位移的关系

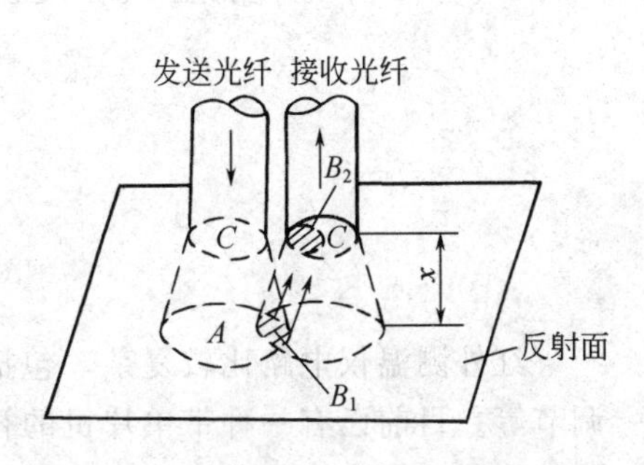

图 6-39 接收光照面积与距离的关系

理论证明，对于随机分布的光纤，当距离 x 相对光纤的直径 d 较小时（$x \ll d$），反射光强变化如图 6-38 曲线 1 的左半部分；当距离较大（$x \gg d$）时，则按 x^{-2} 的规律变化。曲线在峰顶的两侧有两段近似线性的工作区域（AB 段和 CD 段）。AB 段的斜率比 CD 段的大得多，线性也较好。因此位移和压力传感器的工作范围应选择在 AB 段，而偏置工作点则设置在 AB 段的中点 M 点。在 AB 段工作，虽然可以获得较高的灵敏度和较好的线性度，但是测量的位移范围较小。如果要测量较大的位移量，也可以选择在 CD 段工作，工作点设置在 CD 段的中点 N 点。但是灵敏度是要比在 AB 段工作时低得多。

光纤位移传感器一般用来测量小位移。最小能检测零点几微米的位移量。这种传感器已在镀层的不平度、零件的椭圆度、锥度、偏斜度等测量中得到应用，还可用来测量微弱的振动，其特点是非接触测量。

第五节 光电传感器应用举例

一、红外测温仪

红外测温仪是利用热辐射体在红外波段的辐射通量来测量温度的。当物体的温度低于 1000℃时，它向外辐射的不再是可见光而是红外光了，可用红外探测器检测温度。如采用分离出所需波段的滤光片，可使红外测温仪工作在任意红外波段。

图 6-40 是目前常见的红外测温仪方框图。它是一个包括光、机、电一体化的红外测温系统，图中的光学系统是一个固定焦距的透射系统，滤光片一般采用只允许 8～14μm 的红

外辐射能通过的材料。步进电机带动调制盘转动，将被测的红外辐射调制成交变的红外辐射线。红外探测器一般为（钽酸锂）热释电探测器，透镜的焦点落在其光敏面上。被测目标的红外辐射通过透镜聚焦在红外探测器上，红外探测器将红外辐射变换为电信号输出。

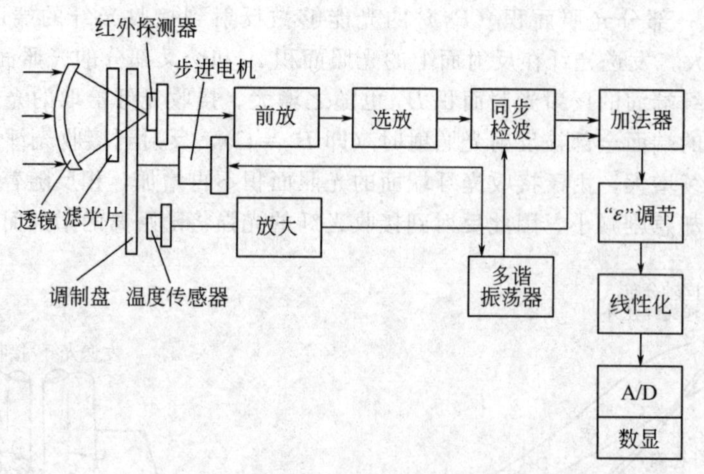

图 6-40　红外测温仪方框图

红外测温仪电路比较复杂，包括前置放大，选频放大，温度补偿，线性化，发射率（ε）调节等。目前已有一种带单片机的智能红外测温仪，利用单片机与软件的功能，大大简化了硬件电路，提高了仪表的稳定性、可靠性和准确性。

红外测温仪的光学系统可以是透射式，也可以是反射式。反射式光学系统多采用凹面玻璃反射镜，并在镜的表面镀金、铝、镍或铬等红外辐射反射率很高的金属材料。

二、条形码扫描笔

现在越来越多的商品的外包装上都印有条形码符号。条形码是由黑白相间、粗细不同的线条组成的，它上面带有国家、厂家、商品型号、规格、价格等许多信息。对这些信息的检测是通过光电扫描笔来实现数据读入的。

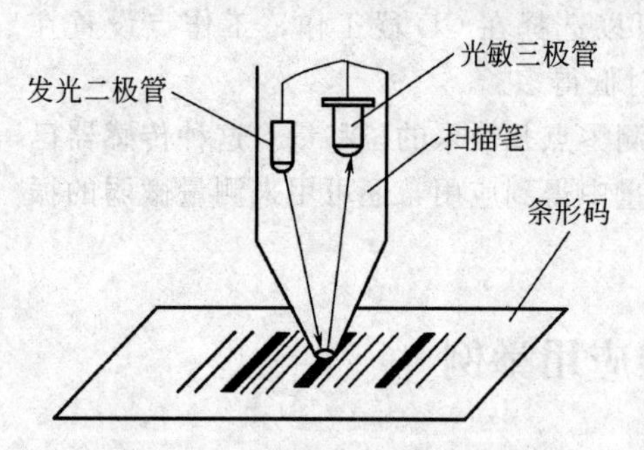

图 6-41　条形码扫描笔笔头结构

扫描笔的前方为光电读入头，它由一个发光二极管和一个光敏三极管组成，如图 6-41 所示。当扫描笔头在条形码上移动时，若遇到黑色线条，发光二极管发出的光线将被黑线吸收，光敏三极管接收不到反射光，呈现高阻抗，处于截止状态。当遇到白色间隔时，发光二极管所发出的光线，被反射到光敏三极管的基极，光敏三极管产生光电流而导通。

整个条形码被扫描笔扫过之后，光敏三极管将条形码变成了一个个电脉冲信号，该信号经放大、整形后使形成了脉冲列，脉冲列的宽窄与条形码线的宽窄及间隔成对应关系，如图 6-42 所示。脉冲列再经计算机处理后，完成对条形码信息的识读。

三、火焰探测报警器

图 6-43 是采用硫化铅光敏电阻为探测元件的火焰探测器电路图。硫化铅光敏电阻的暗电阻为 1MΩ，亮电阻为 0.2MΩ（光照度 $0.01W/m^2$ 下测试），峰值响应波长为 2.2μm。硫

化铅光敏电阻处于 VT_1 管组成的恒压偏置电路，其偏置电压约为 6V，电流约为 6μA。VT_2 管集电极电阻两端并联 68nF 的电容，可以抑制 100Hz 以上的高频，使其成为只有几十赫兹的窄带放大器。VT_2、VT_3 构成二级负反馈互补放大器，火焰的闪动信号经二级放大后送给中心控制站进行报警处理。采用恒压偏置电路是为了在更换光敏电阻或长时间使用后，器件阻值的变化不至于影响输出信号的幅度，保证火焰报警器能长期稳定地工作。

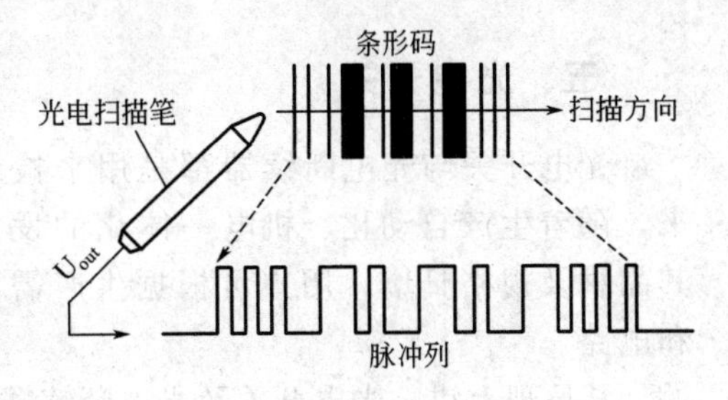

图 6-42 扫描笔输出的脉冲列

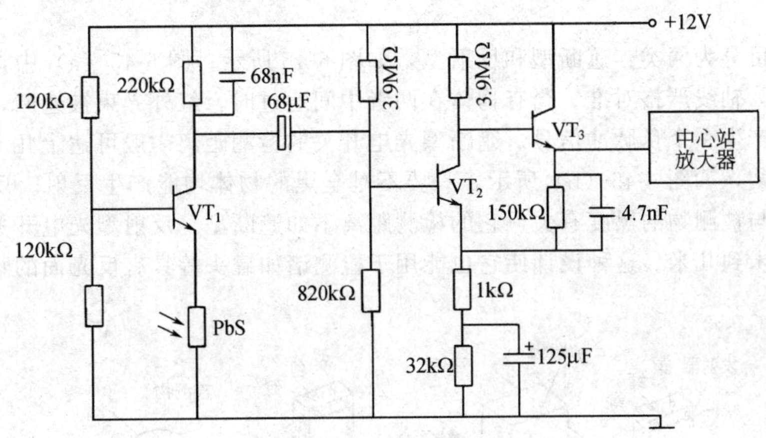

图 6-43 火焰探测报警器电路图

四、燃气热水器中脉冲点火控制器

由于煤气是易燃、易爆气体，所以对燃气器具中的点火控制器的要求是安全、稳定、可靠。为此电路中有这样一个功能，即打火针确认产生火花，才可打开燃气阀门；否则燃气阀门关闭，这样就保证使用燃气器具的安全性。

图 6-44 为燃气热水器中的高压打火确认电路原理图。在高压打火时，火花电压可达一万多伏，这个脉冲高电压对电路工作影响极大，为了使电路正常工作，采用光电耦合器 VD_1 进行电平隔离，大大增强了电路抗干扰能力。当高压打火针对打火确认针放电时，光电耦合器中的发光二极管发光，耦合器的光敏三极管导通，经 VT_1、VT_2、VT_3 放大，驱动强吸电磁阀，将气路打开，燃气碰到火花即燃烧。若打火针与确认针之间不放电，则光电耦合器不工作，VT_1 等不导通，燃气阀门关闭。

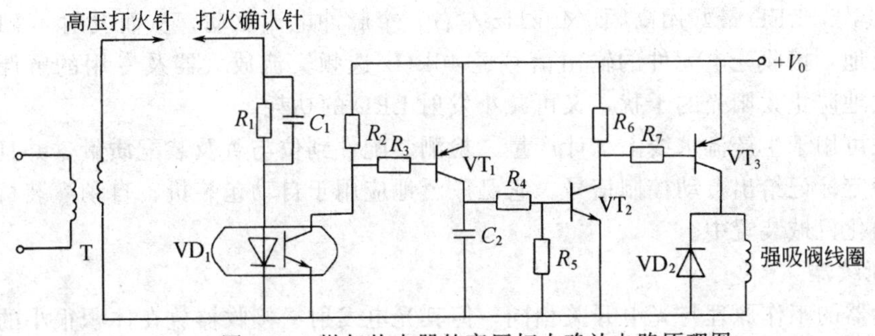

图 6-44 燃气热水器的高压打火确认电路原理图

五、光电开关

光电开关与光电断续器都是用来检测物体的靠近、通过等状态的光电传感器。近年来，随着生产自动化、机电一体化的发展，光电开关及光电断续器已发展成系列产品，其品种及规格日增，用户可根据生产需要，选用适当规格的产品，而不必自行设计光路和电路。

从原理上讲，光电开关及光电断续器没有太大的差别，都是由红外线发射元件与光敏接收元件组成，只是光电断续器是整体结构，其检测距离只有几毫米至几十毫米，而光电开关的检测距离可达几米至几十米。

1. 分类

光电开关可分为两类：遮断型和反射型，如图 6-45 所示。图 6-45（a）中，发射器和接收器相对安放，轴线严格对准。当有物体在两者中间通过时，红外光束被遮断，接收器接收不到红外线而产生一个负脉冲信号。遮断型光电开关的检测距离一般可达十几米。反射型光电开关单侧安装，如图 6-45（b）所示，只要不是全黑的物体均能产生反射。反射型光电开关的检测距离与被测物的黑度有关，它的检测距离不如遮断型。反射型光电开关的检测距离一般为几百毫米到几米。这种设计使它也能用于检测诸如罐头等具有反光面的物体，而不受干扰。

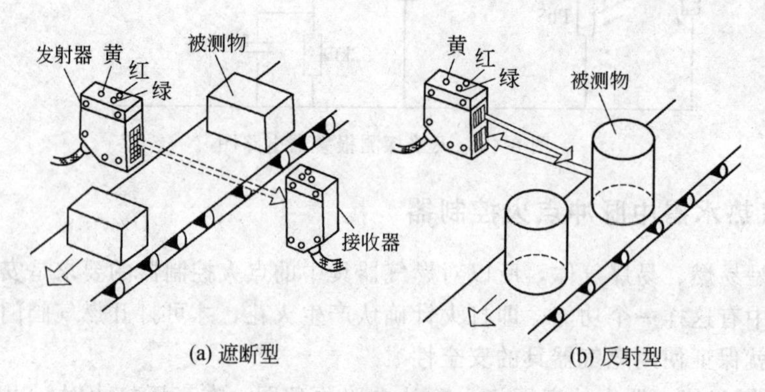

图 6-45　光电开关类型及应用

用户可根据实际需要决定所采用的光电开关的类型。

光电开关中的红外光发射器一般采用功率较大的发光二极管，而接收器可采用光敏二极管、光敏三极管或光电池。为了防止荧光灯的干扰，可选用红外 LED，并在光敏元件表面加红外滤光透镜或表面呈黑色的专用红外接收管；如果要求方便地瞄准（对中），也可采用红色 LED。其次，LED 最好用高频（40kHz 左右）窄脉冲电流驱动，从而发射 40kHz 调制光脉冲。相应地，接收光电元件的输出信号经 40kHz 选频交流放大器及专用的解调芯片处理，可以有效地防止太阳光的干扰，又可减小发射 LED 的功耗。

光电开关可用于生产流水线上统计产量、检测装配件到位与否及装配质量，并且可以根据被测物的特定标记给出自动控制信号。它已广泛地应用于自动包装机、自动灌装机、装配流水线等自动化机械装置中。

2. 光电断续器

光电断续器的工作原理与光电开关相同，但其光电发射、接收器放在体积很小的同一塑料壳体中，所以两者能可靠地对准，为安装和使用提供了方便，其外形如图 6-46 所示。它也可以分为遮断型和反射型两种。遮断型（也称槽式）的槽宽、深度及光敏元件可以有各种不同的形式，并已形成系列化产品，可供用户选择。反射型的检测距离较小，多用于安装空间较小的场合。由于检测范围小，光电断续器的发光二极管可以直接用直流电驱动，也可用40kHz尖脉冲电流驱动。红外LED的正向压降约为1.1～1.3V，驱动电流控制在40mA以内。

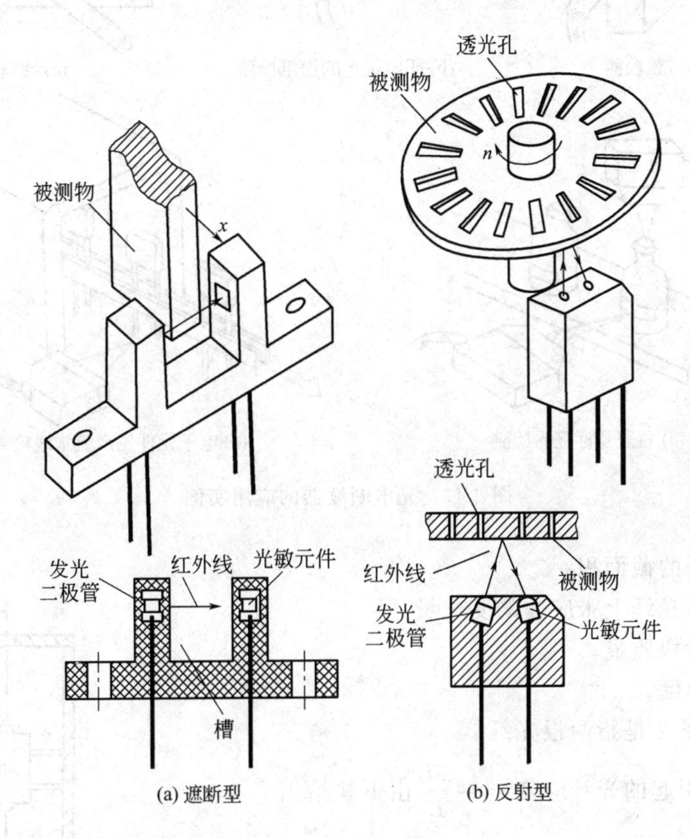

图 6-46 光电断续器

光电断续器是较便宜、简单、可靠的光电器件。它广泛应用于自动控制系统、生产流水线、机电一体化设备、办公设备和家用电器中。例如，在复印机和打印机中，它被用来检测纸的有无；在流识长线上检测细小物体的通过及物体上的标记，检测印制电路板元件是否漏装以及检测物体是否靠近等，图6-47示出了光电断续器的部分应用。例如在图6-47（e）中，用两只反射型光电断续器检测肖特基二极管的两个端子的长短是否有误，以便于包装和焊接。

六、光纤加速度传感器

图6-48所示为光纤加速度传感器原理图。在两根光纤之间悬挂一块质量块。光纤1牢固地固定在壳体上端盖和质量块上；光纤2牢固地固定在质量块和传感器底座上。安装时应使光纤稍微绷紧。这两根光纤分别被熔接在干涉仪的每一条臂上。

当传感器受到垂直向上的加速度作用时，则惯性力的作用将使光纤1的轴向应变增强，长度伸长ΔL而光纤2的轴向应变减弱，长度缩短ΔL。这样，使质量块加速所需的力F为

$$F=2S\Delta T=ma$$

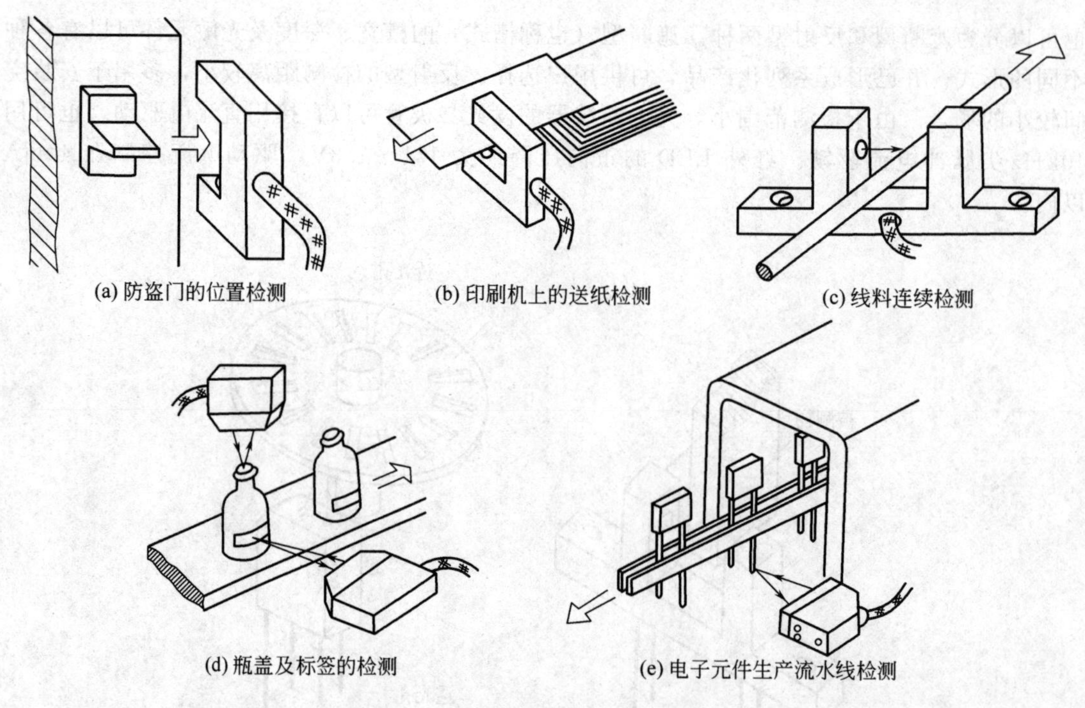

图 6-47　光电断续器的应用实例

式中　S——光纤的截面积；

ΔT——每根光纤上张应力的变化量；

m——质量块质量；

a——加速度。

另外，式中的因子 2 是指两根光纤。

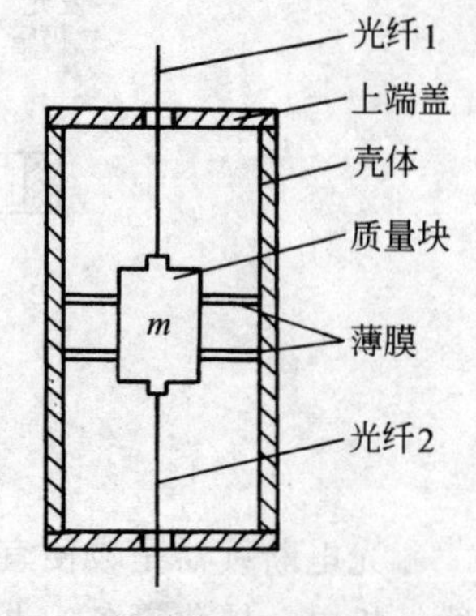

图 6-48　光纤加速度传感器

张应力变化引起的光纤应变 $\varepsilon_L=\frac{\Delta L}{L}$ 由下式给出

$$\varepsilon_L=\frac{\Delta T}{E}=\frac{ma}{2ES} \tag{6-23}$$

式中　E——光纤材料的弹性模数。

当光纤受应变后，光束经过长度为 L 光纤的传播，光的相位将发生变化。对于拉伸应变情况，光相位移主要是由光纤长度变化引起的。折射率变化所起的作用很小，可以忽略。这样，每根光纤中传播光的相移为

$$\Delta\phi=\frac{2\pi L n_1 \varepsilon_1}{\lambda} \tag{6-24}$$

将式（6-23）代入式（6-24），且因 $S=\frac{\pi d^2}{4}$，则得

$$\Delta\phi=\frac{4n_1 Lma}{E\lambda d^2} \tag{6-25}$$

式中　L——光纤长度；

n_1——光纤芯折射率；

E——光纤材料的弹性模数；

d——光纤芯直径；

λ——光波波长；

m——质量块质量；

a——加速度。

由上式可知，光相位的变化（两根光纤则变化量加倍）与加速度成正比。利用光学干涉测量技术就可以测出加速度。这种光纤加速度传感器的灵敏度极高，最小可检测 $1\mu g$ 的加速度。为消除横向加速度的影响，结构上加了两片薄膜（图 6-48），这两片薄膜的横向刚度大，可以有效地起到隔离横向加速度的作用，而其轴向刚度极小，因此并不影响加速度传感器的谐振频率。

光纤加速度传感器的谐振频率，可以按一般二阶系统计算的方法得出。光纤在传感器中起着支承质量块的弹簧的作用，所以当质量块沿光纤轴向位移距离 x 所需的弹簧力 F 为

$$F=-\frac{2ESx}{L}=-kx \tag{6-26}$$

由此可得

$$k=\frac{2ES}{L} \tag{6-27}$$

式中 k——光纤的弹性常数；

E——光纤材料的弹性模数；

S——光纤的截面积；

L——光纤的长度。

当质量块 m 连在弹性常数为 k 的光纤上时，其谐振频率由下式给出

$$f=\frac{1}{2\pi}\sqrt{\frac{k}{m}} \tag{6-28}$$

将式（6-27）代入式（6-28），且因 $S=\frac{\pi}{4}d^2$，则可得

$$f=\sqrt{\frac{Ed^2}{8\pi Lm}} \tag{6-29}$$

图 6-49 为典型的光纤加速度传感器的频响特性。可以看出，光纤加速度传感器的频率响应并不高，一般只能响应几百赫兹频率的振动。但对加速度却有良好的线性响应，如图 6-50 所示。

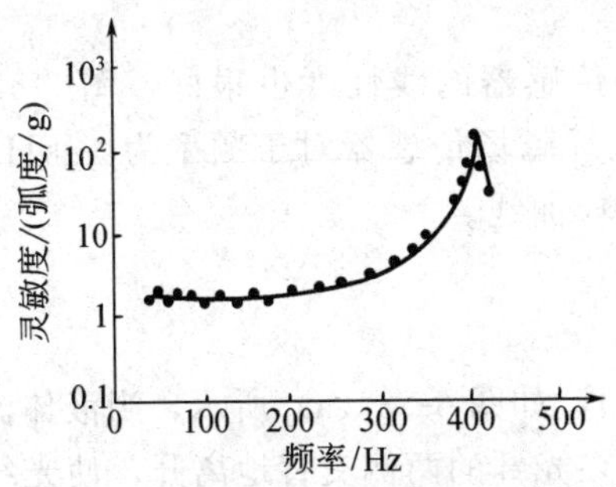

图 6-49 光纤加速度传感器的频响特性

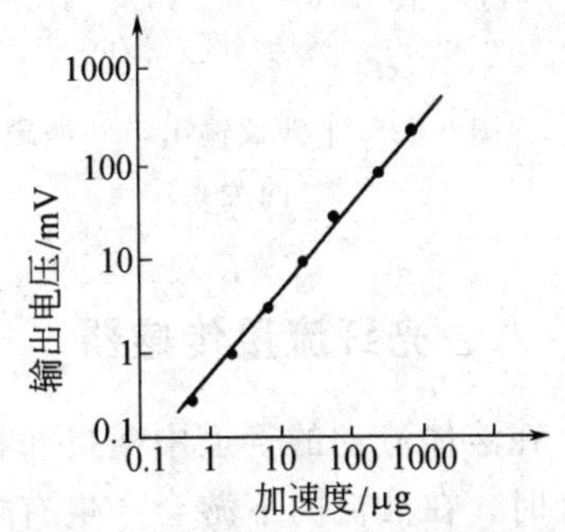

图 6-50 干涉仪输出与加速度的关系

七、光纤磁场传感器

光纤测量磁场（和电流）一般可以利用两种效应：法拉第效应和磁致伸缩效应。利用法

拉第效应测量电流将在偏振态调制型传感器中叙述。这里只介绍利用磁致伸缩效应测量磁场的原理。

镍、铁、钴等金属结晶体材料和铁基非晶态金属玻璃（FeSiB）具有很强的磁致伸缩效应。光纤磁场传感器即利用这一现象制成。将一段单模光纤和磁致伸缩材料粘合在一起，并且作为干涉仪的一个臂（传感臂），把它们沿外加磁场轴向放置在磁场中。由于磁致伸缩材料的磁致伸缩效应，光纤被迫产生纵向应变，使光纤的长度和折射率发生变化，从而引起光纤中传播光产生相移。利用马赫-泽德干涉仪就可以检测出磁场的大小。

光纤磁场传感器有三种基本结构形式，如图 6-51 所示。

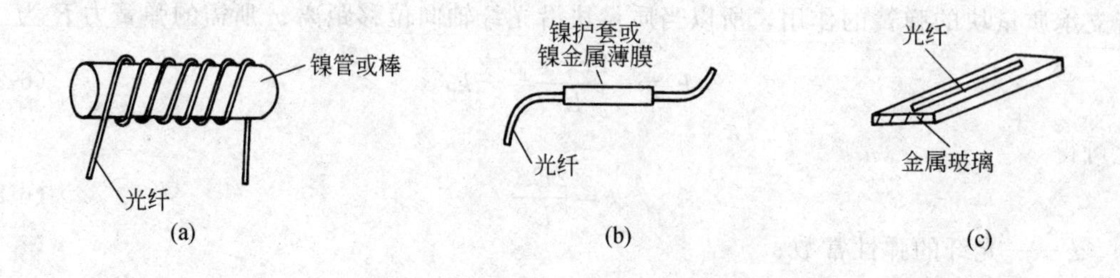

图 6-51　光纤磁场传感器基本结构

① 在磁致伸缩材料的圆柱体上卷绕光纤，如图 6-51（a）。

② 在光纤表面上包上一层镍护套或用电镀方法被覆一层约 10μm 厚的镍或镍合金金属层，如图 6-51（b）所示。为了消除被覆过程中产生的残余应变，必须进行退火处理。

③ 用环氧树脂将光纤粘贴在具有高磁致伸缩效应的金属玻璃带上，如图 6-51（c）所示。

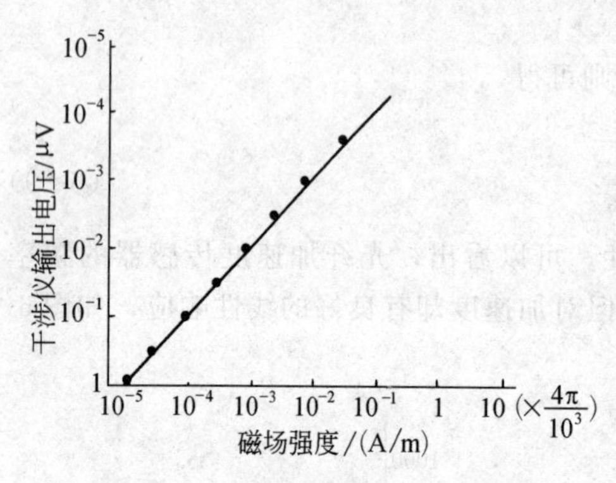

图 6-52　干涉仪输出与外加磁场的关系

相位调制光纤磁场传感器的灵敏度极高，一种包镍护套的光纤传感器，当光纤长 1m 时，可检测到 1.4×10^{-3} A/m 的磁场强度。若采用更强磁致伸缩效应的金属玻璃材料作护套，当光纤长至 1km 时，预计可以检测小至 4×10^{-9} A/m 的磁场。因此这种类型的光纤磁场传感器特别适用于弱磁场的检测。

光纤磁场传感器的线性度也很好，图 6-52 所示为包镍的光纤磁场传感器对于频率为 10kHz 的交流磁场的响应曲线。

八、光纤流量传感器

在液体流动的管道中横贯一根多模光纤（非流线体），如图 6-53（a）所示，当液体流过光纤时，在液流的下游会产生有规则的涡流。这种涡流在光纤的两侧交替地离开，使光纤受到交变的作用力，光纤就会产生周期性振动。野外的电线在风吹下嗡嗡作响就是这种现象作用的结果。

光纤的振动频率与流体的流速和光纤的直径有关。在光纤直径一定时，近似正比于流速，如图 6-53（b）。光纤中的相干光是通过外界扰动（如振动）来进行相位调制的。在多

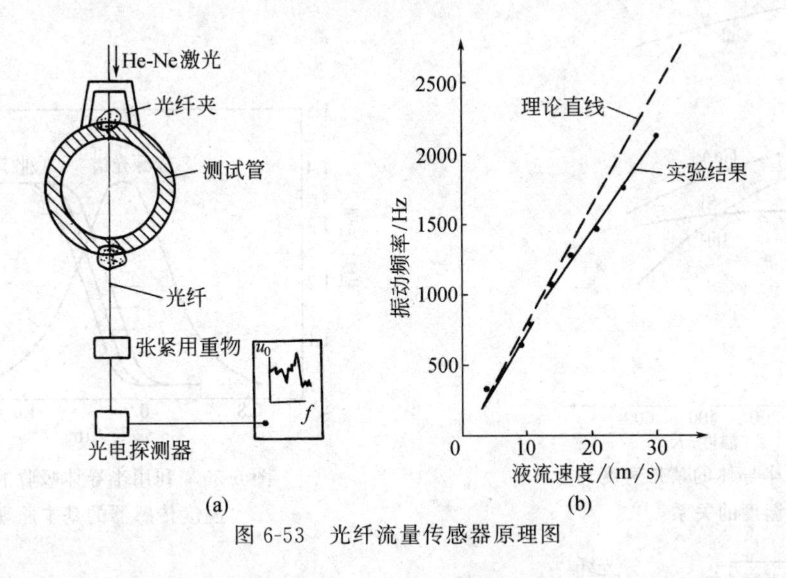

图 6-53　光纤流量传感器原理图

模光纤中，由于众多模式干涉的结果，在光纤出射端可以观察到“亮”、“暗”无规则相间的斑图。当光纤受到外界干扰时，亮区和暗区的亮度将不断变化。如果用一个小型光电探测器接收斑图中的亮区，便可接收到光纤振动频率的信号，经过频谱仪分析便可检测出振动频率，由此可计算出液体的流速及流量。

光纤流量传感器的最突出的优点是能在易爆、易燃的环境中安全可靠地工作。测量范围比较大，但小流速情况因不产生涡流，使测量下限受到限制。此外，由于光纤的直径很细，液体的流阻小，所以流场几乎不受影响。而且它不仅能测透明液体的流速，还能测不透明液体的流速。

九、光纤温度传感器

由半导体物理知道，半导体的禁带宽度 E_g 随温度 T 增加近似线性地减小，如图 6-54 所示。因此半导体的本征吸收边波长 λ_g（$\lambda_g=\frac{ch}{E_g}$，式中 c 为光速，h 为普朗克常数）随温度增加而向长波长方向位移。由图 6-55 知道，半导体引起的光吸收，随着吸收边波长 λ_g 的变短而急剧增加，最后直到光几乎不能穿透半导体。相反，对于比 λ_g 长的波长的光，半导体的透光率很高。由此可见，通过半导体的透射光强随温度 T 的增加而减小。

图 6-56（a）所示为光纤温度传感器测量原理图。在输入光纤和输出光纤两端面间夹一片厚度约零点几毫米的半导体光吸收片，并用不锈钢管加以固定，使半导体与光纤成为一体，如图 6-56（b）所示。

光源（选择其发光光谱的峰值对应波长与半导体吸收边波长 λ_g 一致的光源）发出的光功率恒定的光，通过输入光纤传播到半导体薄片后，透射光强受到温度的调制。透射光由输出光纤接收，并传播到光电探测器转换成电信号输出，这样就能够测出温度。

这种传感器的结构十分简单，能够在强电磁场环境中工作，温度测量范围从 -20～300℃，精度为 ±3℃，响应时间常数约 2s。由于它具有超小型的特点，所以可以将光纤温度敏感元件贴附在高压变压器的线圈上，用以监测线圈的温升。

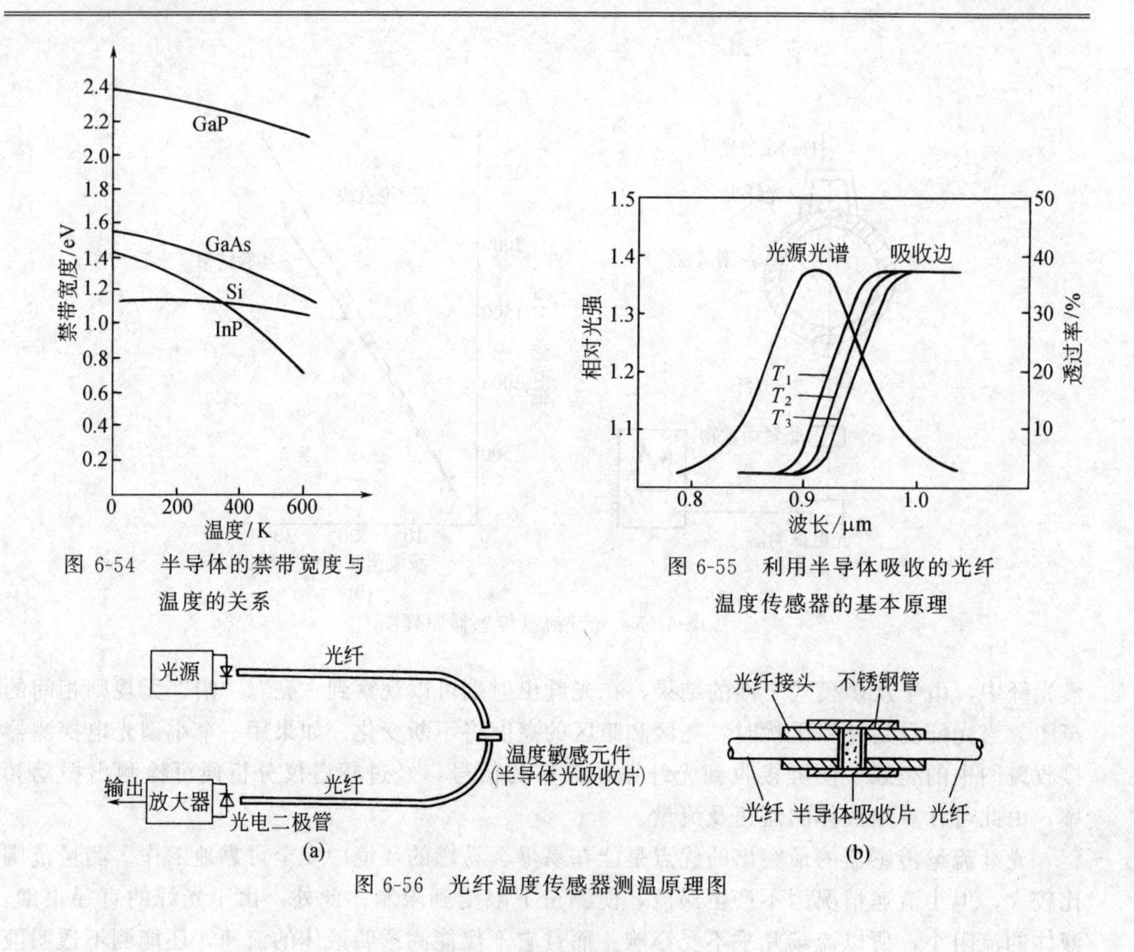

图 6-54　半导体的禁带宽度与温度的关系

图 6-55　利用半导体吸收的光纤温度传感器的基本原理

图 6-56　光纤温度传感器测温原理图

本章小结

在光线作用下能使物体产生一定方向的电动势的现象称为光生伏特效应，即阻挡层光电效应。

光敏电阻由掺杂的半导体薄膜沉积在绝缘基片上而成，纯粹是个电阻，没有极性，可以在直流、交流电路中工作。它是用无光照射和有光照射时电阻值的变化来检测光的存在和强弱的。它的参数有暗电阻、亮电阻、光电流；特性有光电特性、光谱特性、伏安特性、频率特性等。

光敏二极管的材料和特性与普通二极管类似。管芯是一个具有光敏特性的 PN 结，在反向电压下工作。无光照射时只有很小的暗电流，管截止；有光照射时有光电流，管导通。光电流随光强的增加线性地增大。

光敏三极管结构与普通晶体三极管相同。可以看成普通三极管的集电结用光敏二极管替代的结果，且多用硅光敏三极管，但基极通常不引出，只有两个电极。光敏三极管在电路的接法与普通三极管接法相同，这时它的集电结反偏，发射结正偏。无光照射时的暗电流相当于普通三极管的穿透电流；有光照射集电结附近的基区时，激发出新的电子、空穴时，经放大形成光电流（也类似普通三极管的穿透电流）。

光敏三极管是利用类似普通三极管的放大作用，将光敏二极管的光电流加以放大，所以具有更高的灵敏度。也因此二者的特征基本相同，只是反应量不同。

光敏晶体管的基本特性有光谱特性、伏安特性、光电特性、频率特性等。光敏电阻、光敏二极管和三极管具有很多共性。由它们的光电特性知，无光照射时它们的暗电流都很小；有光照射时，光电流都很大，且随着光强的增加而增加。光敏电阻的光电特性为非线性，硅光敏二极管和三极管的光电特性线性度较好。此外，从光谱特性看出，光电流的大小还与光的波长有关。用这两个特性可以测量光通量的大小和估计光的光谱。

由它们的光谱特性还可以看出，不同半导体材料具有不同的光谱特性。每种半导体产生光电效应都有一个最大波长的限制，也都有最高灵敏度的光波长。

不同照度下光敏电阻的阻值不同，但伏安特性是线性的。光敏二极管和三极管在不同照度下的伏安特性类似于普通三极管共射接法不同基流下的输出特性曲线。

外光电器件，如光电管和光电倍增管，受光照射能很快出现光电流可看成是无惯性的。而内光电效应器件响应更慢。其中光敏二极管频率特性是较好的，响应时间远比光敏电阻小。光敏三极管的频率特性比二极管差。

基于光生伏特效应而工作的光电池，在有光线作用下实质上就是一个电源。电路中有了这种光电元件就不需要外加电源。这类光电元件属于自发电型传感器，是全世界技术人员竞相研究的有环保概念的新技术领域。

红外线传感器是通过利用红外线的以下特点所构成，一是在整个电磁波段中，红外线波段的热功率最大，因此红外辐射称为热射线。二是红外辐射被物体吸收后，很快转换成热量，使物体的温度生高。三是物体加热后可以向外辐射红外电磁波。红外线传感器的种类很多，常用的红外传感器有两种：热探测器和光子探测器，热探测器的特点是响应波段宽，可扩展整个红外波段。光子探测器的特点是灵敏度高，响应速度快，但是探测波段较窄。

光纤按纤芯和包层材料性质分类，有玻璃和塑料光纤；光纤按折射率分布分类，有阶跃折射率型和梯度折射率型光纤；按光纤的传输模式分类，有多模光纤和单模光纤。光纤传感器分为功能型和非功能型两种类型进行讨论。

功能型光纤传感器主要使用单模光纤，此时光纤不仅起传光作用，又是敏感元件。功能型光纤传感器分为相位调制型、光强调制型和偏振态调制型三种类型。

非功能型光纤传感器中光纤不是敏感元件，它是利用在光纤的端面或在两根光纤中间放置光学材料、机械式或光学式的敏感元件感受被测物理量的变化，使透射光或反射光强度随之发生变化，这种情况下光纤只是作为光的传输回路，所以这种传感器也称之为传输回路型光纤传感器。非功能型光纤传感器分为传输光强调制型和反射光强调制型两种类型。光电传感器的应用举例中有些实用的领域，实例只是介绍使用方法为主。

习题及思考题

6-1　什么叫内光电效应、外光电效应、光生伏特效应？

6-2　半导体内光电效应与光强和频率的关系是什么？

6-3　试述光敏电阻简单结构，用哪些参数和特性来表示它的性能？

6-4　试述用光敏电阻检测光的原理。

6-5　试述光敏二极管和三极管、光电池的结构特点、工作原理及两管间的联系。

6-6　由光敏电阻、光敏晶体管、光电池的光电特性和光谱特性中得出什么结论？

6-7　光敏电阻、光敏晶体管、光电池的伏安特性的特点是什么？

6-8　红外线传感器有哪些类型？并说明它们的工作原理。

6-9　光电器件有哪几种类型？各有何特点？

6-10 当光源波长为0.8～0.9μm时宜采用哪几种光敏元件作测量元件？为什么？

6-11 试述光敏电阻、光敏二极管、光敏三极管和光电池的工作原理，如何正确选用这些器件？举例说明。

6-12 试拟定光电开关用于自动装配流水线上工件的计数装置检测系统。并设计计数电路，说明其工作原理。

6-13 光电传感器属于非接触式测量，依据被测物、光源、光电元件三者之间的关系，可以将光电传感器分为以下四种类型，如图6-57所示。

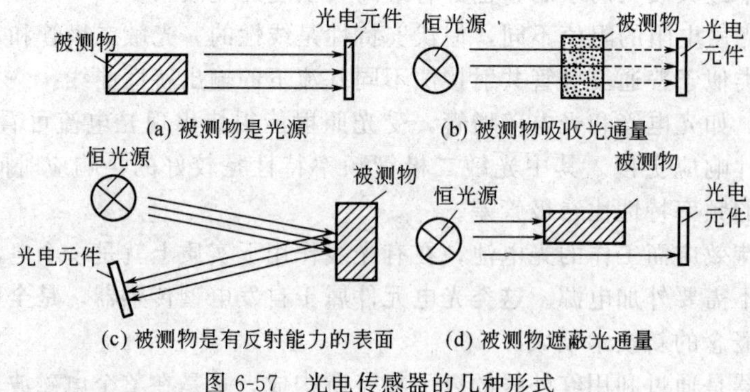

图6-57 光电传感器的几种形式

① 超市收银台用激光扫描器检测商品的条形码利用的是什么原理？

② 用光电传感器检测复印机走纸故障利用什么原理？

③ 放电影时利用光电元件读取影片胶片边缘“声带”的黑白宽度变化来还原声音，利用的什么原理？

④ 洗手间的红外反射式干手机利用的什么原理？

6-14 说明光纤的组成和光纤传感器的分类并分析传光原理。

6-15 光纤的数值孔径NA的物理意义是什么？NA取值大小有什么作用？

6-16 试计算$n_1=1.46$，$n_2=1.45$的阶跃折射率光纤的数值孔径值？如果外部媒质为空气$n_0=1$，求该种光纤的最大入射角。

6-17 说明光纤传感器的分类。

6-18 功能型光纤传感器的分类和特点是什么？

6-19 非功能型光纤传感器的分类和特点是什么？

第七章

霍尔式传感器

内容提要： 霍尔式传感器是利用霍尔元件基于霍尔效应原理而将被测量（如电流、磁场、位移、压力等）转换成电动势输出的一种传感器。1879 年美国物理学家霍尔首先在金属材料中发现了霍尔效应，但由于金属材料的霍尔效应太弱而没有被得到应用。伴随半导体技术的发展，开始用半导体材料制成霍尔元件，从此得到了快速发展。霍尔传感器由于具有结构简单、频率响应宽、动态范围广、无接触、寿命长等特点，被广泛应用于测量技术、自动化技术和信息处理等方面。

第一节　霍尔元件的基本工作原理

1. 霍尔效应

金属或半导体薄片垂直地置于磁场磁感应强度为 B 的磁场中，如图 7-1 所示。当有电流 I 流过时，在垂直于电流和磁场的方向上将会产生电动势 U_H，这种物理现象被称为霍尔效应。

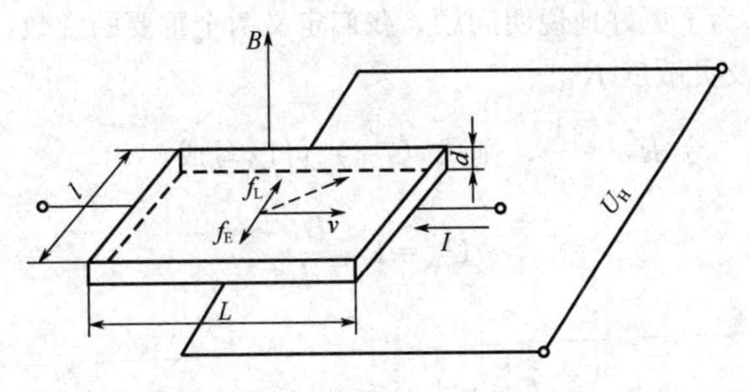

图 7-1　霍尔效应原理图

下面以 N 型半导体为例，分析一下产生电动势的过程。已知，N 型半导体的多数载流子为电子，电子带负电，而电流的方向为正电荷运动方向，因此半导体中的载流子（电子）将沿着与电流 I 相反的方向运动。在磁场中运动的电子，就会产生洛伦兹力 $F_L = qv \times B$，其大小为

$$F_L = evB \tag{7-1}$$

式中　F_L——洛伦兹力；

e——电子电荷量；

v——电子运动速度；

B——磁感应强度。

该力使电子的运动方向发生偏转，其方向可根据右手定则来判定，为 $v \times B$ 的方向，由于为电子，故应与判断方向相反。结果在半导体的后端面上的电子有所积累，带负电，而前端面失去电子，带正电，这样在前后端面间形成电场。场强方向为正电荷指向负电荷的方向，因电子所受到的电场力的方向与场强方向相反，即与磁场力方向相反，其大小为

$$F_E = eE_H \tag{7-2}$$

式中　F_E——电场力；

E_H——电场强度。

该电场产生的电场力阻止电子继续偏转，当 $F_E = F_L$ 时，电子积累达到动态平衡，这时在半导体前后两端面之间，即垂直于电流和磁场方向建立稳定电场，该电场称为霍尔电场 E_H，相应的电势就称为霍尔电势 U_H，这就是霍尔电势产生的原因。下面具体分析一下霍尔电势的大小与哪些因素有关。

设薄片的长度为 L、宽度为 l、厚度为 d，则 $E_H = \frac{U_H}{b}$，$F_E = e\frac{U_H}{b}$，当 $F_E = F_L$，有

$$U_H = vBl \tag{7-3}$$

设 n 为 N 型半导体中的电子浓度，即单位体积中电子数，电流 I 的定义为单位时间流过任意截面积的电量，$I = \frac{dQ}{dt} = -enldv$，负号表示电子运动速度方向与电流方向相反，即

$$U_H = -\frac{BI}{ned} \tag{7-4}$$

若为 P 型半导体霍尔元件，p 为单位体积内空穴数，则可得出

$$U_H = \frac{BI}{ped} \tag{7-5}$$

为方便起见，一般对 N 型半导体霍尔元件的表达式也不要写负号。从公式可以看出 e、n、d 与材料和尺寸有关。为了更好地说明问题，我们定义两个重要的常数：霍尔系数及灵敏度。

2. 霍尔系数 R_H 及灵敏度 K_H

(1) 霍尔系数 R_H　令 $R_H = \frac{1}{ne}$，则式（7-4）可以写成

$$U_H = R_H\frac{BI}{d} \tag{7-6}$$

式中，R_H 称为霍尔系数。

由 $R_H = \frac{1}{ne}$可知，R_H 只与 n、e 有关，该系数由载流材料的物理性质决定。金属材料中自由电子浓度 n 比半导体的 n 高，由于 n 越大，R_H 越小，因此，金属的 R_H 比半导体的 R_H 小，在相同的情况下，产生的霍尔电势 U_H 就小，因此霍尔元件用半导体材料比用金属材料好。在实际应用中一般都采用 N 型半导体材料制作霍尔元件，这是因为 $R_H = \rho\mu$，ρ 为材料的电阻率，μ 为载流子迁移率，一般电子的迁移率大于空穴的迁移率。

(2) 霍尔灵敏度 K_H　令 $K_H = \frac{1}{ned}$，则式（7-4）式可以写成

$$U_H = K_H BI \tag{7-7}$$

式中，K_H 称为霍尔元件的灵敏度。

K_H 灵敏度与载流材料的物理性质和几何尺寸有关，表示在单位磁感应强度和单位控制电流时霍尔电势的大小。一般来说，K_H 越大越好，霍尔元件越薄，即 d 越小，K_H 就越大，U_H 输出也就大。因此霍尔元件一般较薄其厚度只有 1μm 左右。但在考虑提高灵敏度的同时必须兼顾元件的强度和内阻。

3. 霍尔元件及基本电路

（1）霍尔元件　基于霍尔效应原理工作的半导体器件称为霍尔元件。目前常用的霍尔元件材料有锗、硅、砷化镓、锑化铟等半导体材料。一般来说，其中 N 型锗容易加工制造，其霍尔系数、温度性能和线性度很好；N 型硅的线性度最好，其霍尔系数、温度性能同 N 型锗相近；锑化铟对温度最敏感，尤其是在低温范围内温度系数大，但在室温时其霍尔系数较大；砷化铟的霍尔系数较小，温度系数也较小，输出特性线性度好。

（2）霍尔元件的结构　霍尔元件的结构很简单，它由霍尔片、引线和壳体组成，如图 7-2（a）所示。霍尔片是一块矩形半导体单晶薄片，引出四个引线，在长边的两个端面上焊上两根控制电流端引线 1、1′，通常用红色导线，要求焊接处接触电阻很小，并呈纯电阻，即欧姆接触，在元件短边的中间以点的形式焊上两根霍尔输出引线 2、2′，通常用绿色导线，要求欧姆接触。因霍尔片长大约 4mm，宽大约 2mm，而且很薄，因此必须将其封装在非导磁金属、陶瓷或者环氧树脂的壳体中才能使用。

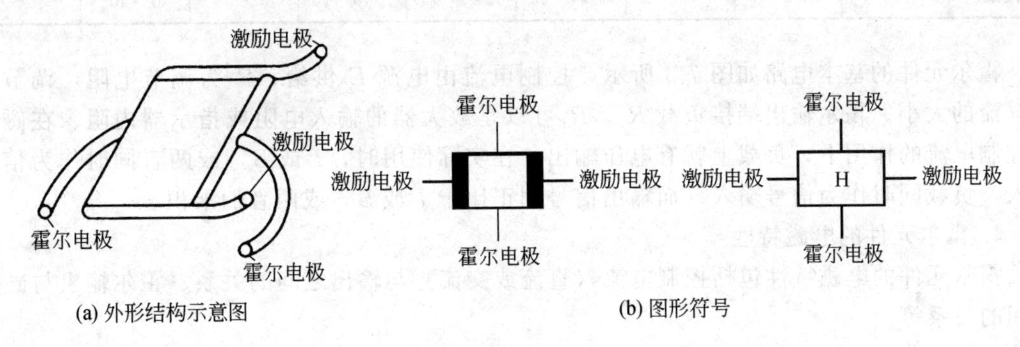

图 7-2　霍尔元件

（3）基本电路　通常在电路中，霍尔元件可用如图 7-2（b）所示的几种符号表示。标注时，国产器件常用 H 代表霍尔元件，后面的字母代表元件的材料，数字代表产品的序号。如 HZ-1 元件，说明使用锗材料制成的霍尔元件；HT-1 元件说明使用锑化铟材料制成的元件。常用国产霍尔元件的技术参数如表 7-1。

表 7-1　常用国产霍尔元件的技术参数

参数名称	符号	单位	HZ-1 型	HZ-2 型	HZ-3 型	HZ-4 型	HT-1 型	HT-2 型	HS-1 型
			材料(N 型)						
			Ge(111)	Ge(111)	Ge(111)	Ge(100)	InSb	InSb	InAs
电阻率	ρ	Ω·cm	0.8～1.2	0.8～1.2	0.8～1.2	0.4～0.5	0.003～0.01	0.003～0.05	0.01
几何尺寸	$l \times b \times d$	mm^3	8×4×0.2	4×2×0.2	8×4×0.2	8×4×0.2	6×3×0.2	8×4×0.2	8×4×0.2
输入电阻	R_i	Ω	110±20%	110±20%	110±20%	45±20%	0.8±20%	0.8±20%	1.2±20%
输出电阻	R_o	Ω	100±20%	100±20%	100±20%	40±20%	0.5±20%	0.5±20%	1±20%

续表

参数名称	符号	单位	HZ-1 型	HZ-2 型	HZ-3 型	HZ-4 型	HT-1 型	HT-2 型	HS-1 型
			材料(N 型)						
			Ge(111)	Ge(111)	Ge(111)	Ge(100)	InSb	InSb	InAs
灵敏度	K_H	mV/(mA·T)	>12	>12	>12	>4	1.8±20%	1.8±2%	1±20%
不等位电阻	r_0	Ω	<0.07	<0.05	<0.07	<0.02	<0.005	<0.005	<0.003
寄生直流电压	U_0	μv	<150	<200	<150	<100			
额定控制电流	I_e	mA	20	15	25	50	250	300	200
霍尔电势温度系数	α	1/℃	0.04%	0.04%	0.04%	0.03%	−1.5%	−1.5%	
内阻温度系数	β	1/℃	0.5%	0.5%	0.5%	0.3%	−0.5%	−0.5%	
热阻	R_s	℃/mW	0.4	0.25	0.2	0.1			
工作温度	T	℃	−40～45	−40～45	−40～45	−40～75	0～40	0～40	−40～60

霍尔元件的基本电路如图 7-3 所示，控制电流由电源 E 供给，R 为调节电阻，调节控制电流的大小。霍尔输出端接负载 R_f，R_f 可以是放大器的输入电阻或指示器内阻。在磁场与控制电流的作用下，负载上就有电压输出。在实际使用时，I 或 B，或两者同时作为信号输入，负载同时作为信号输入，而输出信号则正比于 I 或 B，或两者的乘积。

4. 霍尔元件的电磁特性

霍尔元件的电磁特性包括控制电流（直流或交流）与输出之间的关系、霍尔输出与磁场之间的关系等。

(1) U_H-I 特性　固定磁感应强度 B，在一定温度下，霍尔输出电势 U_H 与控制电流 I 之间呈线性关系，如图 7-4 所示。直线的斜率称为控制电流灵敏度，用 K_I 表示，控制电流灵敏度 K_I 为

$$K_I=\left(\frac{U_H}{I}\right)_B=\text{恒量} \tag{7-8}$$

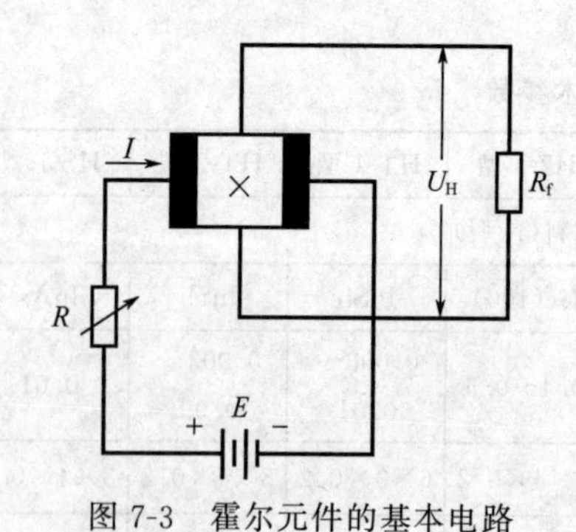

图 7-3　霍尔元件的基本电路

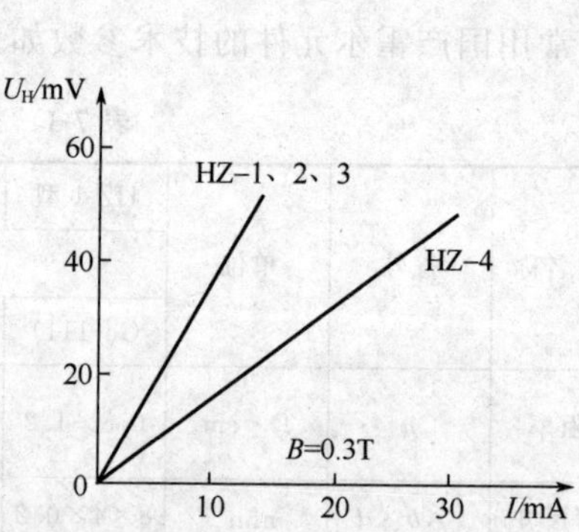

图 7-4　霍尔元件的 U_H-I 特性曲线

由式 (7-7) 可得

$$K_I = K_H B \tag{7-9}$$

由式（7-9）可知，霍尔元件的灵敏度 K_H 越大，控制电流灵敏度也就越大。但灵敏度大的元件，其霍尔输出并不一定大。这是因为霍尔电动势在 B 固定时，不但与 K_H 有关，还与控制电流有关。因此，即使灵敏度不大的元件，如果在较大的控制电流下工作，那么同样可以得到较大的霍尔输出。

(2) U_H-B 特性

在控制电流恒定时，元件的开路霍尔输出随磁场的增加并不完全呈现线性关系，而有所偏离。通常，霍尔元件工作在 0.5T 以下时线性度较好，如图 7-5 所示。使用中若对线性度要求很高时，可采用 HZ-4，它的线性偏离一般不大于 0.2%。

(3) R-B 特性　R-B 特性是指霍尔元件的输出（或输入）电阻与磁场之间的关系。实验得出，霍尔元件的内阻随磁场的绝对值增加而增加，如图 7-6 所示。这种现象称为磁阻效应。利用磁阻效应制成的磁阻元件也可用来测量各种机械量，但在霍尔式传感器中，霍尔元件的磁阻效应使霍尔输出降低，尤其在强磁场时，输出降低较多，需采用一些方法予以补偿。

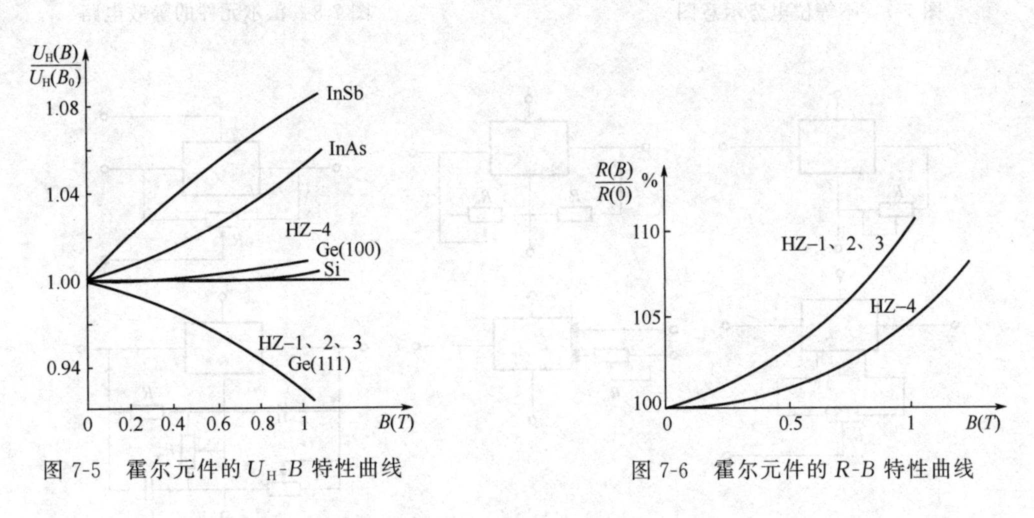

图 7-5　霍尔元件的 U_H-B 特性曲线

图 7-6　霍尔元件的 R-B 特性曲线

第二节　霍尔元件的误差及其补偿

由于制造工艺问题以及实际使用时所存在的各种影响霍尔元件性能的因素，如元件安装不合理、环境温度变化等，都会影响霍尔元件的转换精度，带来误差。下面介绍霍尔元件的主要误差及补偿办法。

1. 霍尔元件的零位误差及其补偿

由式（7-7）可知，霍尔元件在不加控制电流或者不加磁场时，不会有霍尔电势输出，即 U_H 应为零。但实际上，霍尔元件在不加控制电流或不加磁场时，而出现霍尔电势，即 U_H 应不为零，把霍尔元件在不加控制电流或不加磁场时，而出现的霍尔电势称为零位误差。零位误差主要包括不等位电势、寄生直流电势、感应零电势和自激磁场零电势。

(1) 不等位电势及其补偿　不等位电势是一个主要的零位误差。不等位电势产生的主要原因是由于制作霍尔元件时，不可能保证将霍尔电极焊接在同一个等位面上，如图 7-7 所示。因此，当控制电流 I 流过元件时，即使磁感应强度 B 等于零，在霍尔电极上仍有电势存在，该电势就称为不等位电势。在分析不等位电势时，可以把霍尔元件等效为一个电桥，如图 7-8 所示。电桥臂的四个电阻分别为 r_1、r_2、r_3、r_4。当两个霍尔电极在同一等位面时，$r_1=r_2=r_3=r_4$，则电桥平衡，这时输出 U_0 就等于零；当霍尔电极不在同一个等位面上时，因 r_3 增大，r_4 减小，则电桥失去平衡，因此，输出电压 U_0 就不等于零。恢复电桥平衡的办法是减小 r_2 或 r_3。在制造过程中，如确知霍尔电极偏离等位面的方向，就应采用机械修磨或用化学腐蚀元件的方法来减小不等位电势；对已制成的霍尔元件，可以采用外接补偿线路进行补偿，常用的几种补偿线路如图 7-9 所示。

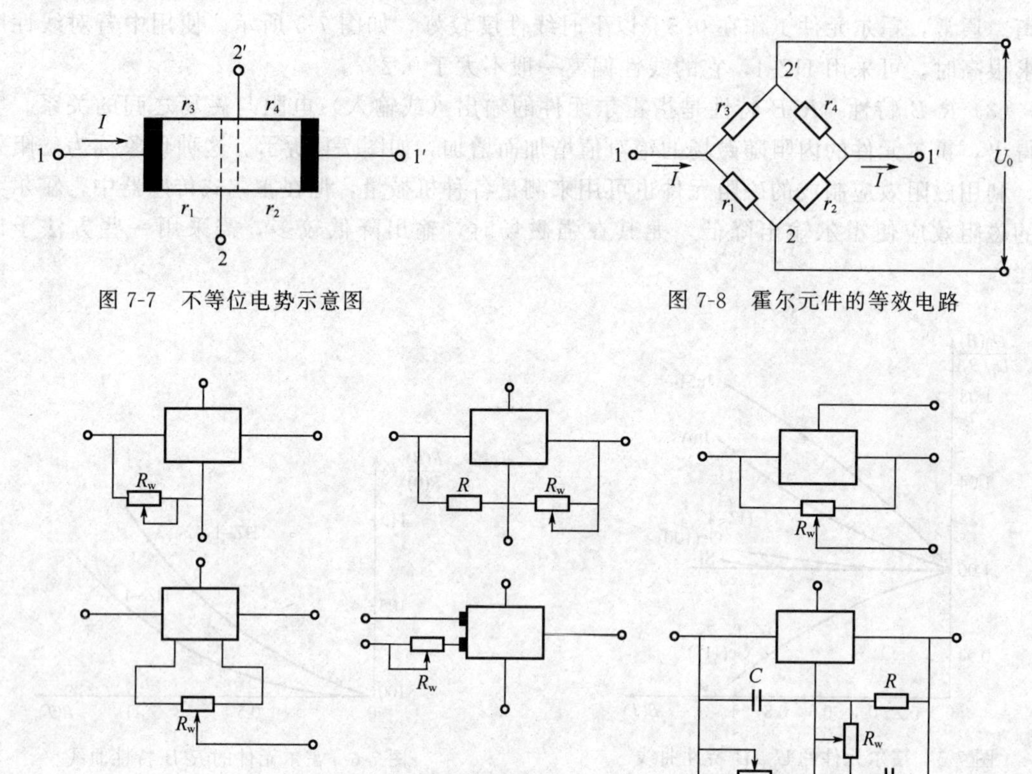

图 7-7　不等位电势示意图

图 7-8　霍尔元件的等效电路

图 7-9　不等位电势的几种补偿线路

（2）寄生直流电势及其补偿　当霍尔元件通以交流控制电流而不加外磁场时，霍尔输出除了交流不等位电势外，还有直流不等位电势分量，该电势称为寄生直流电势。产生寄生直流电势原因有：

① 控制电流极及电势极的欧姆接触不佳，即两对电极不是完全欧姆接触，造成整流效应；

② 两个霍尔电极的焊点大小不一致，使热容量不一致产生温差，造成直流附加电势。

补偿方法为：元件制作及安装时，尽量改善电极的欧姆接触性能和元件的散热条件，并做到散热均匀。

（3）感应零位电势及其补偿　霍尔元件在交流磁场中工作时，即使不加控制电流，在输出回路中也会产生附加感应电动势，这一电动势就是霍尔元件的感应零电势。产生感应零电势的主要原因是：霍尔电势极的引线布置不合理，如图 7-10（a）所示。当 B 发生变化时，穿过由引线围成阴影面的磁通量发生变化，由电磁感应定律可知，磁通量变化将产生感应电动势。感应零电势的大小正比于磁场的变化频率和磁感应强度的幅度，并且和霍尔电动势极引线构成的感应面积成正比。

感应零电势的补偿可采用图 7-10（b）、图 7-10（c）方法，使霍尔电势引线围成的感应面积所产生的感应电势互相抵消。

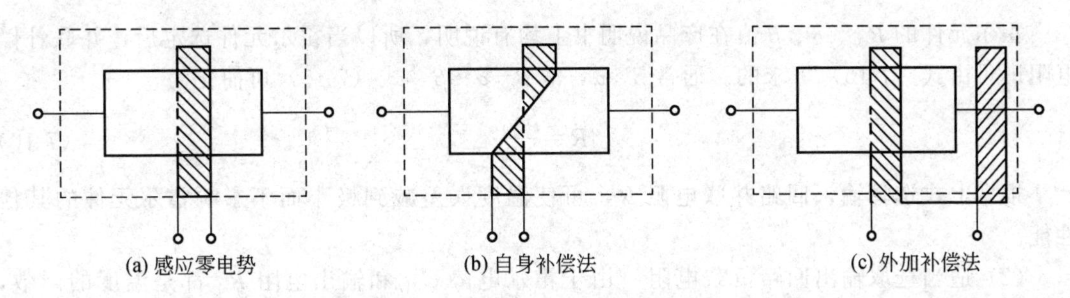

图 7-10　磁感应零电势示意图及其补偿

2. 霍尔元件的温度误差及补偿

霍尔元件由半导体材料制成，一般半导体材料的电阻率、迁移率和载流子浓度等都随温度而变化，因此它的性能参数（如输入和输出电阻、霍尔常数等）也随温度而变化，致使霍尔电势变化，产生温度误差。补偿霍尔元件温度误差的方法很多，如选用温度系数小的霍尔元件，采用适当的补偿电路等。下面简单介绍一些霍尔元件的温度补偿方法。

（1）采用恒流源供电和输入回路并联电阻

由式（7-7）可知，当采用恒流源供电时，可以提高霍尔电势 U_H 的温度稳定性，因为输入电阻 R_i 随温度变化时不会影响激励电流。但 U_H 的温度稳定性又与灵敏度 K_H 有关，而灵敏度 K_H 也是温度的函数。为了进一步提高 U_H 的温度稳定性，可采用图 7-11 所示的电路，该电路对温度影响的补偿效果取决于并联电阻 R 值的选择。

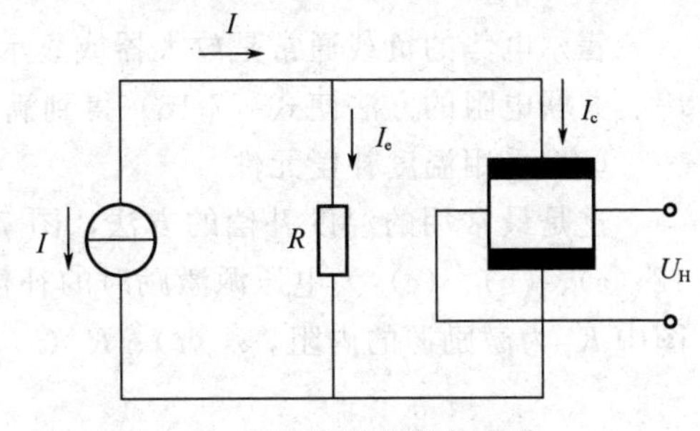

图 7-11　恒流源温度补偿电路

设 I 为恒流源的输出电流，温度为 t_0 时，元件供电电流为 I_c，输入电阻为 R_{i0}，灵敏度系数 K_{H0}；而温度上升到 t 时，它们分别为 I_{ct}、R_{it}、K_{Ht}，由图 7-12 可知：$I=I_e+I_c$，$I_cR_i=I_eR$，由此可得，在温度为 t_0 时

$$I_{c0}=\frac{R}{R_{i0}+R}I \tag{7-10}$$

同理，在温度为 t 时

$$I_{ct}=\frac{R}{R_{it}+R}I \tag{7-11}$$

而

$$R_{it}=R_{i0}\left[1+\beta(t-t_0)\right] \tag{7-12}$$

$$K_{Ht}=K_{H0}\left[1+\alpha(t-t_0)\right] \tag{7-13}$$

式中，β 为霍尔元件的电阻系数；α 为霍尔电势温度系数。

为了使霍尔电势不随温度而变化，必须保证 t_0 和 t 时的霍尔电势相等，即 $U_{H0}=U_{Ht}$，则有

$$K_{H0}I_{c0}B=K_{Ht}I_{ct}B \tag{7-14}$$

将有关公式代入式（7-14），则可得

$$1+\alpha(t-t_0)=\frac{R+R_{i0}+R_{i0}\beta(t-t_0)}{R_{i0}+R}$$

$$R=\frac{(\beta-\alpha)R_{i0}}{\alpha} \tag{7-15}$$

霍尔元件的 R_{i0}、α、β 值在产品说明书上均有说明，所以当霍尔元件选定后，并联补偿电阻即可由式（7-15）来求的。通常 $\beta \gg \alpha$，故 $\beta-\alpha \approx \beta$，式（7-15）可简化为

$$R=\frac{\beta R_{i0}}{\alpha} \tag{7-16}$$

根据上式选择输入回路并联电阻 R，可使温度误差减到极小而不影响霍尔元件的其他性能。

（2）适当选取输出回路负载电阻　由于霍尔电势 U_H 和输出电阻 R_0 都是温度的函数，因此负载电阻 R_L 上的电压为

$$U_0=\frac{U_{H0}(1+\alpha t)}{R_{c0}(1+\beta t)+R_L}R_L \tag{7-17}$$

式中，R_{C0} 为温度是 t_0 时的霍尔元件输出电阻。

若使负载上的电压 U_0 不随温度改变而改变，即要求 $\frac{dU_0}{dt}=0$，由此可得

$$R_L=R_{c0}\left(\frac{\beta}{\alpha}-1\right) \tag{7-18}$$

霍尔电势的负载通常是放大器或显示、记录仪表的输入电阻，其值是一定的，但可以用串、并联电阻的方法使式（7-18）得到满足。

（3）采用温度补偿元件

这是最常用的温度补偿的方法，图 7-12 中示出了几种不同连接方式的例子，其中图 7-12（a）、（b）、（c）为电压源激励时的补偿电路；图 7-12（d）为电流源激励时的补偿电路。图中 R_i 为激励源的内阻，$r(t)$、$R(t)$ 为热敏元件，如热电阻或热敏电阻。

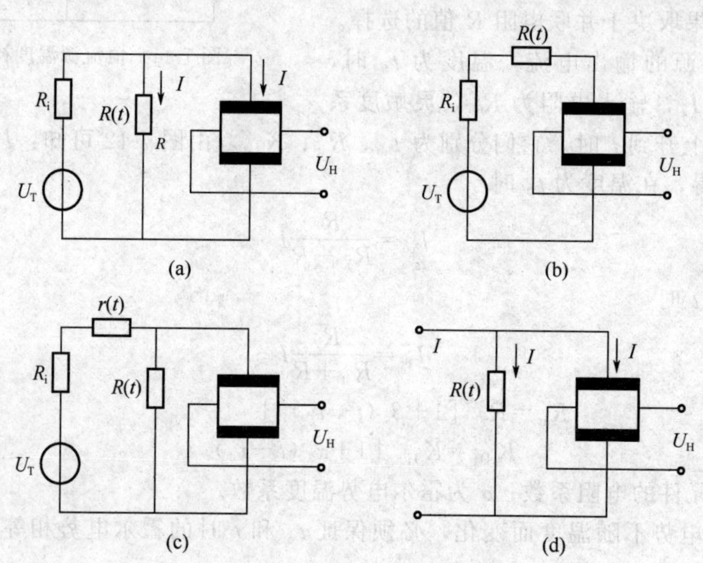

图 7-12　采用热敏元件的温度误差补偿电路

第三节　霍尔式传感器的应用

霍尔元件具有结构简单、体积小、动态特性好和寿命长等优点，它不仅用于磁感应强度、有功功率及电能参数的测量，也在位移测量中得到广泛应用。

1. 霍尔式位移传感器

如图 7-13（a）所示，在极性相反、磁场强度相同的两个磁钢的气隙中放置一个霍尔元件，当元件的控制电流 I 恒定不变时，霍尔电势 U_H 与磁场强度 B 成正比；若磁场在一定范围内沿 x 方向的梯度 dB/dx 为一常数［见图 7-13（b）］，则当霍尔元件沿 x 方向移动时，霍尔电势的变化为

$$\frac{dU_H}{dx}=R_H I\frac{dB}{dx}=k \tag{7-19}$$

式中，k 为位移传感器的输出灵敏度。

将式（7-19）积分后得

$$U_H=kx \tag{7-20}$$

式（7-20）说明霍尔电势与位移量成线性关系。霍尔电势的极性反映了元件位移的方向，磁场梯度越大，灵敏度越高；磁场梯度越均匀，输出线性度越好。当 $x=0$，即元件位于磁场中间位置时，$U_H=0$，这是由于元件在此位置受到方向相反、大小相等的磁通作用的结果。

霍尔位移传感器一般可用在测量 1～2mm 的小位移，其特点是惯性小，响应速度快，无接触测量。任何非电量只要能转换成位移量的变化，均可利用霍尔式位移传感器的原理变换成霍尔电势，制成相应的传感器，如压力、振动、转速、磁场等各种传感器。下面再简要介绍一下霍尔式压力传感器。

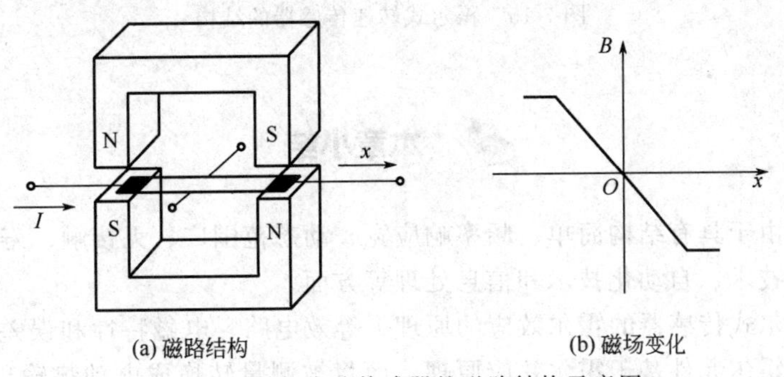

图 7-13　霍尔位移传感器的磁路结构示意图

2. 霍尔式压力传感器

图 7-14 是霍尔压力传感器的测量原理图。装有霍尔元件的弹簧管一端为固定端，另一端自由，其作用是感受压力并把压力转换成沿箭头方向的位移，霍尔元件放置在由磁钢产生的恒定梯度磁场中，测量霍尔元件输出的霍尔电势可知压力的大小。

3. 霍尔式转速传感器

图 7-15 是一种霍尔式转速传感器。磁性转盘的输入轴与被测轴相连，当被测转轴转动时，磁性转盘随之转动，固定在磁性转盘附近的霍尔传感器便可在每一个小磁铁通过时产生一个相应的脉冲，检测出单位时间的脉冲数，便可知被测转速。磁性转盘上小磁铁数目的多少决定了传感器测量转速的分辨率。

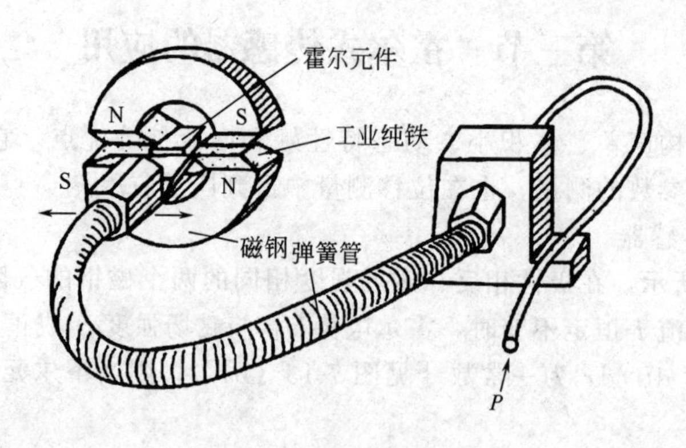

图 7-14　霍尔元件测压力

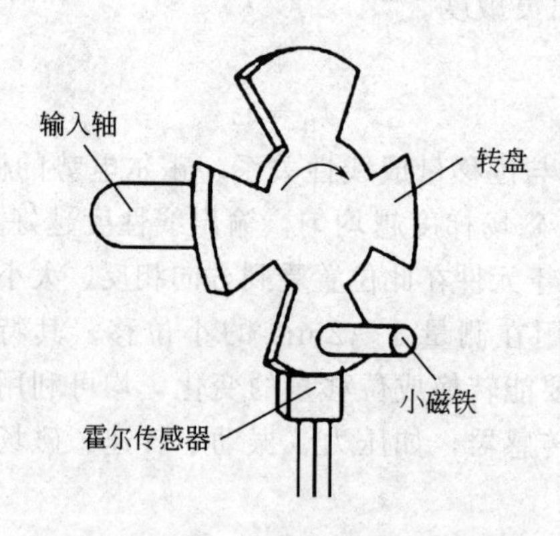

图 7-15　霍尔式转速传感器的结构

本章小结

霍尔传感器由于具有结构简单、频率响应宽、动态范围广、无接触、寿命长等特点，被广泛应用于测量技术、自动化技术和信息处理等方面。

本章介绍霍尔式传感器的霍尔效应的原理、等效电路、电磁特性和误差补偿方法。霍尔式传感器是利用霍尔元件基于霍尔效应原理，而将被测量转换成电动势输出的一种传感器。金属或半导体薄片垂直地置于磁场磁感应强度为 B 的磁场中，当有电流 I 流过时，在垂直于电流和磁场的方向上将会产生电动势 U_H，这种物理现象被称为霍尔效应。

常用的霍尔元件材料有锗、硅、砷化镓、锑化铟等半导体材料。一般来说，其中 N 型锗容易加工制造，其霍尔系数、温度性能和线性度度很好；N 型的硅的线性度最好，其霍尔系数、温度性能同 N 型锗相近；锑化铟对温度最敏感，尤其是在低温范围内温度系数大，但在室温时其霍尔系数较大；砷化铟的霍尔系数较小，温度系数也较小，输出特性线性度好。

霍尔传感器应用是将被测量电流、磁场、位移、压力等物理量的检测，是一种应用广泛的传感器。

习题及思考题

7-1　什么是霍尔效应？霍尔电势与哪些因素有关？霍尔元件常用材料有哪些？

7-2　影响霍尔元件输出零点的因素有哪些？怎样补偿？

7-3　霍尔元件不等位电势产生的原因有哪些？

7-4　霍尔元件灵敏度 $K_H=40\text{V}/(\text{A}\cdot\text{V})$，控制电流 $I=3.0\text{mA}$，将它置于 $1\times10^{-4}\sim5\times10^{-4}\text{T}$ 线性变化的磁场中，它输出的霍尔电势范围有多大？

7-5　试设计一个霍尔式电流传感器，画出结构原理图，并分析说明原理？

7-6　温度变化对霍尔元件的输出电势有什么影响？如何补偿？

7-7　试分析霍尔元件输出接有负载 R_L 时，利用恒压源和输入回路串联电阻 R 进行温度补偿的条件。

第八章

超声波与微波传感器

超声波与微波传感器，都属于非接触式传感器。目前已广泛应用于工业、农业、医疗、军事、通信、测绘、日常生活等诸多方面。可以用来测量距离、探测障碍物、区分被测物体的大小等。其工作过程可描述为：波的“产生—传播—接收—处理—结果”，工作方式大都是采取向被测目标发射波并接收目标反射波，来计算距离、感知物体的存在与否。也可采用透射方式或遮断方式。它们的主要区别如表 8-1 所示。

表 8-1　微波和超声波的区别

类别	微波	超声波
波类型	电磁波	机械波
反射特性	在不同介电常数的界面上反射	在不同声阻抗率介质的界面上反射
压力影响	微不足道	很小
温度影响	微不足道	需温度补偿
传播速度	约 3×10^8m/s(在真空中)	约 344m/s(空气中,20℃)
测量盲区	到天线顶端	离辐射面大于 250mm
动态范围	高达 150dB	高达 100dB
传播环境	很少受气相环境影响	要求均一的气体环境

第一节　超声波及其物理性质

一、物理性质

声波是一种机械波，是机械振动在介质中的传播过称，当振动频率在 10～10000Hz 时可以引起人的听觉，称为闻声波；更低频率的机械波称为次声波；20Hz 以上频率的机械波称为超声波。超声波的指向性强，能量集中，穿透性高。超声波对液体、固体的穿透本领很大，尤其是在阳光不透明的固体中，它可穿透几十米的深度。超声波碰到杂质或分界面会产生显著反射形成反射回波，碰到活动物体能产生多普勒效应。由于在两种介质中的传播速度不同，当声波由一种介质入射到另一介质时，在介质的分界面处，就会因入射角度的不同，而在界面上明显产生反射、折射现象，这与光波的特性相似，如图 8-1 所示。

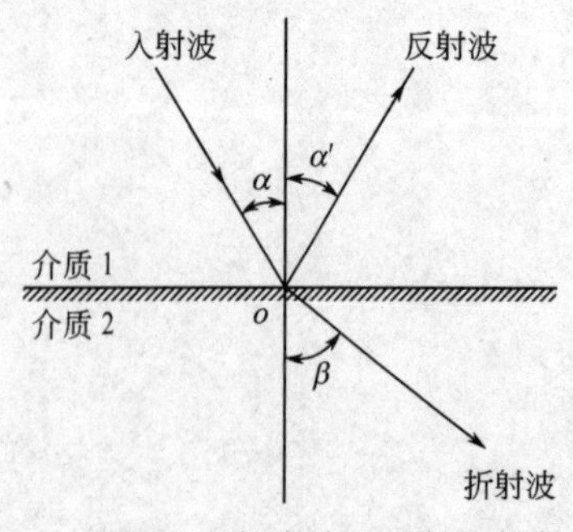

图 8-1　超声波的反射和折射

声波在介质中的传播方式有多种。能在固体、液体和气体介质中传播，质点振动方向与波的传播方向一致的波，称为纵波。只能在固体介质中传播，质点振动方向垂直于传播方向的波，称为横波。只在固体的表面进行传播，质点的振动介于横波与纵波之间，沿着介质表面传播，其振幅随深度增加而迅速衰减的波，就是表面波。

声波的传播速度，与介质密度、弹性特性有关。而介质密度与弹性特性都是温度的函数，因此，声波在介质中的传播速度，随介质的温度变化而改变。超声波的传播速度通常可认为横波声速为纵波的一半，表面波声速为横波声速 90%。

在传播过程中，随传播距离的增加，声波也会产生能量的衰减。衰减的程度与声波的扩散、散射、吸收等多种因素有关。

$$I=I_0 e^{-Ad}$$

式中　I——超声波通过介质后的强度；

I_0——超声波进入介质的强度；

d——介质的厚度；

A——吸收指数。

二、超声效应

当超声波在介质中传播时，由于超声波与介质的相互作用，使介质发生物理和化学变化，从而产生一系列效应。

① 机械效应：超声波的机械作用可促成液体的乳化、凝胶的液化和固体的分散。当超声波流体介质中形成驻波时，悬浮在流体中的微小颗粒因受机械力的作用而凝聚在波节处，在空间形成周期性的堆积。超声波在压电材料和磁致伸缩材料中传播时，由于超声波的机械作用而引起的压电效应和磁致伸缩。

② 空化作用：超声波作用于液体时可产生大量小气泡。一个原因是液体内局部出现拉应力而形成负压，压强的降低使原来溶于液体的气体过饱和，而从液体逸出，成为小气泡。另一个原因是强大的拉应力把液体“撕开”成一空洞，称为空化。空洞内为液体蒸气或溶于液体的另一种气体，甚至可能是真空。因空化作用形成的小气泡会随周围介质的振动而不断运动、长大或突然破灭。破灭时周围液体突然冲入气泡而产生高温、高压，同时产生激波。与空化作用相伴随的内摩擦可形成电荷，并在气泡内因放电而产生发光现象。在液体中进行超声处理的技术大多与空化作用有关。

③ 热效应：由于超声波频率高，能量大，被介质吸收时能产生显著的热效应。

④ 化学效应：超声波的作用可促使发生或加速某些化学反应。例如纯的蒸馏水经超声处理后产生过氧化氢；溶有氮气的水经超声处理后产生亚硝酸；染料的水溶液经超声处理后会变色或退色。这些现象的发生总与空化作用相伴随。超声波还可加速许多化学物质的水解、分解和聚合过程。超声波对光化学和电化学过程也有明显影响。各种氨基酸和其他有机物质的水溶液经超声处理后，特征吸收光谱带消失而呈均匀的一般吸收，这表明空化作用使分子结构发生了改变。

第二节　微波概述

微波是指频率为 300MHz～3000GHz 的无线电波，在实际应用中把微波波段细分为：分米波段(频率为 300～3000MHz)、厘米波波段(频率为 3～30GHz)、毫米波波段(频率为 3～300GHz)、及亚毫米波波段(频率为 300～3000GHz)。

微波有电磁波的特性,但它又不同于普通无线电和光波,是一种相对波长较长的电磁波。微波波段之所以要从射频频谱中分离出来单独研究,是由于微波波段有着不同于其他波段的特点。

① 似光性和似声性:微波传播的特性也和几何光学相似,能像光一样直线传播,照在物体上将产生显著地反、折射,就与光线的反、折射一样,容易集中,即具有似光性。微波的波长与无线电设备尺寸相当的特点,使微波又体现出与声波相似的特征,即具有似声性。如微波波导类似于声学中的传声筒,微波天线类似于喇叭天线。

② 穿透性:微波照射于介质物体时,能深入物质内部的特点就称为穿透性。微波可以穿过玻璃、陶瓷、塑料等绝缘材料,但不会消耗能量;而含有水分的食物,微波不但不能透过,其能量反而会被吸收。

③ 非电离性:微波量子能量不够大,因而不会改变物质分子的内部结构或破坏分子的化学键,所以微波和物体之间的作用是非电离的。而由物理学可知,分子、原子和原子核在外加电磁场的周期力作用下所呈现的许多共振现象都发生在微波范围,因此微波为探索物质的内部结构和其基本特性提供了有效的研究手段。

微波传感器是利用微波特性来检测某些物理量的器件或装置。由发射天线发出微波,此波遇到被测物体时将被吸收或反射,使微波功率发生变化。若利用接收天线,接收到通过被测物体或由被测物体反射回来的微波,并将它转换为电信号,再经过信号调理电路,即可以显示出被测量,实现了微波检测。

根据微波传感器的原理,微波传感器可以分为反射式和遮断式两类。

(1)反射式微波传感器　反射式微波传感器是通过检测被测物反射回来的微波功率或经过的时间间隔来测量被测量的。通常它可以测量物体的位置、位移、厚度等参数。

(2)遮断式微波传感器　遮断式微波传感器是通过检测接收天线收到的微波功率大小来判断发射天线与接收天线之间有无被测物体或被测物体的厚度、含水量等参数的。

第三节　超声波传感器

在超声波检测技术中,主要利用它的反射、折射、衰减等物理性质。不管哪一种超声波仪器都是发射超声波,然后再接收超声波,变换成电信号,完成这一部分工作的装置就是超声波传感器。超声波传感器按照其结构和安装方法不同分为两种类型:分体式和一体式。如图 8-2 所示,分体式超声波的发射和接收为两个器件。是将两个换能器分别放置在不同的位置,即收、发分置型,称为声场型探测器,它的发射机与接收机多采用非定向型(即全向型)换能器或半向型换能器。非定向型换能器产生半球形的能场分布模式,半向型产生锥形能场分布模式。收、发分置的超声波探测器警戒范围大,可控制几百立方米空间,多组使用可以警戒更大的空间。

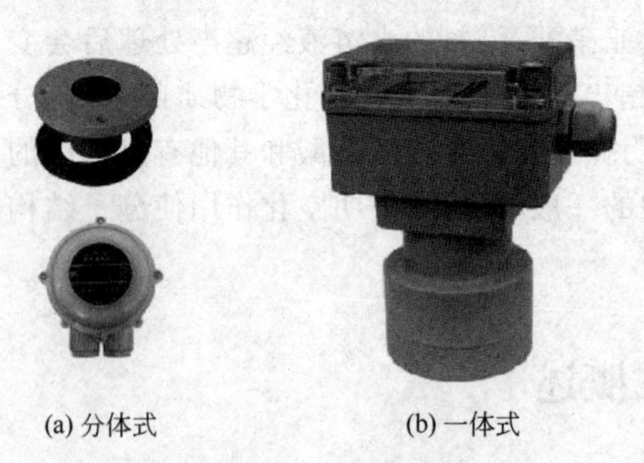
(a) 分体式　(b) 一体式

图 8-2　超声波传感器

当超声发射器与接收器分别置于被测物两

侧时,这种类型称为透射型。透射型可用于遥控器、防盗报警器、接近开关等。超声发射器与接收器置于同侧的属于反射型,反射型可用于接近开关、测距、测液位或物位、金属探伤以及测厚等。

一体式超声波的发射和接收为同一个器件。将两个超声波换能器安装在同一个壳体内,即收、发合置型,其工作原理是基于声波的多普勒效应,也称为多普勒型。其发射的超声波的能场分布具有一定的方向性,一般为面向方向区域呈椭圆形能场分布。

超声波探头按其工作原理可分为压电式、磁致伸缩式、电磁式等,其中以如图 8-3 所示的压电式最为常见。

压电式超声波传感器是利用压电材料的压电效应来工作的。逆压电效应将高频电振动转换成高频机械振动,从而产生超声波,可作为发射探头;而正压电效应是将超声振动波转换成电信号,可作为接收探头。小功率超声探头多做探测用,有多种不同的结构。

当外力作用于晶体端面时,在其相对的两个面上会产生异性电荷。用导线将两端面上的电极连接起来,就会有电流流过。当外力消失时,被中和的电荷又会立即分开,形成与原来方向相反的电流。若作用于晶体端面上的外力是交变的,这样,一压一松就可以产生交变电场。反之,将交变电压加在晶体端面的电极上,便会沿着晶体厚度方向产生与所加交变电压同频率的机械振动,向附近介质发射声波。

换能器的核心是压电晶体片,根据不同的需要,压电晶体片的振动方式有很多,如薄片的厚度振动,纵片的长度振动,横片的长度振动,圆片的径向振动,圆管的厚度、长度、径向和扭转振动,弯曲振动等。其中以薄片厚度振动用得最多。由于压电晶体本身较脆,并因各种绝缘、密封、防腐蚀、阻抗匹配及防护不良环境要求,压电元件往往装在一壳体之内而构成探头。超声波换能器的工作原理如图 8-4 所示,该换能器探头振动频率在几百千赫以上,采用厚度振动的压电晶体片。

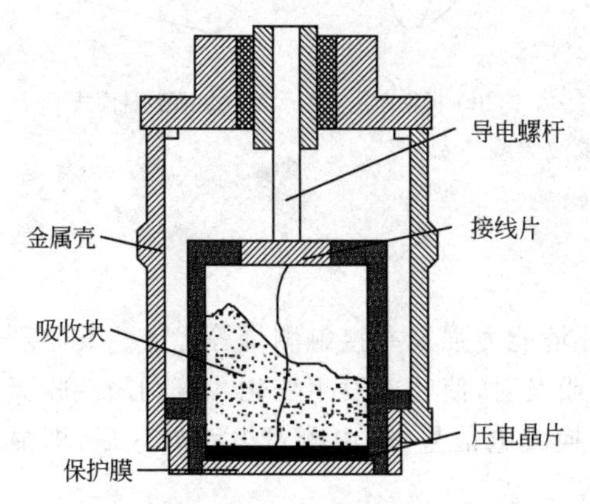

图 8-3 压电式超声波传感器

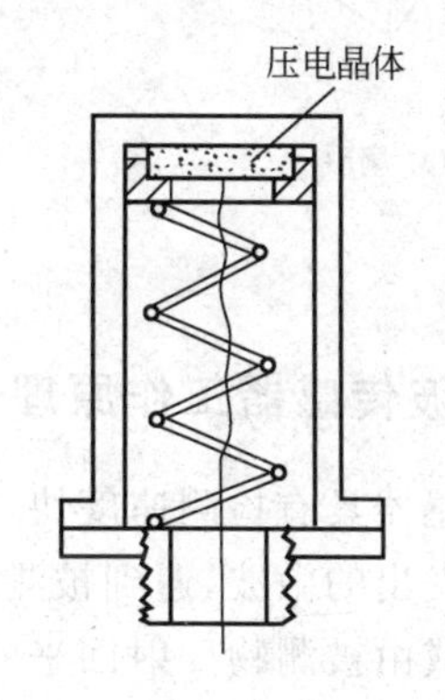

图 8-4 换能器(探头)工作原理示意图

超声波传感器的主要性能指标如下。

(1) 工作频率 工作频率就是压电晶片的共振频率。当加到晶片两端的交流电压的频率和晶片的共振频率相等时,输出的能量最大,灵敏度也最高。

(2) 工作温度 由于压电材料的居里点一般比较高,特别是诊断用超声波探头的使用功率较小,所以工作温度比较低,可以长时间地工作而不失效。

(3) 灵敏度 灵敏度主要取决于制造晶片本身。机电耦合系数大,灵敏度高;反之,灵敏度低。

第四节　微波传感器

微波传感器是根据微波特性来检测一些物理量的器件或装置，它广泛应用于液位、物位、厚度及含水量的测量。

一、微波式传感器的组成及工作原理

微波振荡器和微波天线是微波传感器的重要组成部分。微波振荡器是产生微波的装置。由于微波的波长很短，频率很高(300MHz～300GHz)，要求振荡回路有非常小的电感与电容，因此不能用普通晶体管构成微波振荡器。构成微波振荡器的器件有速调管、磁控管或某些固体器件。

由微波振荡器产生的振荡信号需要用波导管(波长在10cm以上可用同轴电缆)传输，并通过天线发射出去。为了使发射的微波具有一致的方向性，天线应具有特殊的结构和形状。常用的天线有喇叭形天线、抛物面天线和介质线等，喇叭形天线具有圆形或矩形截面，根据它的形状，可有扇形[如图8-5(a)]、圆锥形[如图8-5(b)]等。喇叭形可以看做是波导管的延续。喇叭形天线在波导管与敞开的空间之间起匹配作用，以获得最大能量输出。抛物面天线犹如凹面镜产生平行光一样，能使微波发射的方向性得到改善，图8-5(c)为抛物面式微波天线，图8-5(d)为抛物柱面式微波天线。

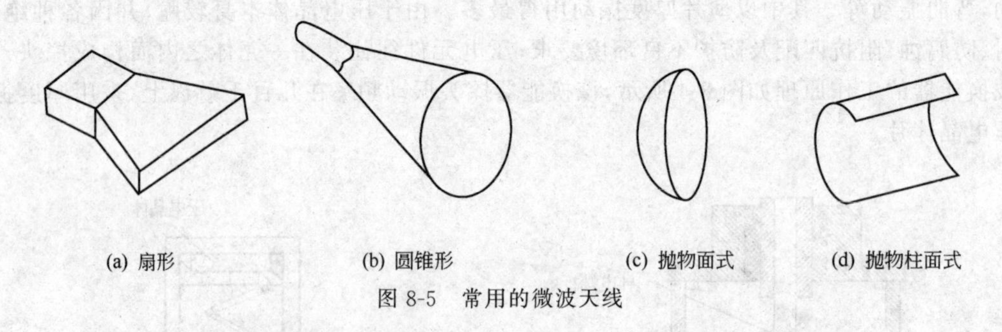

图8-5　常用的微波天线

二、微波传感器工作原理

微波传感器具有检测速度快、灵敏度高、适应环境能力强及非接触测量等优点。其原理是由发射天线发出的微波，遇到被测物体时将被吸引或发射，使功率发生变化。若利用接收天线接收被测物或由被测物反射回来的微波，并将它转换成电信号，再由测量电路处理后，即显示出被测量，就实现了微波检测。

与一般传感器不同，微波传感器的敏感元件可认为是一个微波场，它的其他部分可视为一个转换器和接收器，如图8-6所示。图中，MS是微波源；T是转换器；R是接收器。转换器可以是一个微波场的有限空间，被测物即处于其中。如果MS与T合二为一，称之为有源微波传感器；如果MS与R合二为一，则称其为自振荡式微波传感器。

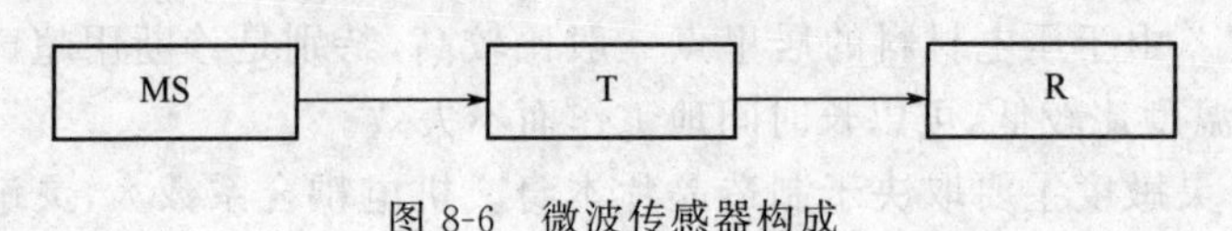

图8-6　微波传感器构成

第五节　传感器举例

一、超声波探伤

超声波探伤是目前应用十分广泛的无损探伤手段。它既可检测材料表面的缺陷，又可检测内部几米深的缺陷，这是其他探伤所达不到的深度。一般在均匀的材料中，缺陷的存在将造成材料的不连续，这种不连续往往又造成声阻抗的不一致，由反射定理可知，超声波在两种不同声阻抗的介质的交界面上将会发生反射，反射回来的能量的大小与交界面两边介质声阻抗的差异和交界面的取向、大小有关。超声波探伤仪就是根据这个原理设计的。

超声波探伤检验中最常用的为纵波、横波、表面波。用纵波可探测金属铸锭、坯料、中厚板、大型锻件和形状比较简单的制件中所存在的夹杂物、裂缝、缩管、白点、分层等缺陷；用横波可探测管材中的周向和轴向裂缝、划伤、焊缝中的气孔、夹渣、裂缝、未焊透等缺陷；用表面波可探测形状简单的制件上的表面缺陷。超声波探伤测试如图 8-7。

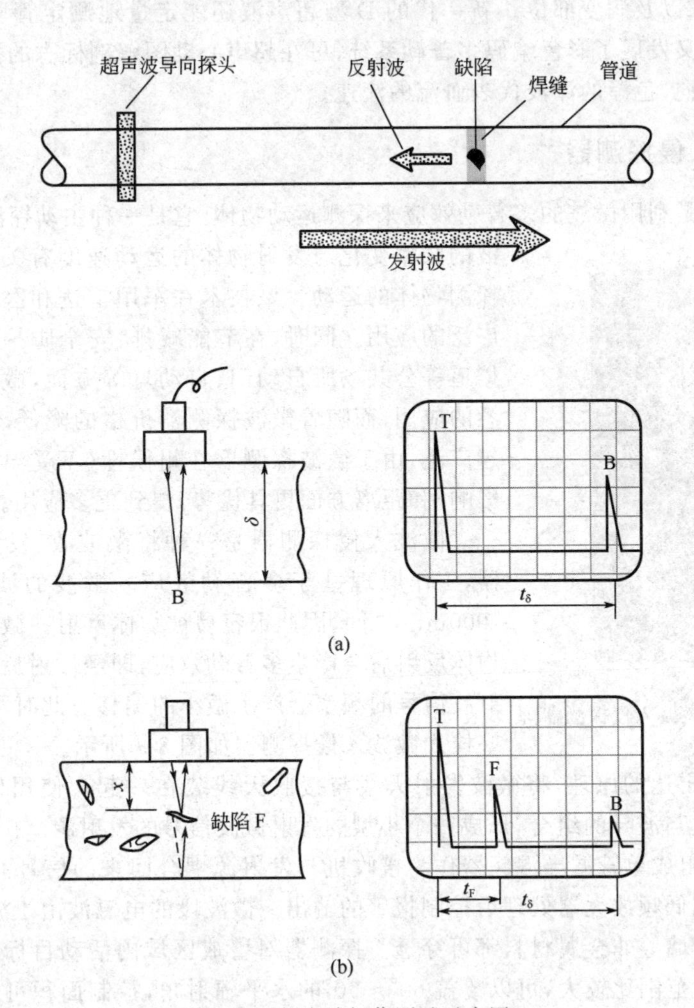

图 8-7　超声波探伤测试示意图

二、超声波医学检查

超声波发射到人体内，当它在体内遇到界面时会发生反射及折射，并且在人体组织中可能被吸收而衰减。因为人体各种组织的形态与结构是不相同的，因此其反射与折射以及吸收超声波的程度也就不同，医生们正是通过仪器所反映出的波形、曲线，或影像的特征来辨别它们。此外再结合解剖学知识、正常与病理的改变，便可诊断所检查的器官是否有病。A 型：是以波形来显示组织特征的方法，主要用于测量器官的径线，以判定其大小。可用来鉴别病变组织的一些物理特性，如实质性、液体或是气体是否存在等。B 型：用平面图形的形式来显示被探查组织的具体情况。检查时，首先将人体界面的反射信号转变为强弱不同的光点，这些光点可通过荧光屏显现出来，这种方法直观性好，重复性强，可供前后对比，所以广泛用于妇产科、泌尿、消化及心血管等系统疾病的诊断。M 型：是用于观察活动界面时间变化的一种方法。最适用于检查心脏的活动情况，其曲线的动态改变称为超声心动图，可以用来观察心脏各层结构的位置、活动状态、结构的状况等，多用于辅助心脏及大血管疾病的诊断。D 型：是专门用来检测血液流动和器官活动的一种超声诊断方法，又称为多普勒超声诊断法。可确定血管是否通畅、管腔是否狭窄、闭塞以及病变部位。新一代的 D 型超声波还能定量地测定管腔内血液的流量。近几年来科学家又发展了彩色编码多普勒系统，可在超声心动图解剖标志的指示下，以不同颜色显示血流的方向，色泽的深浅代表血流的流速。

三、微波入侵探测器

微波探测器是利用微波的多普勒效应来探测运动物体：它是一种主动探测技术，利用反射波的频率变化与发射物体的运动速度有关的多普勒效应来探测物体的运动。该技术在军用雷达和医用超声波上已有广泛的应用。同时，在节能减排、安全防护以及机场、仓库、楼道等公共场所自动门、自动灯等方面，微波探测器也是熟悉的应用，而随着微波探测器价格的降低，它的应用也越来越广泛，由于微波探测器在耐候性（不受温度、气流、灰尘等影响）和距离方面更具优势，得到更多应用。

图 8-8　壁挂式微波入侵探测器

微波入侵探测器是一种将微波收、发设备合置的探测器，工作原理基于多普勒效应。微波的波长很短，在 1～1000mm 之间，因此很容易被物体反射。微波信号遇到移动物体反射后会产生多普勒效应，即经反射后的微波信号与发射波信号的频率会产生微小的偏移。此时可认为报警产生。壁挂式微波入侵探测器如图 8-8 所示。

采用多普勒雷达的原理，将微波发射天线与接收天线装在一起。使用体效应管作微波固态振荡源，通过与波导的组合，形成一个小型的发射微波信号的发射源。探头中的肖基特检波管与同一波导组成单管波导混频器作为接收机与发射源耦合回来的信号混频，从而得到一个频率差，再送到低频放大器处理后控制报警的输出。微波段的电磁波由于波长较短，穿透力强，玻璃、木板、砖墙等非金属材料都可穿透。探测器对警戒区域内活动目标的探测范围是一个立体防范空间，范围比较大，可以覆盖 60°～90°的水平辐射角，控制面积可达几十到几百平方米。雷达式微波探测器的发射能图与所采用的天线结构有关，采用全向天线（如 1/4 波长的单极天线）可产生近乎圆球形或椭圆形的发射范围，这种能场适合保护大面积的房间或仓库等处。而采用定向天线(如喇叭天线)可以产生宽泪滴形或又窄又长的泪滴形能图，适合保护狭长的地点，如走廊或通道等。

本章小结

超声波与微波传感器，是目前在工业上已广泛应用的非接触式传感器。

超声波是一种在弹性介质中的机械振荡，超声波可以在气体、液体及固体中传播，其传播速度不同。另外，它也有折射和反射现象，并且在传播过程中有衰减。在空气中传播超声波，其频率较低，一般为几十千赫兹，而在固体、液体中则频率可用得较高。在空气中衰减较快，而在液体及固体中传播，衰减较小，传播较远。利用超声波的特性，可做成各种超声传感器，配上不同的电路，制成各种超声测量仪器及装置，并在通信、医疗家电等各方面得到广泛应用。

微波是波长为 1～1000mm 的电磁波，它既具有电磁波的性质，又不同于普通无线电波和光波。微波传感器是利用微波的传输性能好、易反射、被吸收功率易测量等特点，用专门的微波振荡器来产生微波，特定的天线收发微波，在实际生产生活中用来测量被测物的距离、厚度、传输媒介性质等。由于微波传感器在耐候性(不受温度、气流、灰尘等影响)和距离方面更具优势，微波传感器得到更多应用。

习题及思考题

8-1　什么是微波？其波长范围是多少？

8-2　微波传感器可分为哪两种？其检测原理是什么？

8-3　什么是超声波？其频率范围是多少？

8-4　超声波在通过两种介质界面时，将发生什么现象？

8-5　利用超声波测厚的基本方法是什么？

第九章

物联网传感器技术

内容提要:本章首先介绍了物联网的相关概念,物联网技术的核心和基础仍然是"互联网技术",是在互联网技术基础上的延伸和扩展的一种网络技术;其用户端延伸和扩展到了任何物品和物品之间,进行信息交换和通信。然后讨论了传感器应用技术和自动识别技术,最后通过两个例子介绍物联网传感器技术的具体应用。

第一节　物联网概念

20世纪初物联网概念的问世,打破了传统的思维观念。过去一直是将物理基础设施和IT基础设施分开,一方面是机场、公路、建筑物等物理基础设施,另一方面是个人电脑、宽带通信等IT基础设施。在物联网时代,物理基础设施将与芯片、有线和无线通信整合为统一的基础设施。在此意义上,基础设施更像是一块新的地球工地,世界的运转就在它上面进行。其中,包括了经济管理、生产运行、社会管理乃至个人生活。

一、物联网的特点

物联网的概念最初是在1999年提出的,顾名思义就是"物物相连的互联网"。

其中包含两层含义:第一,物联网的核心和基础仍然是互联网,是在互联网基础上的延伸和扩展的网络;第二,其用户端延伸和扩展到了任何物品与物品之间,人与物品之间进行信息交换和通信。

目前国内对物联网的定义是:通过传感器、无线射频识别(Radio Frequency Identification,RFID)技术、红外感应器、全球定位系统、激光扫描器等信息传感设备,按约定的协议,把任何物品与互联网连接起来,进行信息交换和通信,以实现智能化识别、定位、跟踪、监控和管理的一种网络。物联网可以以简单的RFID电子标签和智能传感器为基础,结合已有的网络技术、数据库技术、中间件技术等,构建一个比Internet更为庞大的物-物、物-人相连的网络。

欧盟定义:物联网是将现有的互联的计算机网络扩展到可以互联的物品网络。国际电信联盟(ITU)定义:从任何时间任何地点的人与人之间的沟通连接扩展到人与物和物与物之间的沟通连接。

相对于已有的各种通信和服务网络,物联网在技术和应用层面具有以下几个特点。

(1)感知识别普适化　作为物联网的末梢,自动识别和传感技术近些年来发展迅猛,应用广泛。仔细观察就会发现,人们的衣食住行都能折射出感知识别技术的发展。无所不知的感知与识别将物理世界信息化,将传统上分开的物理世界和信息世界实现高度融合。

(2)异构设备互联化　尽管物联网中的硬件和软件平台千差万别,各种异构设备(不同型号和类别的 RFID 标签、传感器、手机、笔记本电脑等)利用无线通信模块和标准通信协议,构建自组织网络。在此基础上,运行不同协议的异构网络之间通过"网关"互联互通,实现网际间信息的共享及融合。

(3)联网终端规模化　物联网时代的一个重要特征是"物品联网",每一件物品均具有通信功能,成为网络终端。

(4)管理调控智能化　物联网将大规模数据高效、可靠地组织起来,为上层行业应用提供智能的支撑平台。数据存储、组织以及检索成为行业应用的重要基础研究。与此同时,各种决策手段包括运筹学理论、机器学习、数据挖掘、专家系统等广泛应用于各行各业。

(5)应用服务链条化　链条化是物联网应用的重要特点。以工业生产为例,物联网技术覆盖原材料引进、生产调度、节能减排、仓储物流、产品销售、售后服务等各个环节,成为提高企业整体信息化程度的有效途径。

二、物联网的体系结构

物联网核心技术包括传感器技术、无线射频识别技术、传感器网络、红外感应器、全球定位系统、互联网与移动网络、网络服务、各个行业应用软件等。物联网具体包括综合服务应用层(简称应用层)、网络传输层(简称传输层)和感知、识别与控制层(简称感知层)三级结构形式,物联网的结构组成如图 9-1 所示。

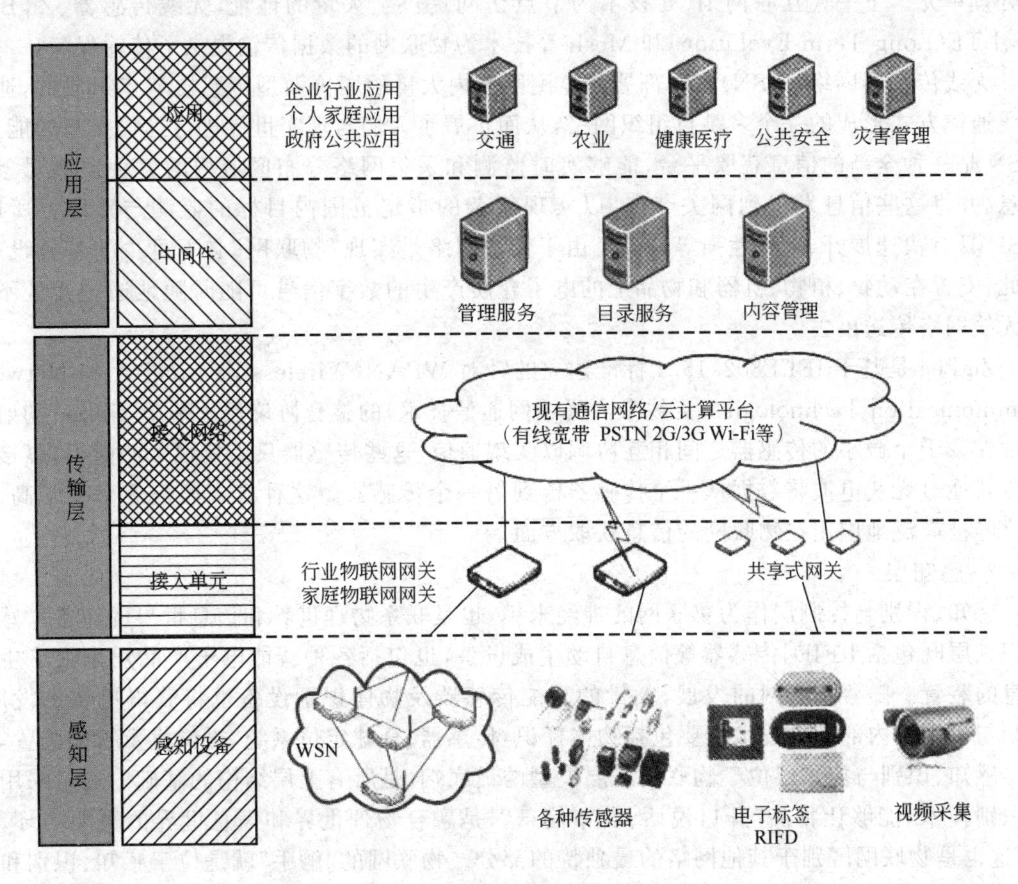

图 9-1　物联网的结构组成

1. 应用层

在高性能计算和海量存储技术的支撑下,综合服务应用层将大规模数据高效、可靠地组织起来,为上层行业应用提供智能的支撑平台。综合服务应用层的主要特点是"智慧"。有了丰富翔实的数据,运筹学理论、机器学习、数据挖掘、专家系统等"智慧迸发"手段才有了更广阔的施展舞台。

数据的存储是综合服务应用层信息处理的第一步,数据库系统以及其后发展起来的海量存储技术、网络化存储等,目前已经广泛应用于IT、金融、电信、商务等行业,为数据存储提供了优秀的解决方案。自20世纪90年代末以来,以Web搜索引擎为代表的新一代网络信息查询技术异军突起,如今已成为互联网信息世界的重要应用技术,也使数据组织和查询能力日益提高。

综合服务应用层的主要功能是感知和识别物体,采集和捕获物体及其环境的相关信息。它包括各种具有感知能力的设备和网络,如各种传感器、RFID标签和读写器、M2M终端、视频采集器终端等。

2. 传输层

网络传输层的主要作用是将物联网中感知与被识别的数据接入到综合服务应用层,供其应用。而互联网作为物联网技术的重要传输层,再将数据通过各种网络传输形式传送到数据中心、用户终端等。

而在非互联网的传输层面上,大量的感知信息需要通过便捷、可靠、安全的方式传输给信息处理单元。下一代互联网IPv6技术为节点访问提供了大量的地址,无线传感器、ZigBee、3G、LTE(Long Term Evolution)和Mesh等技术为物联网的数据传输提供了传输保障。

无线传感器网络(WSN)是由部署在监测区域内大量的廉价微型传感器节点组成的,通过无线通信方式形成的一个多跳自组织网络,从而扩展了人们与现实世界进行远程交互的能力。WSN是一种全新的信息获取平台,能够实时监测和采集网络分布区域内的各种监测对象的信息,并将这些信息发送到网关节点,以实现复杂的指定范围内目标的监测与跟踪。所以,WSN具有快速展开、抗毁性强等特点。由于无线网络是实现"物联网"必不可少的基础设施,因此,安置在动物、植物、机器和物品上的电子介质产生的数字信号可随时随地通过无处不在的无线网络传送出去。

ZigBee是基于IEEE802.15.4标准建立的针对WPAN(Wireless Personal Area Network Communication Technologies,无线个人局域网通信技术)的整套协议栈。基于ZigBee的射频芯片在数千个微小的传感器之间相互协调以实现通信,这些传感器只需要很少的能力,以接力的方式通过无线电波将数据从一个传感器传到另一个传感器。这种方式通信效率非常高,目前已经被广泛地应用在物联网的信息获取方面。

3. 感知层

感知、识别与控制层作为物联网的神经末梢,也是联系物理世界和信息世界的纽带。感知与识别层既包括RFID、传感器等信息自动生成设备,也包括各种智能电子产品用来人工生成信息的装置。随着物联网的发展,大量的智能传感器及物体识别设备也将获得更快的发展。感知与识别层内部相关技术主要包括物体标识、传感器、全球定位系统、摄像机及智能装置等。

感知、识别与控制层位于物联网三层模型的最底端,是所有上层结构的基础。通过采用感知识别技术,能够让物品"开口说话、发布信息",是融合物理世界和信息世界的重要一环,同时,这也是物联网区别于其他网络的最独特的部分。物联网的"触手"就是位于感知、识别和控制层的大量信息生成设备。总之,信息生成方式的多样性是物联网的重要特征之一。

物联网各层之间既相对独立又联系紧密。同一层次上的不同技术互为补充，以便适用于不同应用环境。而不同层次间需要提供各种技术的配置和组合，根据应用需求，构成完整的解决方案。总而言之，物联网设计方案与技术的选择应该以实际应用为导向，根据具体的需求和环境，选择合适的感知、识别与控制技术、联网技术和信息处理技术。

三、发展物联网的意义

物联网把新一代 IT 技术充分运用到各行各业中，将物联网与现有的互联网整合起来，实现人类社会与物理系统的整合。在这个整合的网络当中，存在着能力超级强大的中心计算机群，能够对整合网络内的人员、设备和基础设施实施实时的管理和控制。毫无疑问，如果“物联网”时代来临，人们的日常生活将发生极大的变化。一般来说，实现物联网的主要步骤有如下几个方面。

① 对物体属性进行感知与标识，物体的属性包括静态属性和动态属性。静态属性可以直接存储在电子标签中，动态属性需要先由各种类型的传感器进行实时探测。

② 需要一定的识别设备或仪器完成对物体的读取，并将信息转换为适合网络传输的数据格式。

③ 将物体的信息通过网络传输到信息处理中心（处理中心可能是分布式的，如家里的电脑或者手机，也有可能是集中式的，如中国移动的信息处理中心），由处理中心完成物体通信的相关信息处理、存储、显示以及进行对执行设备的控制。

国际电信联盟于 2005 年的一份报告曾对“物联网”时代的图景做了如下描绘论述。

当汽车司机出现操作失误时汽车会自动报警；公文包会提醒主人忘带了什么东西；衣服会“告诉”洗衣机对颜色和水温的要求等。还有，在应用了物联网的物流系统中，当货车装载超重时，会自动提醒超载了，并且超载多少。当货车的装货空间还有剩余时，会告诉你轻重货怎么搭配。当搬运人员卸货时，一件货物包装可能会说“亲爱的，请你不要太野蛮，可以吗？”。当运货司机在和别人闲谈时，货车会模仿老板的语气吼道“快点，该发车了！”等。通过这些方式，能够使物联网的应用更具人性化和智能化。物联网的行业应用情况如图 9-2 所示。

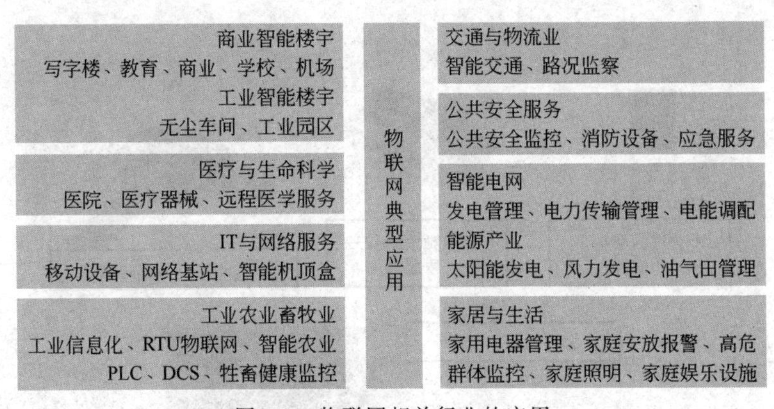

图 9-2　物联网相关行业的应用

第二节　传感器应用技术

为了研究自然现象，仅仅依靠人的五官获取外界信息是远远不够的，于是人们发明了代替或补充人体五官功能的传感器。最早的传感器出现在1861年,如今传感器已经渗透到人们的日常生活中,例如热水器的温控器、空调的温湿度传感器等。此外,传感器也被广泛用到工农业、医疗卫生、军事国防、环境保护等领域,极大地提高了人类认识世界和改造世界的能力。随着对物理世界的建设与完善、对未知领域与空间的拓展,人们需要的信息的种类和数量也在不断地增加,这对信息获取方式提出了更高的要求。

一、概述

国家标准(GB/T 7667—2005)对传感器(Sensor/Transducer)的定义是:传感器是能感受被测量并按照一定的规律将其转换成可用输出信号的器件和装置。从传感器的输入端来看,指定的传感器要能够感受出规定的被测量,传感器的输出信号应该是适合检测部件处理和传输的电信号。因此传感器处于感知与识别系统的最前端,用来获取检测信息。其性能将直接影响整个测试系统,对测量精度起决定性作用。

传感器作为信息获取的重要手段,与通信技术和计算机技术共同构成了信息技术的三大支柱。现代科技的进步,特别是微电子机械系统(Micro- Electro-Mechanical Systems, MEMS)、超大规模集成电路(Very Large Scale Integrated Circuits, VLSIC)的发展,使现代传感器走上了微型化、智能化和网络化的发展路线,其典型的代表是无线传感器节点(Wireless Sensor Nodes)。

二、常用传感器简介

物联网中常用的传感器有温度传感器、压力传感器、磁传感器、气体传感器、湿度传感器、声敏传感器、红外传感器、光电传感器、加速度传感器等。除了这些普通传感器,应用在物联网感知、识别与控制层的传感器节点往往需要满足体积小、精度高、生命周期长的要求。在高新技术的渗透下,尤其是计算机硬件和软件技术的渗入,微处理器和传感器得以结合,产生了具有一定数据处理能力,并能自检、自校、自补偿的新一代传感器——智能传感器。智能传感器的出现是传感技术的一次革命,对传感器的发展产生了深远的影响。智能传感器如图9-3所示。

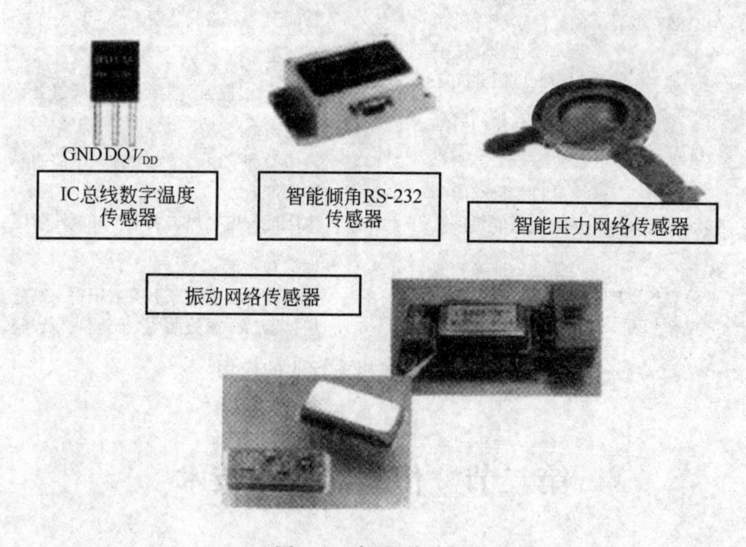

图9-3 智能传感器

下面介绍一种在物联网中使用的智能压力传感器。智能压力传感器原理如图 9-4 所示，它由检测和变送两部分组成。被测的力或压力通过隔离的膜片作用于扩散电阻上，引起阻值变化。扩散电阻接在惠斯通电桥中，电桥的输出代表被测压力的大小。在硅片上制成两个辅助传感器，分别检测静压力和温度。由于采用接近于理想弹性体的单晶硅材料，传感器的长期稳定性很好。在同一个芯片上检测的差压、静压和温度三个信号，经多路开关分时地接到 A/D 转换器中进行 A/D（模拟/数字）转换，数字量送到变送部分。

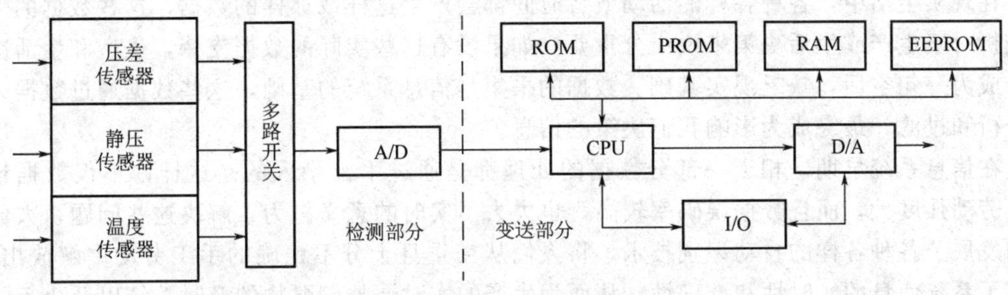

图 9-4　智能压力传感器原理

变送部分由微处理器、ROM、PROM（可编程只读存储器）、RAM、EEPROM（电可擦可编程只读存储器）、D/A 转换器、I/O 接口组成。微处理器负责处理 A/D 转换器送来的数字信号，从而使传感器的性能指标大大提高。存储在 ROM 中的主程序控制传感器工作的全过程。传感器的型号、输入输出特性、量程可设定范围等都存储在 PROM 中。

设定的数据通过导线传到传感器内，存储在 RAM 中。电可擦写存储器 EEPROM 作为 RAM 后备存储器，RAM 中的数据可随时存入 EEPROM 中，不会因突然断电而丢失数据。恢复供电后，EEPROM 可以自动地将数据送到 RAM 中，使传感器继续保持原来的工作状态，这样可以省掉备用电源。CPU 利用数字输入输出接口与其他相关设备进行数据传输。

目前，在物联网的应用中通常使用加州大学伯克利分校研制的无线传感器节点（Mote），该感知节点上包括有光照传感器、温湿度传感器以及大气压传感器等各种传感器。在进行系统设计时，选择可替换、精度高的传感器对于环境监测来说至关重要。另一个选择传感器的重要因素是传感器的启动时间，即传感器从加电到稳定读取数据的时间。在启动时间内传感器需要一个持续的电流作业，因此需要采用启动时间较短的传感器以节省能量。伯克利分校研制的无线传感节点板载传感器的参数如表 9-1 所示。

表 9-1　加州大学伯克利分校研制的无线传感节点、板载传感器参数表

传感器	精确度	替换精度	采样频率/Hz	启动时间/ms	工作电流/mA
光学传感器	N/A	10%	2000	10	1.235
1℃温度传感器	1K	0.20K	2	500	0.150
大气压传感器	1.5mbar	0.5%	10	500	0.010
大气压温度传感器	0.8K	0.24K	10	500	0.010
湿度传感器	2%	3%	500	500～3000	0.775
温度电堆传感器	3K	5%	2000	200	0.170
热敏电阻传感器	5K	10%	2000	10	0.126

注：1bar=1×10^{5}Pa

另外，多种传感器联合使用可以完成一些比较复杂的监测操作。例如，联合使用温度传感器、热敏电阻和光敏电阻可以测量云层的覆盖度。同一种传感器也可以用作不同的用途。另外，大气压传感器既可以在初始高度已知的情况下作为高度仪，也可以作为风速和风向测量仪。

第三节 自动识别技术

在现实生活中，各种各样的活动或者时间都会产生这样或那样的数据，这些数据的采集与分析对于生产或生活决策来说十分重要。如果没有这些实际的数据支持，生产和生活决策就会成为一句空话，缺乏现实基础。数据的采集是信息系统的基础，这些数据通过数据系统的分析和过滤，最终成为影响我们决策的信息。

在信息系统早期，相当一部分数据的处理都是通过手工录入的。这样，不仅数据量庞大，劳动强度大，而且数据误码率较高，也失去了实时的意义。为了解决这些问题，人们研究和发展了各种各样的自动识别技术，将人们从繁重且十分不精确的手工劳动中解放出来，提高了系统信息的实时性和准确性，从而为生产的实时调整、财物的及时总结以及决策的正确制定提供了正确的参考依据。

自动识别技术是信息数据自动识读、自动输入计算机的重要方法和手段，是一种高度自动化的信息和数据采集技术。自动识别技术近几十年来在全球范围内得到了迅猛发展，初步形成了一个包括条形码技术、磁条磁卡技术、IC 卡技术、光学字符识别技术、无线射频识别技术、声音识别及视觉识别技术等集计算机、光、磁、物理、机电、通信技术为一体的高新技术学科。

一、概述

在 20 世纪 20 年代，人们发明了由基本元件组成的条形码识别设备。时至今日，条形码技术已经无处不在，几乎找不到没有条形码烙印的商品。例如，商场的条形码扫描系统就是一种典型的自动识别技术。售货员通过扫描仪扫描商品的条形码，获取商品的名称、价格，输入数量，后台 POS 系统即可计算出该批商品的价格，从而完成账单的结算。当然，顾客也可以采用银行卡支付方式进行支付，银行卡支付过程本身也是自动识别技术的一种应用形式。

进入 21 世纪，条形码在越来越多的情况下已经不能满足人们的需求。虽然价格低廉，但它有过多的缺点，如读取速度慢、存储能力小、工作距离近、穿透能力弱、适应性不强以及不能进行写操作等。与此同时，无线射频识别（RFID）技术以飞快的发展速度席卷全球，改变了条形码一统天下的现状。RFID 技术具有防水、防磁、穿透性强、读取速度快、识别距离远、存储数据能力大、数据可进行加密及可进行读写等特点。

自动识别技术就是应用一定的识别装置，通过被识别物品和识别装置之间的接近活动，自动地获取被识别物品的相关信息，并提供给后台的计算机处理系统来完成相关后续处理的一种技术。自动识别方法综合示意图如图 9-5 所示。

在一个现代化的信息处理系统中，自动数据识别单位完成了系统原始数据的收集工作，解决了人工数据输入速度慢、误码率高、劳动强度大、工作简单重复性高等问题，为计算机信息处理提供了快速、准确的数据输入的有效手段。

完整的自动识别计算机管理系统包括自动识别系统、应用程序接口或中间件及应用软件。也就是说，自动识别系统完成系统的采集和存储工作；应用系统软件对自动识别系统所

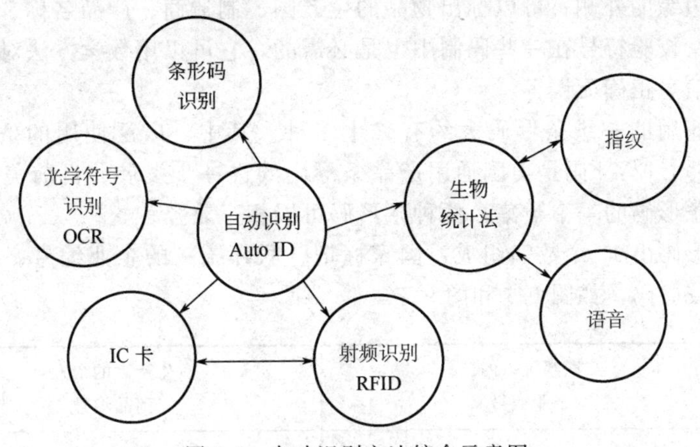

图 9-5 自动识别方法综合示意图

采集的数据进行应用处理；而应用程序接口软件则提供自动识别系统和应用系统软件之间的通信接口，将自动识别系统采集的数据信息转换成应用软件系统可以识别和利用的信息，并进行数据传递。

二、自动识别技术的分类与特征

自动识别技术根据识别对象的特征可以分为数据采集技术和特征提取技术两大类别。其中，数据采集技术的基本特征是要求被识别物体具有特定的识别特征载体（如标签等，光学字符识别例外）。然而，对应特征提取技术则是根据被识别物体本身的行为特征（包括静态、动态和属性的特征）来完成数据的自动采集。

下面将介绍一下自动识别技术中经常被应用的几种具体识别技术，如条形码技术、光学字符识别（OCR）技术、IC卡识别技术和无线射频识别技术。

1. 条形码技术

条形码技术是伴随计算机应用产生并发展起来的一种自动识别技术，经过几十年的发展，已被广泛应用于各行各业。相比较手工输入方式而言，它具有速度快、精度高、成本低、可靠性强等优点，在自动识别技术中占有重要地位。

目前市场上流行的有一维条形码和二维条形码。其中一维条形码所包含的全部信息是一串几十位的数字和字符，而二维条形码相对复杂，但包含的信息量极大增加，可以达到几千个字符。当然，计算机系统还要有专门的数据库保存条形码与物品信息的对应关系。当读入条形码的数据后，计算机上的应用程序即可对数据进行操作和处理。

条形码技术有很多优点。首先，作为一种经济实用的快速识别输入技术，条形码极大地提高了输入速度。其次，条形码的可靠性高。键盘输入的数据出错率一般为1/300，而采用条形码技术误码率低于百万分之一，同时条形码也有一定的纠错能力。另外条形码制作简单，可以方便地打印成各种形式的标签，对设备和材料没有特殊要求。条形码识别设备的成本相对较低，操作也很容易。

(1) 一维条形码技术　一维条形码是将宽度不等的多个反射率相差很大的黑条（线条）和白条（间隙），按照一定的编码规则进行排列，用以表达一组信息的图形标识符。通过激光扫描读出，即通过照射在黑色线条和白色间隙上的激光的不同反射来读出可以识别的数据。所有一维条形码都有一些相似的组成部分，具有一个空白区，称为静区，位于条形码的起始和终止部分边缘的外侧；可以标出物品的生产国、制造商、产品名称、生产日期、图案分类等信息内容；校验符号在一些码制中也是必需的，它可以用数学方法对条形码进行校验以保证译码后的信息正确无误等。

目前社会上应用的一维条形码大约有二十多种。其中，广泛使用的条形码是 EAN 码(欧洲商品条形码)，EAN 码是美国通用产品条形码的进一步发展。目前美国通用产品条形码只是欧洲商品条形码的一个子集，两种条形码可以相互兼容。

欧洲商品条形码由 13 个数字组成：国家标记、联邦统一的企业编号、生产者的个人商品编号以及一个校验码，如图 9-6 和图 9-7。

国家标记		联邦统一的企业编号					生产者的个人商品编号					校验码
4	0	1	2	3	4	5	0	8	1	5	0	9
BRD 联邦 德国		厂址： 依登特大街 1 号 80001 号，慕尼黑					巧克力 100g					

图 9-6　欧洲商品条形码的编码结构举例

图 9-7　含有 ISBN（国家标准书号）的条形码

(2) 二维条形码　条形码给人们的工作和生活带来了巨大的改变。然而，一维条形码仅仅只是一种商品的标识，它不含有对商品的任何描述，人们只能通过后台的数据库，提取相应的信息才能明白商品标识的具体含义。在没有数据库或物联网不便的地方，这一商品标识变得意义不大。此外，一维条形码无法标识汉字的图像信息，在有些应用汉字和图像的场合，显得十分不便。同时，即使建立了数据来存储产品信息，而大量的这些信息需要一个很长的条形码标识。如应用储运单元条形码、应用 EAN/UPC128 条形码，都需要占有很大的印刷面积，给印刷和包装工作带来了诸多不便。二维条形码正是为了解决一维条形码无法解决的问题而诞生的，即在有限的几何空间内印刷大量的信息。

20 世纪 70 年代，在计算机自动识别领域出现了二维条形码技术，这是在传统条形码基础上发展起来的一种编码技术。自 1990 年起，二维条形码技术在世界上开始得到广泛的应用，现已应用于国防、公共安全、交通运输、医疗保健、工业、商会、金融、海关及政府管理等领域。

二维条形码是用某种特定的几何图形按一定规律在平面（二维方向）上分布的黑白相间的图形上记录数据符号信息的。二维条形码在代码编制上巧妙地利用构成计算机内部逻辑基础的“0”、“1”比特流的概念，使用若干个与二进制相对应的几何形体来表示文字数值信息，通过图像输入设备或光电扫描设备自动识读以实现信息自动处理。二维条形码具有条形码技术的一些共性：每种码制有其特定的字符集；每个字符占有一定的宽度；具有一定的校验功能等。同时还具有对不同行的信息的自动识别功能和处理图形旋转变化等功能。二维条形码可以从水平、垂直两个方向来获取信息。因此其包含的信息量远远大于一维条形码，并且具备自纠错功能。采用 QR 码形式的二维条形码图案如图 9-8 所示。

2. IC卡识别技术

IC卡（Integrated Circuit Card）是集成电路卡的简称，实际上是一种数据存储系统，如必要还可以附加计算能力。为了方便携带，IC卡通常被封装入塑料外壳内做成卡片的形式。

IC卡是1970年由法国人Roland Moreno发明的，他第一次将可编程设置的IC芯片置入卡片，使卡片具有更多的功能。IC卡在外形上和磁卡极为相似，但IC卡是通过嵌入卡中的电擦除式可编程只读存储器（EEPROM）集成电路芯片来存储数据信息，一般具有以下优点：

图9-8　采用QR码形式的二维条形码图案

① IC卡的存储容量大，具有数据处理能力，同时可对数据进行加密和解密，便于应用，方便保管；

② IC卡安全保密性高，防磁，防一定强度的静电，抗干扰能力强，可靠性比磁卡高，使用寿命长，一般可重复读写10万次以上。

3. 无线射频识别技术

无线射频识别技术（RFID）是一种非接触的自动识别技术，其基本原理是利用射频信号和空间耦合（电感或电磁耦合）传输特性，实现对被识别物体的自动识别。

RFID最早出现在20世纪80年代，较其他技术明显的优点是电子标签和阅读器无需接触便可完成识别。它的出现改变了条形码依靠“有形”的一维或二维几何图案来提供信息的方式，通过芯片来提供存储在其中的数量巨大的“无形”信息。RFID首先在欧洲市场上得到使用，最初被应用在一些无法使用条形码跟踪技术的特殊工业场合（如目标定位、身份确认及跟踪库存产品等），随后在世界范围内普及。由于无线射频识别技术起步较晚，至今尚没有制定出统一的国际标准。

射频标签最大的优点就在于非接触性，因此完成识别工作时无需人工干预、能够实现自动化且不易损坏、可识别运动物体并可同时识别多个射频标签，操作快捷方便。另外，射频标签不怕油渍、灰尘污染等恶劣的环境。注意，RFID识别的缺点是标签成本相对较高。

目前应用的RFID系统，通常由传送器、接收器、微处理器、天线、标签五部分构成。其中传送器、接收器和微处理器通常都被封装在一起，统称为读写器（或阅读器、读头）。

读写器是RFID系统最重要也是最复杂的一个部分。因读写器一般是主动向标签询问标识信息，所以有时又被称为询问器。天线同读写器相连，用于在标签和读写器之间传递射频信号。读写器可以连接一个或多个天线，但每次使用时只能激活一个天线。天线的形状和大小会随着工作频率和功能的不同而不同。RFID系统的工作频率从低频到微波，范围很广，这使得天线与标签芯片之间的匹配问题变得很复杂。某些设备中，常将线条与阅读器、天线与标签模块集成在一个设备单元中。

标签（Tag）由耦合元件、芯片及微型天线组成（图9-9），每个标签内部存有唯一的电子编码，附着在物体上用来标识目标对象。标签进入RFID读写器扫描场以后，接收到读写器发出的射频信号，凭借感应电流获得的能量发送出存储在芯片中的电子编码（被动式标签），或者主动发送某一频率的信号（主动式标签）。

电子标签也称应答器，是一个微型的无线收发装置，主要由内置天线和芯片组成。芯片中存储能够识别目标的信息，当读写器查询时它会发射数据给读写器。

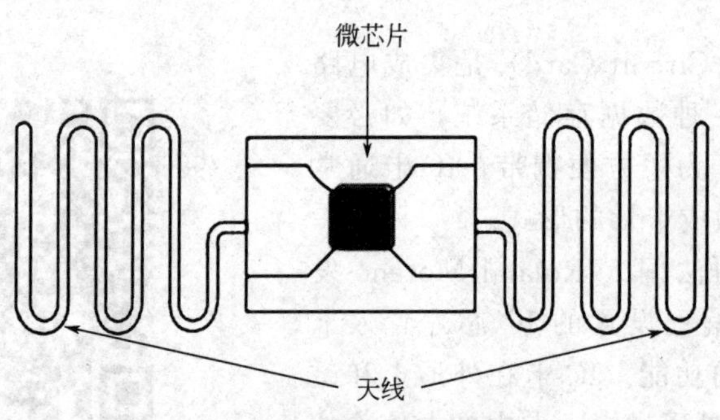

图 9-9　电子标签的结构

RFID 标签的原理和条形码相似，但与其相比具有以下优点。

（1）体积小且形状多样　RFID 标签在读取上并不受尺寸大小与形状限制，不需要为了读取精度而配合纸张的固定尺寸和印刷品质。

（2）耐环境性　条形码容易被污染而影响识别，但 RFID 对水、油等物质有极强的抗污性。另外即使在黑暗的环境中，RFID 标签也能够被读取。

（3）可重复使用　标签具有读写功能，电子数据可被反复覆盖，因此可以被回收而重复使用。

（4）穿透性强　标签在被纸张、木材和塑料等非金属或非透明的材质包裹的情况下也可以进行穿透性通信。

（5）数据安全性　标签内的数据通过循环冗余校验的方法来保证标签发送的数据准确性。

在 RFID 的实际应用中，电子标签附着在被识别的物品上（表面或内部），当带有电子标签的被识别物品进入其可识别读范围时，读写器自动以无接触的方式将电子标签中的约定识别信息取出来，从而实现自动识别物品或自动收集物品标志信息的功能。RFID 的工作过程如图 9-10 所示。

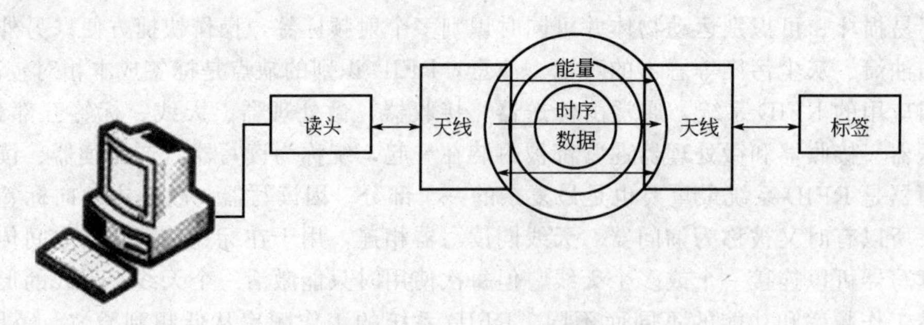

图 9-10　RFID 的工作过程

RFID 作为物联网感知和识别层次中的一种核心技术，对物联网的发展起着重要的作用。RFID 系统主要由数据采集和后台数据库网络应用系统两个部分组成。目前已经发布或者正在制定中的标准主要与数据采集相关，其中包括电子标签与读写器之间的接口、读写器与计算机之间的数据交换协议、RFID 标签与读写器的性能和一致性测试规范以及 RFID 标签的数据内容编码标准等。此外为了更好地完成无线射频识别技术的识读功能，在较大型的 RFID 系统中，还需要用到中间件等附属设备来完成对多读头识别系统的管理。RFID 芯片、电子标签、读写器如图 9-11 所示。

图 9-11 RFID 芯片、电子标签、读写器

RFID 产业潜力无穷，应用的领域范围遍及制造、物流、医疗、运输、商业、国防等领域。

第四节 物联网的应用举例

物联网用途广泛，遍及智能交通、环境监测、环境保护、智能物流、医疗保健、智能电网、政府工作、公共安全、智能消防、通信等多个领域。

一、智能交通

目前中国的城市交通管理基本是自发进行，驾驶者根据个人判断选择行车路线，交通信号标志仅起到静态、有限的指导作用。这导致了城市道路资源未能得到最高效率的运用，因此产生不必要的交通拥堵。

智能交通系统（ITS）是将先进的传感器技术、通信技术、数据处理技术、网络技术、自动控制技术、信息发布技术等有机地运用于整个交通运输管理体系而建立起的一种实时、准确、高效的交通运输综合管理和控制系统。同时，智能交通作为一个非常重要的产业，将对整个中国的物联网建设起到推动作用。

物联网技术的发展为智能交通提供了更透彻的感知，道路基础设施中的传感器和车载传感设备能够实时监控交通流量和车辆状态，通过移动通信网络将信息传送至管理中心。遍布于道路基础设施和车辆中的无线和有线通信技术的有机整合为移动用户提供了网络服务，优化了人们的出行。智能交通系统需要多领域技术协同构建，例如交通管理系统中的车辆导航、交通信号控制、集装箱货运管理、自动车牌号码识别、测速相机，各种交通监控系统中的安全闭路电视系统等。

智慧的道路是减少交通拥堵的关键，获取数据是重要的第一步。通过随处都安置的传感器，可以实时获取路况信息，帮助监测和控制交通流量。人们可以获取实时交通信息，并据此调整路线，从而避免拥堵。未来，将能建成自动化的高速公路，更好地实现车辆与网络相连，从而指引车辆更改路线或优化行程。

利用视频摄像设备可进行交通流量计量和事故监测。当有车辆经过的时候，视频监测系统（如自动车牌号码识别）的摄像机将捕捉到的视频输入到处理器中进行分析以找到视频图像特征的变化。道路收费通过 RFID 技术以及利用激光、照相机和系统技术等的先进自由车流路边系统，来无缝地监测、标识车辆并收取费用。

现在高速公路自动收费系统 ETC（Electronic Toll Collection）是世界上最先进的路桥收费方式，充分体现了非接触识别的优势。当安装有车载电子标签的车辆进入收费站时无需停车，车载电子标签被收费站上的天线基站控制系统自动激活，并完成认证识别过程，车辆相关信息被输入计算机收费系统，同时完成对车辆携带的 IC 卡的计费及收费，从而达到无需人工、无需停车即可缴费的目的。ETC 解决了人工缴费拥堵的问题，提高了缴费效率，电子化缴费还可以避免收费员乱收费的问题。ETC 技术在国外研究及应用较早，是国际上致力于研发和推广的一种用于公路、大桥和隧道的电子自动收费系统，在美国、欧洲等诸多国家和地区已经局部联网并已形成一定规模效益。

实时交通信息服务能够为驾驶员提供实时的信息，如交通线路、交通事故、安全提示、天气情况以及前方道路修整工程等。高效的信息服务系统能够告诉驾驶员其目前所处的准确位置，当前路段和附近地区的交通和道路状况，帮助驾驶员选择最优路线，这些信息在车辆内部和其他地方都将能够访问到。除此之外，智能交通系统还可以为乘客提供进一步的信息服务，如车内的 Internet 访问以及音乐、电影的下载和在线观看。提供实时的交通信息服务包括三个主要的组成部分：信息的收集、处理和散布。每一部分都需要不同平台和技术设备的支持。智能交通管理如图 9-12 所示。

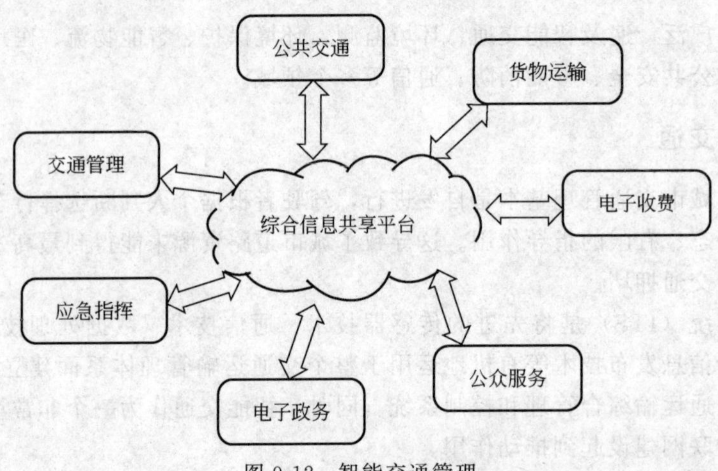

图 9-12　智能交通管理

展望一下未来的交通，所有的车辆都能够预先知道并避开交通拥堵，司机可以沿最快捷的路线到达目的地；减少二氧化碳的排放；拥有实时的交通和天气信息；能够随时找到最近的停车位，甚至在大部分时间内车辆可以自动驾驶，而乘客们可以在旅途中欣赏在线电视节目。

在智能交通物联网技术中，涉及前端的监测、中间的运输以及后端的综合信息处理等技术，这是利用物联网技术、网络和设备来实现交通运输的智能化。目前，智能交通行业是物联网产业化发展落实到实际应用的优先行业之一。

二、环境监测

近年来，随着全球气候变化和环境污染的不断加剧，环境监测引起了世界各国的广泛关注，环境监测应用的需求也相应发生了变化。环境监测是指通过检测对人类和环境有影响的各种物质的含量、排放量以及各种环境状态参数，跟踪环境质量变化、确定环境质量水平，为环境管理、污染治理、防灾减灾等工作提供基础信息、方法指引和质量保证。传统的环境监测是以人工为主的检测模式，不能及时地反映环境变化和预测变化趋势，更不能根据监测结果及时产生有关应急措施的反应。

应用物联网技术进行环境监控有三个显著的优势。其一是各种智能传感器的体积很小且整个网络只需要部署一次。因此部署传感器网络对监控环境的人为影响很小，这一点在对生物活动非常敏感的环境中尤其重要。其二是智能传感器的网络节点数量大，分布密度高。每个节点可以检测到局部环境的详细信息并汇总到基站，因此传感器网络具有数据采集量大、精度高的特点。最后是无线传感器节点本身具有一定的计算能力和存储能力，可以根据物理环境的变换进行较为复杂的监控。传感器节点还具有无线通信能力，可以在节点间进行协同监控。

一个适用于环境监测的物联网系统结构如图 9-13 所示。这是一个层次型网络结构，最底层为部署在实际监测环境中的传感器节点，向上层依次为传输网络、基站，最终连接到 Internet。为获得准确的数据，传感器节点的部署密度往往很大，并且可能部署在若干个不相邻的监控区域内，从而形成多个传感器网络。传感器节点将感应到的数据传送到一个网关节点，网关节点负责将传感器节点传来的数据经由一个传输网络发送到基站。传输网络是负责协同各个传感器网络网关节点、综合网关节点信息的局部网络。基站是能够和 Internet 相连的一台计算机，它将传感数据通过 Internet 发送到数据处理中心，同时它还具有一个本地数据库副本以缓存最新的传感数据。研究人员可以经过任意一台连入 Internet 的终端访问数据中心，或者向基站发出命令。

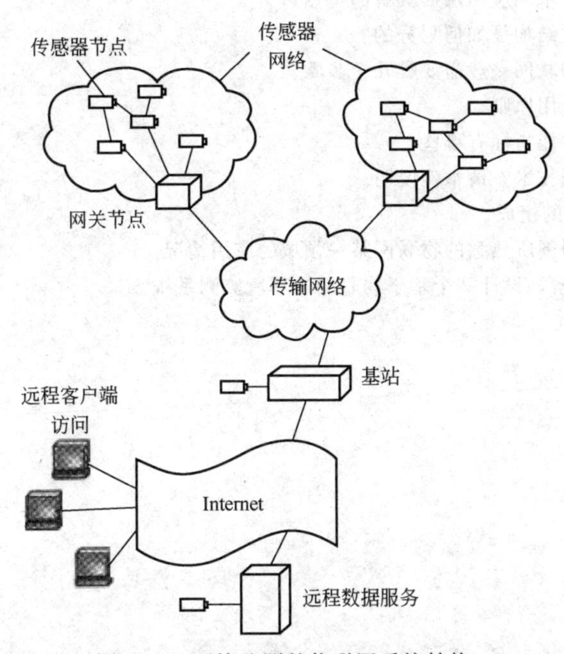

图 9-13　环境监测的物联网系统结构

研究人员将传感器节点放置在感兴趣的监测区域内，传感器节点能够自主形成网络。每个节点搜集周围环境的温度、湿度、光照等信息。传感器节点自主形成一个多跳网络。处于传感器网络边缘的节点必须通过其他节点向网关发送数据。由于传感器节点具有计算能力和通信能力，可以在传感器网络中对采集的数据进行一定的处理。这样可以大大减少数据通信量，减少靠近网关的传感器节点的转发负担。

传感器节点搜集到的数据最后都通过 Internet 传送到一个中心数据存储。中心数据库提供远程数据服务，科研人员可以通过介入 Internet 的终端使用远程数据服务。

如今，物联网已开始应用于污染监测、海洋环境监测、森林生态监测、火山活动监测等重要领域。

本章小结

本章介绍了物联网的体系架构，物联网体系主要由运营支撑系统、传感网络系统、业务应用系统、无线通信网系统等组成。物联网技术的核心和基础仍然是“互联网技术”，是在互联网技术基础上的延伸和扩展的一种网络技术；其用户端延伸和扩展到了任何物品和物品之间，进行信息交换和通信。因此，物联网技术的定义是：通过射频识别（RFID)、红外感应器、全球定位系统、激光扫描器等信息传感设备，按约定的协议，将任何物品与互联网相连接，进行信息交换和通信，以实现智能化识别、定位、追踪、监控和管理的一种网络技术叫做物联网技术。

习题及思考题

9-1 解释一下什么是物联网。

9-2 介绍物联网在技术和应用层面具有的特点。

9-3 物联网内的层次结构是如何划分的？

9-4 简单论述实现物联网一般需要哪几个步骤。

9-5 简述传感器的选用原则。

9-6 传感器的主要性能指标有哪些？

9-7 什么是智能识别技术？请举例说明。

9-8 简述 RFID 系统的组成。

9-9 介绍一下在你周围所熟悉的物联网某一领域的应用情况。

9-10 按照自己的理解，设计一个基于物联网的环境监测系统。

第十章

常用传感器的应用

内容提要： 学习了解流程工艺过程中介质的各种物理量的测量方法和手段是非常必要的。本章共分六部分：①可燃性气体报警器；②压力测量；③液位测量；④流量测量；⑤温度测量；⑥气体成分分析。本章重点介绍了测量原理和方法，并针对常见的检测过程列举了大量的实例，对于理解和掌握本章的内容有很大的帮助。

在自动化系统中，各种工艺变量的获取，都要通过检测元件（传感器），它直接响应被测工艺变量，并输出一个对应关系的信号。如热电偶测温时，将被测温度转化为热电势后输出；热电阻测温时，将被测温度转化为电阻后输出。检测元件的输出信号，一般都需要经过变送器转换成标准统一的电气信号（如4～20mA直流电信号，20～100kPa气压信号）再送往显示仪表，指示或记录工艺变量，或同时送往控制器对被控变量进行控制。有时，将检测元件、变送器及显示装置统称为检测仪表。

对于检测仪表来说，检测、变送与显示可以是三个独立部分，也可以只用到其中两个部分。例如，热电偶测温所得毫伏信号可以不通过变送器，直接送到电子电位差计显示。当然检测、变送与显示也可以有机地结合为一体，例如单圈弹簧管压力表。

对检测仪表有以下三条基本要求：

① 测量值要正确反映被控变量的值，误差不超过规定的范围；

② 在环境条件下能长期工作，保证测量值的可靠性；

③ 测量值必须迅速反映被控变量的变化，即动态响应比较迅速。

第一条基本要求与仪表的精确度等级和量程有关，与使用、安装仪表正确与否有关；第二条基本要求与仪表的类型、元件材质以及防护措施等有关；第三条基本要求与检测元件的动态特性有关。

本章主要介绍各种工艺变量的检测变送方法，检测元件、变送器的一般工作原理，以及使用的方法。

第一节　可燃性气体报警器

在生产过程及生活中，可燃性、有毒有害气体的泄漏是经常发生的，它会给人员、设备、生产、生活等造成严重的威胁。产生泄漏的主要原因有：生产设备、容器、储罐或连接管线的材质缺陷；管件连接卡套及密封圈、环密封不严；工艺介质对容器、储罐、管线、焊接处长期电化学侵蚀、腐蚀等；人为疏忽。

泄漏出来的可燃性气体或有毒气体很快地被空气稀释，因此泄漏位置很难查寻，更难对它进行定量分析。经过一段时间后，在局部地区或某死角处，这些气体就积累起来。当可燃性气体在空气中的含量达到一定值时，遇到明火非常容易发生燃烧或爆炸，如不能及时发现这种非常危险的隐患，将会给人身安全和财产造成极大的损失。

预报这种潜在的危险，可以在有泄漏隐患的生活、生产区内，安装较多数量的可燃气体报警器，它们能连续不断地测量装置四周空气中的可燃气体是否出现燃烧或爆炸的临界状态。一旦出现燃烧极限值就会立即发出报警信号，让人们立即检查泄漏处，并采取措施堵漏，同时驱散四周的空气，让空气中的可燃气体浓度减少，避免恶性事故的发生。

可燃气体报警器由传感器和报警器两部分组成。

传感器可连续测定设备四周空气中可燃性气体的体积百分含量，转换成电信号，传送到报警器发出报警信号。目前，广泛应用的可燃气体传感器有两种形式：一种是半导体气敏传感器，另一种是催化反应热式传感器。气敏传感器主要检测对象及应用场所如表 10-1 所示。

表 10-1　气敏传感器主要检测对象及应用场所

分类	检测对象气体	应用场所
易燃易爆气体	液化石油气、焦炉煤气、天然气、甲烷、氢气	家庭、煤矿、冶金、试验室
有毒气体	一氧化碳、硫化氢、含硫的有机化合物、卤素、卤化物、氨气等	煤气灶等、石油工业、制药厂、冶炼厂、化肥厂
环境气体	氧气（缺氧）、水蒸气（调节温度）、大气污染（SO_x、NO_x、Cl_2）	地下工程、家庭、电子设备、汽车、温室、工业区
工业气体	燃烧过程气体控制、调节空/燃比、一氧化碳（防止不完全燃烧）、水蒸气（食品加工）	内燃机、锅炉、冶炼厂、电子灶
其他灾害	烟雾，司机呼出酒精	火灾预报，事故预报

报警器根据传感器传来的信号，通过电子线路以指针或数字的形式显示出此时空气中可燃气体的体积百分浓度，同时对输入信号与报警设定值进行比较，当达到报警设定值时就能发出声、光报警。

报警器的显示值是采用国际标准，以%LEL 为计量单位。其意义是以可燃气体的爆炸下限浓度为 100%，仪器检测出来的可燃气体浓度值均折算成%LEL 显示出来。例如，丙烯气体，它的爆炸下限浓度为 2.4%，则显示值 100%LEL 表示空气中含有丙烯的浓度为 2.4%，达到爆炸下限浓度，就会发生爆炸。若报警器显示 50%LEL，则表示空气中含有丙烯的浓度为 1.2%。

一般情况下，预报警设定点应设置在 20%LEL 或 40%LEL 处，也可以根据情况自行设定，但不得大于 60%LEL。

一、半导体气敏传感器

气敏传感器是一种把气体中的特定成分检测出来，并将它转换成电信号的器件，以便提供有关待测气体的存在及其浓度的高低。根据这些电信号的强弱就可以获得与待测气体在环境中存在情况有关的信息，从而可以进行检测、监控、报警；还可以通过接口电路与电子计算机或者微处理机组成自动检测、控制和报警系统。

(一) 工作原理

半导体气敏传感器的结构如图 10-1 (a)、(b) 所示。它由塑料底座、电极引线、气敏元件 (烧结体)、双层不锈钢网 (防爆用) 以及包裹在烧结体中的两组铂丝组成。一组为工作电极，另一组为加热电极兼工作电极。

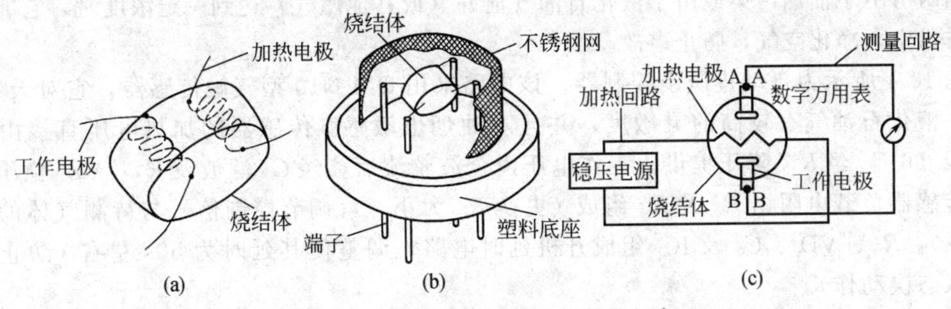

图 10-1　气敏传感器结构与测量电路

气敏传感器气敏元件的工作原理十分复杂，涉及材料的结构、化学吸附及化学反应，又分表面电导变化及体电导变化等，而且有不同的解释模式，在高温下 N 型半导体气敏件吸附上还原性气体 (如氢、一氧化碳、碳氢化合物和酒精等)，气敏元件电阻将减小；若吸附氧化性气体 (如氧或 NO_x 等)，气敏元件的电阻将增加。P 型半导体气敏元件情况相反，氧化性气体使其电阻减小，还原性气体使其电阻增加，气敏传感器的测量电路如图 10-1 (c) 所示。

气敏元件工作时必须加热，其目的是：加速被测气体的吸附、脱出过程；烧去气敏元件的油垢或污垢物，起清洗作用；控制不同的加热温度能对不同的被测气体具有选择作用。加热温度与元件输出灵敏度有关，如图 10-2 所示，一般为 200～400℃。气敏元件被加热到稳定状态后，被测气体接触元件的表面而被吸附后，元件的电阻会产生较大的变化。

由于半导体气敏传感器是以被测气体和半导体表面或气体间的可逆反应为基础的，所以能够反复使用。N 型半导体气敏传感器在检测中其阻值变化如图 10-3 所示。

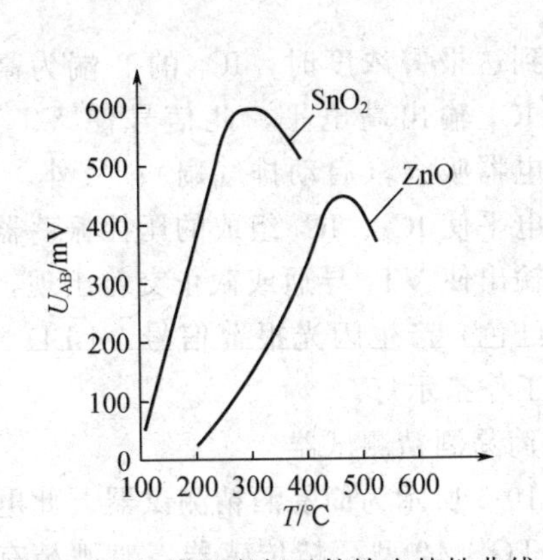

图 10-2　加热温度与元件输出特性曲线

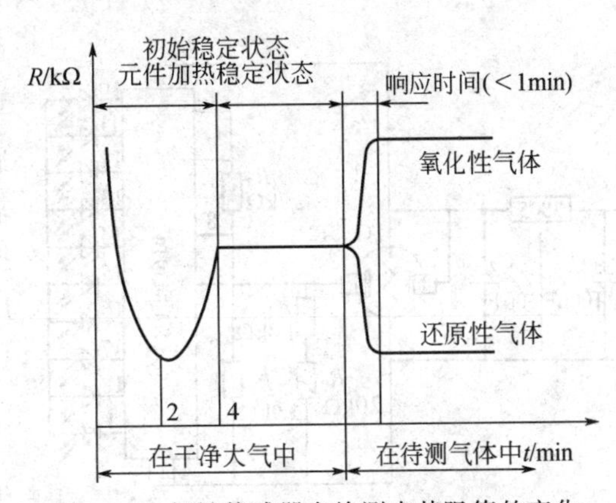

图 10-3　气敏传感器在检测中其阻值的变化

半导体式气敏传感器的品种很多，其中金属氧化物半导体材料制成的数量最多。这些传感器的特性及用途也各异。金属氧化物半导体材料主要有 SnO_2 系列、ZnO 系列及 FeO_3 系列，由于它们的添加物质不同，所以能够检测不同成分的气体。主要用于检测低浓度的可燃性气体及毒性气体，如 CO、H_2S、Cl_2 及乙醇、甲烷、丙烷、丁烷等碳氢系气体，其测量范围为 10^{-3}～10^{-6} 量级。

（二）应用

气敏传感器主要用于报警器及控制器。作为报警器，超过报警浓度时，发出声光报警；作为控制器，超过设定浓度时，输出控制信号，由驱动电路带动继电器或其他元件完成控制动作。

1. 自动排风扇控制器

当厨房由于油烟污染或由于液化石油气泄漏（或其他燃气）达到一定浓度时，它能自动开启排风扇，净化空气，防止事故。

图 10-4 所示为自动排风扇控制器。该电路采用 QM-N10 型气敏传感器，它对天然气、煤气、液化石油气有较高的灵敏度，并且对油烟也敏感。传感器的加热电压直接由变压器次级（6V）经 R_{12} 降压提供；工作电压由全波整流后，经 C_1 滤波及 R_1、VZ_5 稳压后提供。传感器负载电阻由 R_2 及 R_3 组成（更换 R_3 大小，可调节控制信号与待测气体的浓度的关系）。R_4、VD_6、C_2 及 IC_1 组成开机延时电路，调整使其延时为 60s 左右（防止初始稳定状态误动作）。

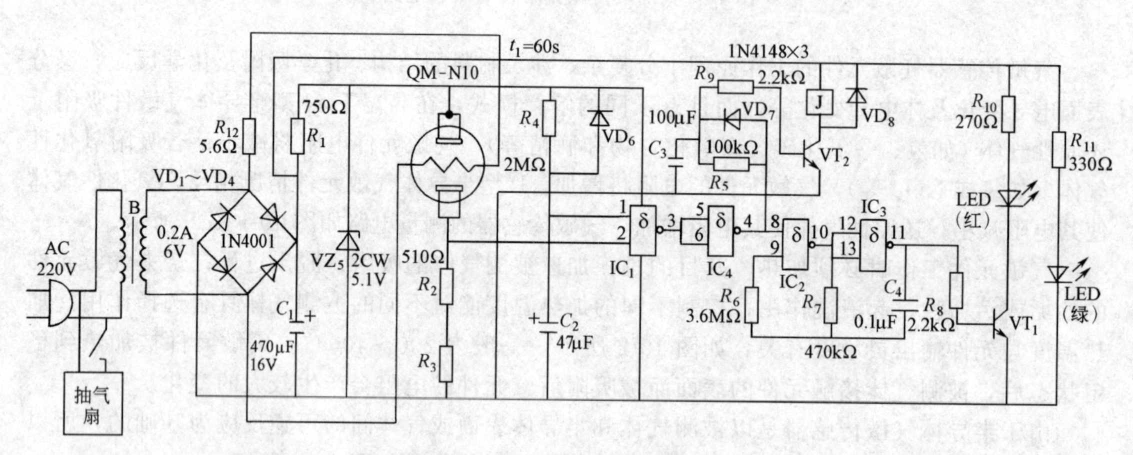

图 10-4 自动排风扇控制器

当到达报警浓度时，IC_1 的 2 端为高电平，使 IC_4 输出高电平，此信号使 VT_2 导通，继电器吸合（启动排气扇）；另外，IC_4 输出高电平使 IC_2、IC_3 组成的压控振荡器起振，其输出使 VT_1 导通或截止交替出现，则 LED（红色）产生闪光报警信号。LED（绿色）为工作指示灯。

2. 简易酒精测试器

图 10-5 所示为简易酒精测试器。此电路中采用 TGS812 型酒精传感器，对酒精有较高的灵敏度（对一氧化碳也敏感）。其加热及工作电压都是 5V，加热电流约 125mA。传感器的负载电阻为 R_1 及 R_2，其输出直接接 LED 显示驱动器 LM3914。当无酒精蒸气时，其上的输出电压很低，随着酒精蒸气的浓度增加，输出电压也上升，则 LM3914 的 LED（共 10 个）亮的数目也增加。

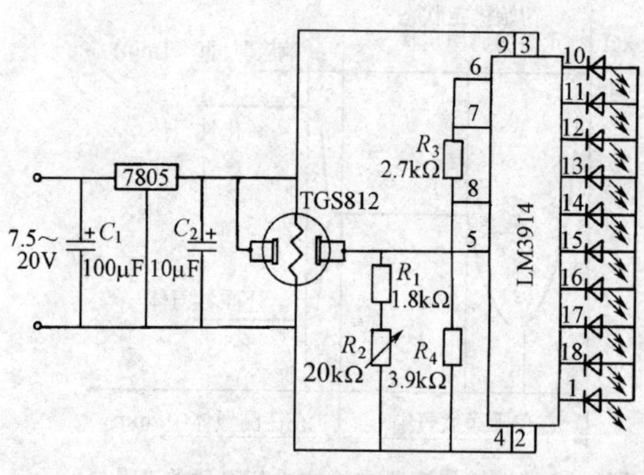

图 10-5 简易酒精测试电路

此测试器工作时，人只要向传感器呼一口气，根据 LED 亮的数目可知是否喝酒，并可大致了解饮酒多少。调试方法是让在 24 小时内不饮酒的人呼气，使 LED 中仅 1 个发光，然后调（稍小一点）即可。若更换其他型号传感器时，参数要改变。

3. 化学实验室有害气体鉴别

如图 10-6 所示为有害气体鉴别器的电路，MQS2B 是烟雾、有害气体传感器，平时阻值较高（10kΩ 左右）。当有烟雾或有害气体进入时，MQS2B 阻值急剧下降。MQS2B 的 A、B 两端电压下降时，+12V 电压经 MQS2B 的压降减少，使得 B 的电压升高，经电阻 R_1 和 RP 分压、R_2 限流加到开关集成电路 TWH8778 的 5 端。当 5 端电压达到预定值时，1、2 两端导通。调节可调电阻 RP 可改变 5 端的电压预定值，从而调节其灵敏度，使 1、2 两端导通。+12V 电压加至继电器，使继电器得电，触点 J_{1-1} 吸合，从而控制排风扇电源的开关，使排风扇自动排风。同时 2 端输出的+12V 电压经 R_4 限流和稳压二极管 VD_3（5V）稳压后提供微音器 HTD 电源电压，此微音器是有源的（自带音源），此时便会发出嘀嘀声，由此可知是否有有害气体产生。同时，发光二极管发出红光，实现声光显示。

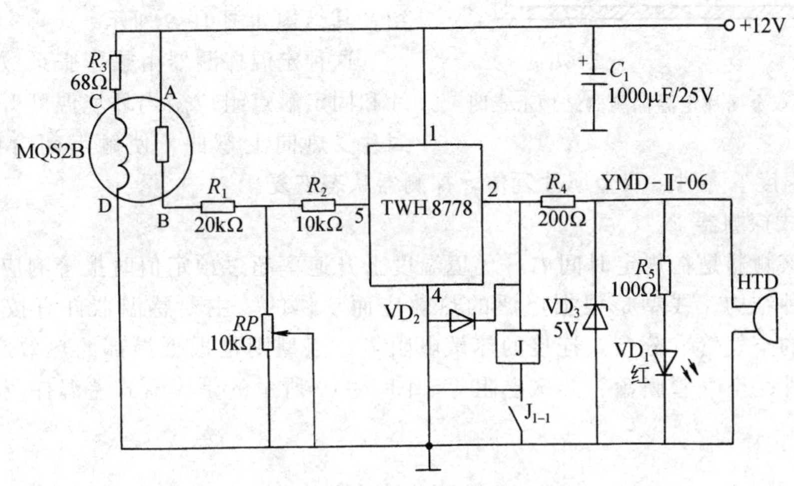

图 10-6　有害气体鉴别器电路

二、接触燃烧气敏传感器

接触燃烧气敏传感器的结构如图 10-7 所示。在铂丝线圈上包以氧化铝和胶黏剂形成球状，经烧结而成，其外表面覆有铂、钯等稀有金属的催化层。

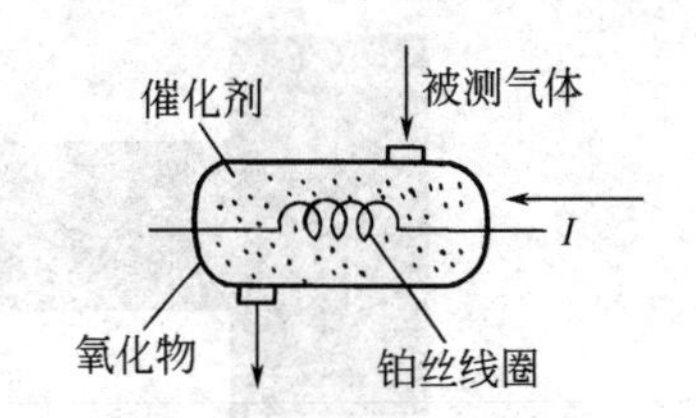

图 10-7　接触燃烧气敏传感器的结构

对铂丝线圈通以电流，使其保持高温（300～400℃），此时若与可燃性气体接触，可燃性气体就会在催化层上无火焰燃烧，产生热量，因此铂丝线圈的温度就会上升，其电阻值也上升。测量电阻的变化，就可以知道可燃气体的浓度。

如图 10-8 所示为接触燃烧气敏传感器的测量电桥。在电桥中接一个补偿器，起到平衡的作用（补偿器与传感器结构相同，只是没有催化层）。当空气中有一定浓度的可燃气体，传感器由于燃烧而阻值上升，电桥失去平衡，有电压输出，起到检测作用。

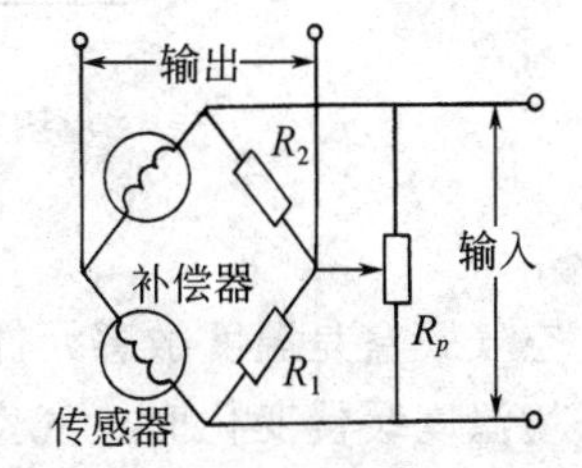

图 10-8　接触燃烧气敏传感器的测量电桥

三、感温式探测器

感温式探测器根据其对温度的变化的响应可分为以下三大类。

1. 定温式探测器

定温式探测器是在规定时间内，火灾引起的温度达到或者超过预定值时发出报警响应，有线型和点型两种结构。其中线型是当火灾现场环境温度上升到一定数值时，可熔绝缘物熔化使两导线短路，从而产生报警信号；点型则是利用双金属片、易熔金属、热电偶、热敏电阻等热敏元件，当温度上升到一定数值时发出报警信号。下面对双金属片定温探测器进行介绍，其结构如图 10-9 所示。

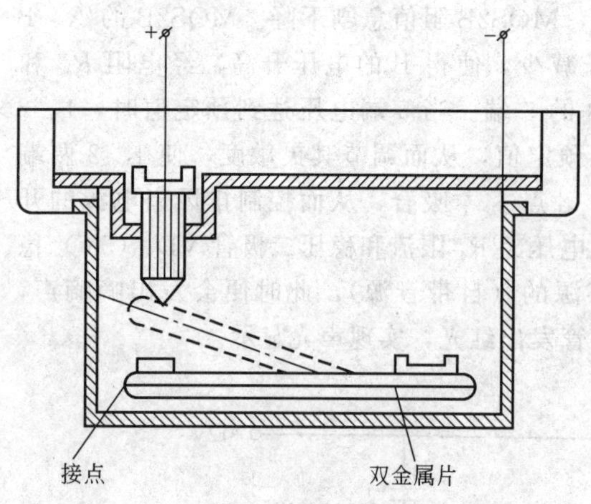

图 10-9　双金属片定温探测器结构示意图

这种定温探测器由热膨胀系数不同的金属片和固定触点组成。当环境温度升高时，双金属片受热向上弯曲，使触点闭合触发报警信号，当环境温度下降时，双金属片复位，探测器状态恢复。

2. 差温式探测器

差温式探测器是在规定时间内，环境温度上升速率超过预定值时报警响应。它也有线型和点型两种结构。线型是根据广泛的热效应而动作的，主要感温器件有按探测面积蛇形连续布置的空气管、分布式连接的热敏电阻等；点型则是根据局部的热效应而动作的，主要感温器件是空气管膜盒、热敏电阻等。图 10-10 所示的是膜盒式差温探测器的结构示意图。

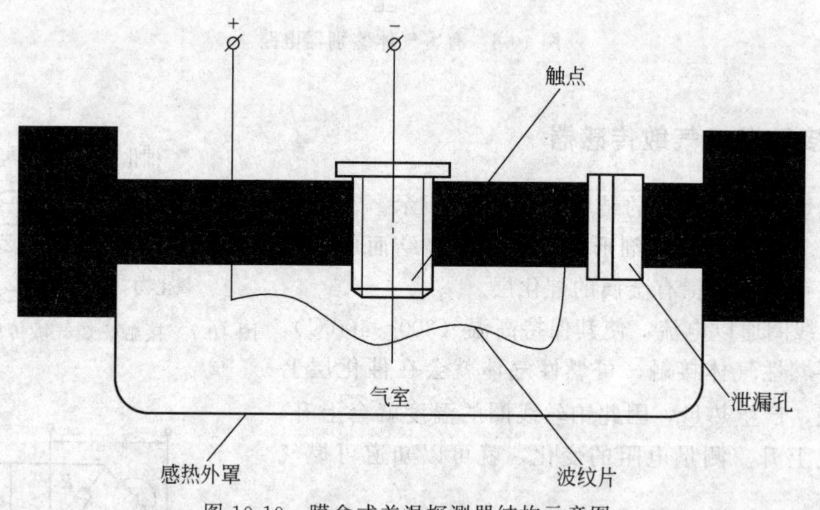

图 10-10　膜盒式差温探测器结构示意图

空气膜盒是温度敏感元件，其感热外罩与其底座形成密闭气室，有一小孔与大气连通。当环境温度缓慢变化时，气室内外的空气可由小孔进出，使内外压力保持平衡。如温度升高，气室内空气受热膨胀来不及外泄，致使室内气压增高，波纹片鼓起与中心线柱相碰，电路接通报警。

3. 差定温式探测器

顾名思义，这种探测器结合了定温和差温两种工作原理，并将两者结合在一起。差定温式探测器一般多为膜盒式或热敏电阻等点型的组合式感温探测器。

四、烟雾传感器

烟雾是由比气体分子大得多的微粒悬浮在气体中形成的，和一般气体成分分析不同，必须利用微粒的特点检测。它是以烟雾的有无决定输出信号的位式传感器，不能定量地进行测量。烟雾传感器有以下两种类型。

(1) 散射式　在发光管和光敏元件之间设置遮光屏，无烟雾时接收不到光信号，有烟雾时借微粒的散射光使光敏元件发出电信号。这种传感器的灵敏度与烟雾种类无关。

(2) 离子式　用放射性同位素镅 Am^{241} 放射出微量的 α 射线，使附近空气电离，当平行平板电极间有直流电压时，产生离子电流 I_K。有烟雾时，微粒将离子吸附，而且粒子本身也吸收 α 射线，其结果是离子电流 I_K 减少。若有另一个密封有纯净空气的离子室作为参比元件，将两者的离子电流比较，就可以清除外界干扰，得到可靠的检测结果。这种传感器的灵敏度与烟雾种类有关。

五、传感器的采样方式

传感器的采样方式有两种。一种是依靠空气中的可燃气体自然扩散的方式来进行检测的。其特点是无需增加采样装置，结构简单，体积小，使用方便，但易受风向和风速的影响。因此适用于室内和不受风向影响的场所。另一种是在传感器内装一台小型泵，强制吸引由工艺装置泄漏出来的可燃气体进入传感器进行检测。在吸入口有一个喇叭形的气体捕获罩，并设有气体分离器，对气体进行过滤。此方法的特点是设备多、体积大、结构复杂，但不易受到风向和风速的影响，采集率高，应用范围广。如图 10-11 所示。

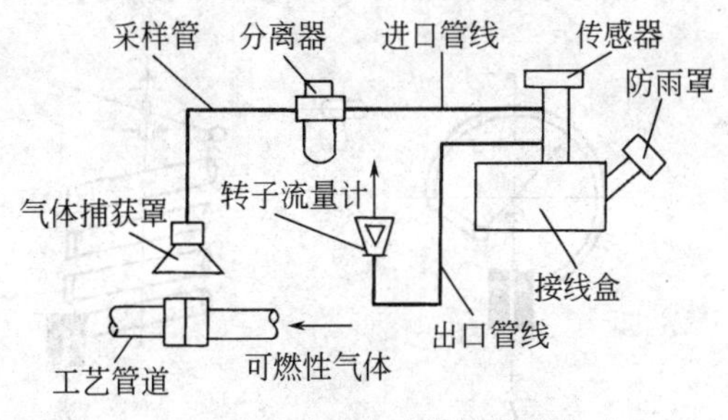

图 10-11　泵吸引式传感器的采样方式

第二节　压力测量

在流程工业生产中，压力是重要的工艺参数之一，测量的主要是设备或管道中流体（液体或气体）的压力。一些生产过程必须在一定的压力下进行，压力的变化既影响物料平衡又影响化学反应速度，进而影响产品的质量和产量，所以必须严格遵守工艺操作规程，保持一定的压力，才能保证产品的质量和产量，使生产正常运行。

压力的测量方法很多，主要有以下几类。

1. 利用液体压力平衡原理

通过液体产生或传递压力来平衡被测压力从而获得测量结果。如液柱式压力计（图 10-12 所示）和活塞式压力计。

2. 利用弹性变形原理

利用各种形式的弹性敏感元件在受压后产生弹性变形的特性进行压力检测。目前应用最广的弹性元件，包括单圈弹簧管、多圈螺旋弹簧管、膜片、膜盒、波纹管等，它们是依据弹

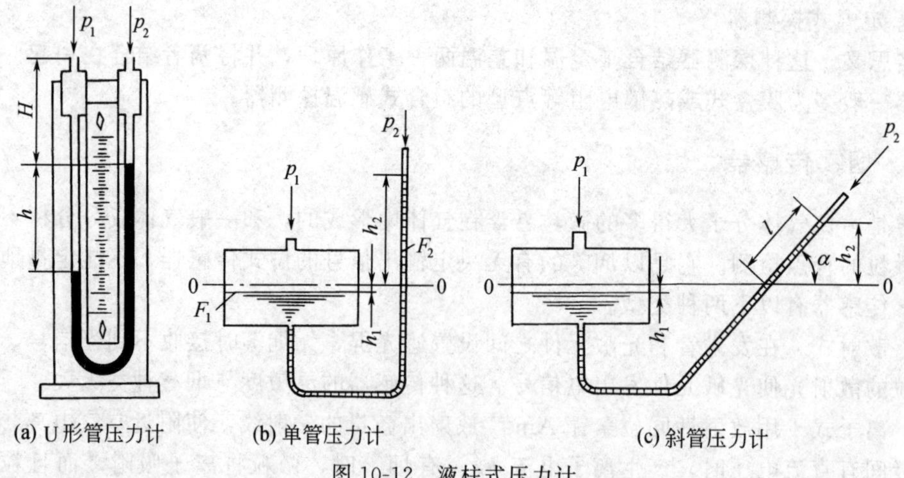

(a) U形管压力计　(b) 单管压力计　(c) 斜管压力计

图 10-12　液柱式压力计

性元件变形原理制成的。在被测介质的压力作用下，引起弹性变形，而产生相应的位移。如弹簧管压力表。

弹性元件测压范围较宽，尤其是单圈弹簧管可以从高真空到几百个兆帕。膜片、膜盒和波纹管则适宜于测微压和低压。如图 10-13。

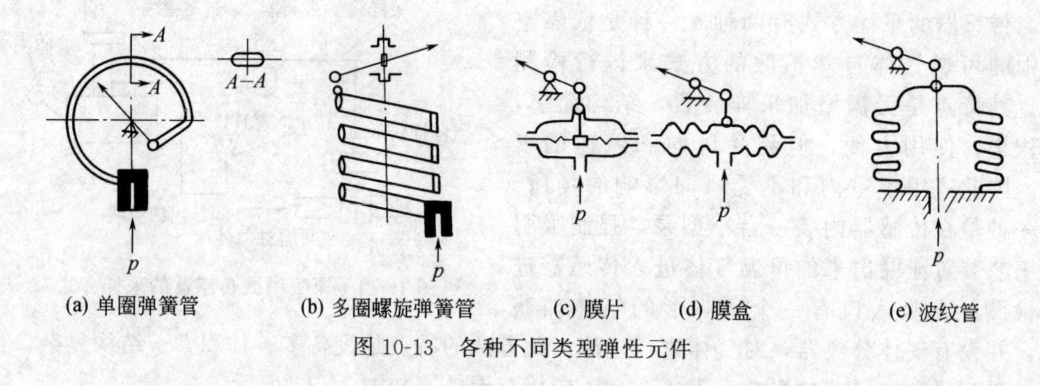

(a) 单圈弹簧管　(b) 多圈螺旋弹簧管　(c) 膜片　(d) 膜盒　(e) 波纹管

图 10-13　各种不同类型弹性元件

3. 利用某些物质的某一物理效应与压力的关系来检测压力

这类仪表在弹性元件受压后产生弹性变形特性的基础上，利用某些物质的某一物理效应来检测压力，通过转换装置，可将位移转换成相应的电、气信号，以供远传、报警或控制用。如应变片式压力传感器、霍尔式压力传感器、电容式压力（差压）变送器、扩散硅式压力（差压）变送器等。

前两类为就地指示型，后一类为远传型。

一、弹簧管压力表

1. 弹簧管压力表的结构及动作原理

单圈弹簧管压力表主要由弹簧管、齿轮传动机构（俗称机芯，包括拉杆、扇形齿轮、中心齿轮等）、示数装置（指针和分度盘）以及外壳等几部分组成，如图 10-14 所示。

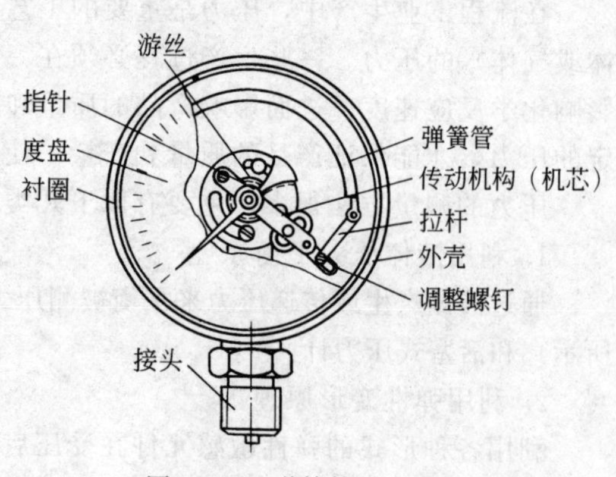

图 10-14　弹簧管压力表

被测压力由接头即弹簧管的固定端通入，迫使弹簧管与拉杆的连接处（即弹簧管的自由端）向右上方扩张，自由端的弹性变形位移通过拉杆使传动机构做逆时针偏转，进而带动中心齿轮做顺时针偏转，于是固定在中心齿轮上的指针也做顺时针偏转，从而在刻度盘的刻度标尺上显示出被测压力 p 的数值。由于自由端的位移量与被测压力之间具有比例关系，因此弹簧管压力表的刻度标尺是均匀的。弹簧管的材料根据被测介质的性质和被测压力高低决定。当 $p<20\text{MPa}$ 时采用磷青铜；$p>20\text{MPa}$ 时则采用不锈钢或合金钢。测量氨气压力时必须采用能耐腐蚀的不锈钢弹簧管；测量乙炔压力时不得用铜质弹簧管；测量氧气压力时则严禁粘有油脂，否则将有爆炸危险。

2. 弹簧管压力表的使用

为了表明压力表具体适用于何种特殊介质的压力测量，压力表的外壳用表 10-2 规定的色标，并在仪表面板上注明特殊介质的名称。氧气表还标有红色“禁油”字样，使用时应予以注意。

表 10-2　特殊介质弹簧管压力表色标

被测介质	色标颜色	被测介质	色标颜色	被测介质	色标颜色
氧气	天蓝色	氯气	褐色	其他可燃性气体	红色
氢气	深绿色	乙炔	白色	其他惰性气体或液体	黑色
氨气	黄色				

一般而言，仪表的上限应为被测工艺变量的 4/3 倍或 3/2 倍，若工艺变量波动较大，例如测量泵的出口压力，则相应取为 3/2 倍或 2 倍。为了保证测量值的准确度，通常被测工艺变量的值以不低于仪表全量程的 1/3 为宜。工业用弹簧管压力表的精度为 0.5～1.5 级。

3. 压力表的安装

① 压力表应安装在能满足仪表使用环境条件和易观察、易检修的地方。

② 安装地点应尽量避免振动和高温影响，对于蒸汽和其他可凝性热气体以及当介质温度超过 60℃时，就地安装的压力表选用带冷凝管的安装方式。如图 10-15（a）所示。

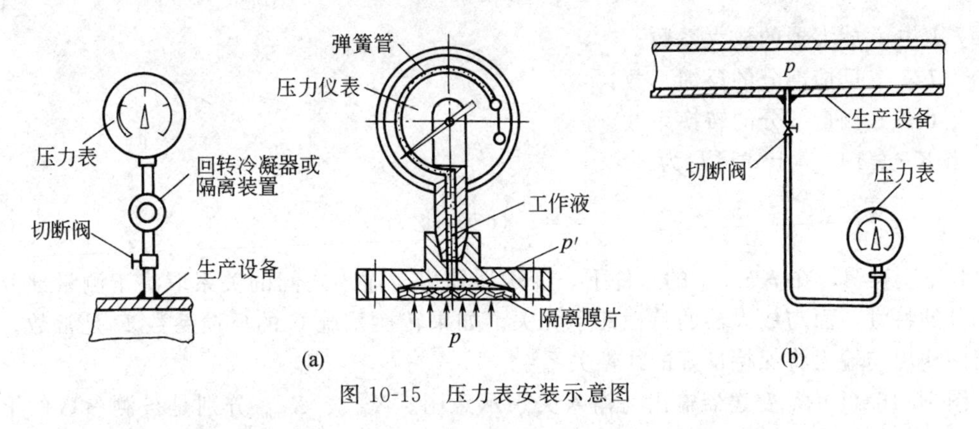

图 10-15　压力表安装示意图

③ 测量有腐蚀性、黏度较大、易结晶、有沉淀物的介质时，应选取带隔膜的压力表及远传膜片密封变送器。如图 10-15（b）所示。

④ 压力表的连接处应加装密封垫片，一般低于 80℃及 2MPa 以下时，用石棉纸板或铝片；温度及压力更高时（50MPa 以下）用退火紫铜或铅垫。选用垫片材质时，还要考虑介质的影响。例如：测量氧气压力时，不能使用浸油垫片、有机化合物垫片；测量乙炔压力

时，不得使用铜质垫片。否则它们均有发生爆炸的危险。

⑤ 仪表必须垂直安装，若装在室外时，还应加装保护箱。

⑥ 当被测压力不高，而压力表与取压口又不在同一高度，如图 10-15 所示，对由此高度差所引起的测量误差按 $\Delta p=\pm H\rho g$ 进行修正。

二、压力、差压变送器的基本原理

凡能直接感受非电的被测变量并将其转换成标准信号输出的传感转换装置，可称为变送器。变送器是基于负反馈原理工作的，包括测量（输入转换）、放大和反馈三个部分。其构成方框图见图 10-16。

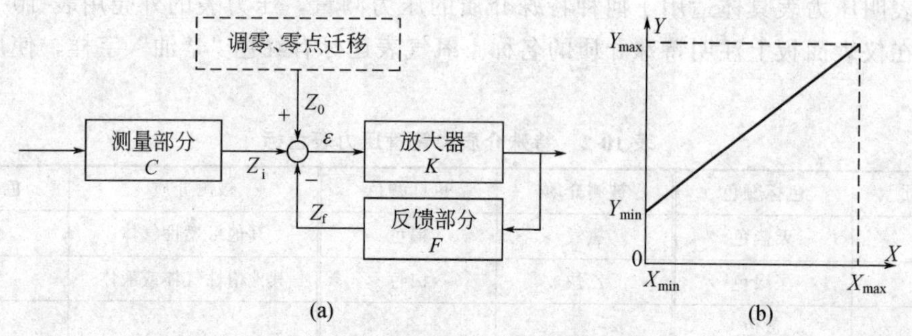

图 10-16 变送器原理图和输入输出特性

测量部分的作用是检测被测参数 x，并将其转换成电压（或电流、位移、力矩、作用力等）信号 Z_i 送到放大器输入端。反馈部分的作用是将变送器的输出信号 y 转换成反馈信号送回放大器输入端。Z_i 与调零信号 Z_0 的代数和与反馈信号 Z_f 进行比较，其差值 ε 送入放大器进行放大，并转换成标准输出信号。

根据图 10-16（a）可以求得变送器输出与输入之间的关系为

$$Y=\frac{K}{1+KF}(CX+Z_0) \tag{10-1}$$

式中 K——放大器的放大系数；

F——反馈部分的反馈系数；

C——测量部分的转换系数。

当 $KF\geqslant1$ 时，上式可写为

$$Y=\frac{1}{F}(CX+Z_0) \tag{10-2}$$

式（10-2）表明，在 $KF\geqslant1$ 的条件下，变送器输出与输入之间的关系取决于测量部分和反馈部分的特性，而与放大器的特性几乎无关。如果转换系统 C 的反馈系数 F 是常数，则变送器的输出与输入将保持良好的线性关系。

图 10-16（b）是变送器输出与输入关系示意图。X_{max}、X_{min} 分别是被测参数的上、下限值，也即变送器测量范围的上、下限值（图中 $X_{min}=0$）；Y_{max}、Y_{min} 分别是输出信号的上、下限值，与标准统一信号的上、下限值相对应。

变送器的信号输出输入关系除应该准确、可靠、稳定外，还要使变送器动态响应迅速。一般变送器的时间常数都很小，可以忽略不计。

变送器的外形如图 10-17 所示。

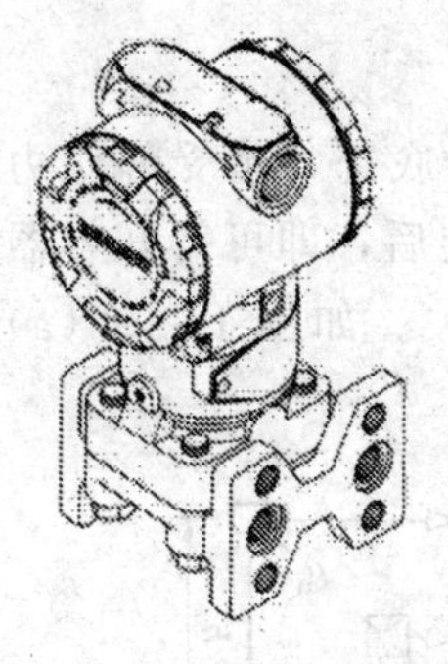

(a) 普通型差压变送器

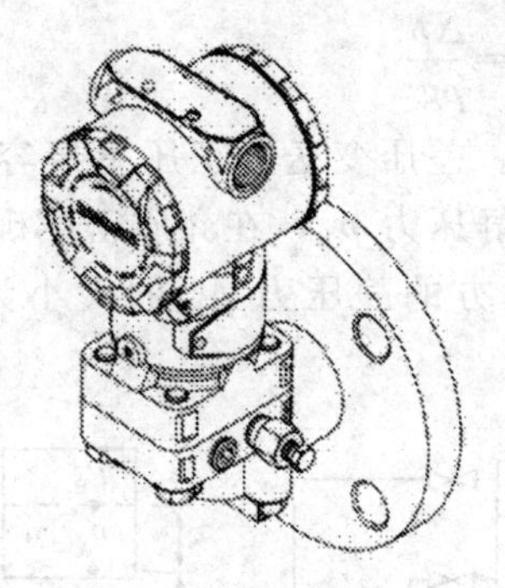

(b) 带法兰的变送器

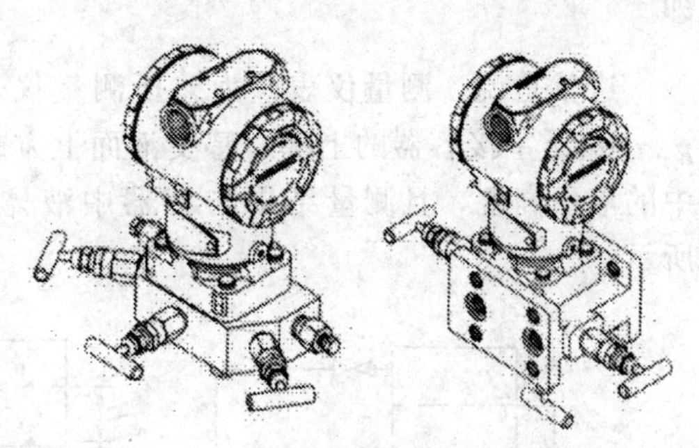

(c) 带五阀组或三阀组的变送器

图 10-17 变送器的外形图

第三节 液位测量

液位测量主要基于相界面两侧物质的物性差异或液位改变时引起有关物理参数的变化。如电阻、电容、电感、差压以及声速和光能等，可分为以下几类。

① 根据连通器原理工作的直读式液位仪表。它直接使用与被测容器连通的玻璃管（板）在容器上直接开窗口的方式来显示液位的高低。如：玻璃管液位计、玻璃板液位计等。

② 根据静压平衡原理工作的静压式液位仪表。如：压力式、差压式液位变送器等。

③ 利用浮力原理进行工作的浮力式液位仪表。如浮筒式液位变送器等。

④ 将液位的变化转换为某些电量参数的变化而进行检测的仪表属于电气式液位计。如电极式、电容式、电感式、电磁式等液位测量仪表。

⑤ 通过将液位的变化转换为辐射能量的变化来测量液位的高低。如核辐射式液位计、超声波液位计。

一、静压式液位计

液体具有静压现象，其静压力的大小是液柱高度与液体重度的乘积。如图 10-18 所示，对于液体底部 A 点而言，将有

$$p_A = p_B + \rho g H \qquad (10\text{-}3)$$

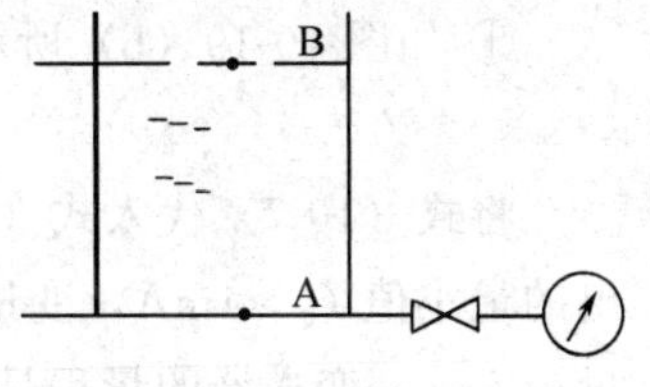

图 10-18 工作原理示意图

式中 p_A——容器底所受静压力；

p_B——液体表面所受的大气压力 p；

H——容器中 A 点与 B 点之间的距离，即液体的高度；

ρ——容器中液体的密度。

由此可见，当液体密度确定后，通过测出容器底部所受的静压力 p_A，就可求出容器中液体的高度 H。

如前所述，压力表指示的是相对于大气压力的表压力，因此就有

$$p_{表} = p_A - p_B = p_A - p_0 = \rho g H \qquad (10\text{-}4)$$

所以，根据这一静压原理，就可制成普通压力式液位计。

1. 差压式液位计工作原理

当封闭容器中液面上方的静压力 p_B 不等于大气压力时，则必须考虑 p_B 的影响。此时有

$$\Delta p = p_A - p_B = H\rho g \qquad (10\text{-}5)$$

即
$$H=\frac{\Delta p}{\rho g}$$

这就是说，测量仪表应为差压测量仪表。差压变送器正压室接容器底部，感受静压力 p_A，负压室接容器的上部，感受液面上方的静压力 p_B，在介质密度确定后，即可得知容器中的液面高度，且测量结果与容器中液体上方的静压力 p_B 的大小无关。如图 10-19（a）所示。

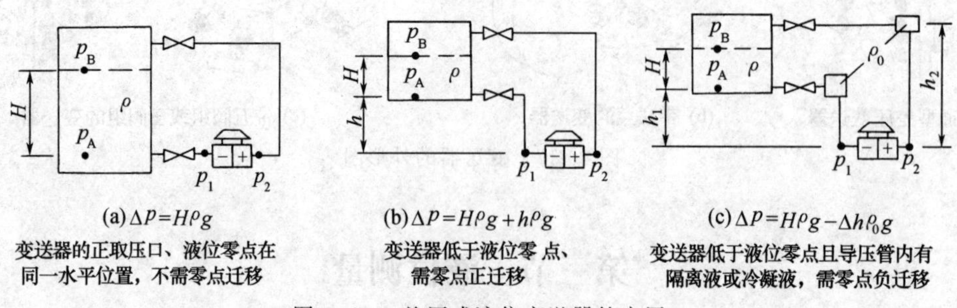

图 10-19　差压式液位变送器的应用

当液位由 $H=0$ 变化到 $H=H_{max}$ 最高液位时，差压变送器输入信号 Δp 由 0 变化到最大值 $\Delta p=H_{max}\rho g$，相应的差压变送器的输出 I_0 由 4mA 变化到 20mA。

$$I_0=\frac{(20-4)\text{mA}}{\Delta p_{max}-0}\times\Delta p+4\text{mA}=16\frac{\Delta p}{\Delta p_{max}}+4\text{mA} \tag{10-6}$$

2. 差压式液位变送器的零点迁移

在实际使用中，由于周围环境的影响，差压仪表不一定正好与容器底部点在同一水平面上，如图 10-19（b）。另一方面，由于被测介质是强腐蚀性的液体，因而必须在引压管上加装隔离装置，通过隔离液来传递压力信号，如图 10-19（c）。在这种情况下，差压变送器接收到的差压信号 Δp 不仅与被测液位 H 的高低有关，还受到一个与液位高度无关的固定差压的影响，从而产生测量的误差。

为了使差压式液位变送器能够正确地指示液位高度，变送器必须进行零点迁移。

① 如图 10-19（b）所示

$$\Delta p=p_1-p_2=H\rho g+h\rho g \tag{10-7}$$

将式（10-7）代入式（10-6）可见，当液位 H 由 0 变化到最高液位 H_{max} 时，变送器输出的最小值 $I_0>4$mA，变送器输出的最大值 $I_0>20$mA。因此，需要进行零点正迁移。迁移量为 $h\rho g$；变送器的量程是 $H_{max}\rho g$；变送器的测量范围是 $h\rho g\sim(H_{max}\rho g+h\rho g)$。

② 如图 10-19（c）所示

$$\Delta p=p_1-p_2=H\rho g+\rho_0 g(h_2-h_1)$$

因 $h_1<h_2$，并设 $\Delta h=h_2-h_1$，则

$$\Delta p=H\rho g-\Delta h\rho_0 g \tag{10-8}$$

将式（10-8）代入式（10-6）可见，当液位 H 由 0 变化到最高液位 H_{max} 时，变送器输出的最小值 $I_0<4$mA，变送器输出的最大值 $I_0<20$mA。因此，需要进行零点负迁移。迁移量为 $\Delta h\rho_0 g$；变送器的量程是 $H_{max}\rho g$；变送器的测量范围是 $-\Delta h\rho_0 g\sim(H_{max}\rho g-\Delta h\rho_0 g)$。

③ 当 $H=0$ 时，若变送器感受到的 $\Delta p=0$，则变送器不需迁移；若变送器感受到的 $\Delta p>0$，则变送器需要正迁移；若变送器感受到的 $\Delta p<0$，则变送器需要负迁移。

二、电阻式液位计

电阻式液位计分为两类。一类是根据液体与其蒸气之间导电特性（电阻值）的差异进行液位测量的，相应的仪表称为电接点液位计。另一类是利用液体与其蒸气之间的不同传热特性，从而引起热敏材料电阻值变化这种现象进行液位测量的，相应的仪表称为热电阻液位计。

1. 电极式水位计

电极式水位计是电阻式液位计中的一种。在360℃以下，纯水的电阻率小于$10^4\Omega \cdot cm$，蒸汽的电阻率大于$10^8\Omega \cdot cm$。由于工业用水含盐，电阻率较纯水更低，水与蒸汽的电阻率相差就更大了。利用这一特性，就可制成电极式水位计来测量的液位高低。

电极式水位计由检测部分和显示部分组成，如图10-20所示。

检测部分由一密封连通管（测量管）和电极组成。根据测量的需要，在连通管上装多个电极（从十几个到几十个）。各电极均用氧化铝等绝缘材料与管道绝缘，并用电缆线引出，测量管作为一个公共电极与电缆相连。当水位达到某一电极时因为此时的导电性使容器和该电极接通，于是该回路就有电流通过，显示部分中相应的氖灯被燃亮。

显示部分由与电极数目相对应的一排氖灯组成。每灯之间的光线用隔板相互隔开。氖灯前面有一块有色玻璃。液体淹没了多少电极，就有多少氖灯燃亮。因此，根据显示仪表中氖灯燃亮多少，就能非常形象地反映液位的高低。当相邻的两个电极靠得越近，其示值误差就越小。

2. 热电阻液位计

这种液位计使用通电的金属丝（以下简称热丝），利用与液、汽之间传热系数的不同及其电阻值随温度变化的特点进行液位测量。一般情况下，液体的传热系数要比其蒸汽的传热系数大1～2个数量级，例如压力为0.101MPa、温度为77K的气态氮和相同压力下的饱和液氮，它们与直径为0.25mm的金属丝之间的传热系数之比约为1/24。因此，对于通以恒定电流的热丝而言，其在液体和蒸汽环境中所受到的冷却效果是不同的，即浸于液体时的温度要比暴露于蒸汽中的温度低。如果该热丝（如钨丝）的电阻值还是温度的敏感函数，那么传热条件变化所致的热丝温度变化，将引起热丝电阻值的改变。所以，通过测定热丝电阻值的变化可以判断液位的高低。图10-21所示热电阻液位计就是利用热丝的电阻值与热丝浸没液体高度之间的关系来测量液位的。

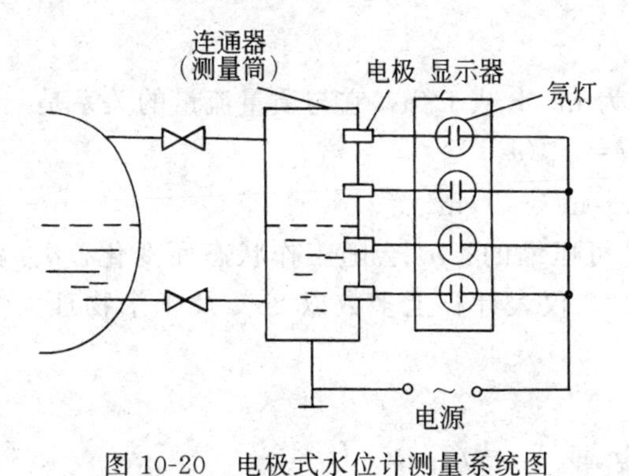

图10-20　电极式水位计测量系统图

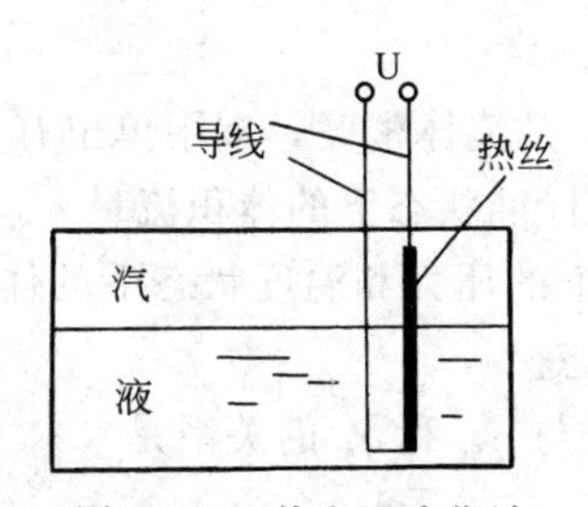

图10-21　热电阻液位计

三、液位仪表的选用

液位仪表的选择应在深入了解工艺条件、被测介质的性质、测量控制系统要求的前提下，根据液位仪表自身的特性进行合理的选配。

根据仪表的应用范围，液面和界面测量应优选差压式仪表、浮筒式仪表和浮子式仪表。当不满足要求时，可选用电容式、辐射式等仪表。

仪表的结构形式和材质，应根据被测介质的特性来选择。主要考虑的因素为以下几方面：压力、温度、腐蚀性、导电性；是否存在聚合、黏稠、沉淀、结晶、结膜、气化、起泡等现象；密度和黏度变化；液体中含悬浮物的多少；液面扰动的程度以及固体物料的粒度。

仪表的显示方式和功能，应根据工艺操作及系统组成的要求确定。当要求信号传输时，可选择具有模拟信号输出功能或数字信号输出功能的仪表。

仪表量程应根据工艺对象实际需要显示的范围或实际变化范围确定。除供容积计量用的物位仪表外，一般应使正常物位处于仪表量程的50%左右。

仪表计量单位如为米和毫米时，显示方式为直读物位高度值的方式。如计量单位为百分数时，显示方式为0～100%线性相对满量程高度形式。

仪表精度应根据工艺要求选择，但供容积计量用的物位仪表，其精度等级应在0.5级以上。

第四节　流量测量

一、概述

在工业生产过程自动化中，流量是需要经常测量和控制的重要参数之一。随着科学和生产的发展，人们对于流量检测精度的要求也越来越高，需要检测的流体品种也越来越多，检测对象从单相流到双相、多相流，工作条件有高温、低温、高压、低压等。因此，根据不同测量对象的物理性能，运用不同的物理原理和规律，设计制造出的各类流量仪表，应用于工艺流程中流量和配比参数的控制及油、气、水等能源的计量，是工业生产过程的自动检测和控制的重要环节。因此，流量仪表已成为过程检测仪表中的重要部分。

1. 流量及其表示方法

所谓“流量”，是在单位时间内流过管道某截面流体的体积或质量。前者称为体积流量，后者称为质量流量。

流量通常有以下三种表示方法。

① 质量流量 q_m，其单位为 kg/h。

② 工作状态下的体积流量 q_v，其单位为 m^3/h 或 L/h，它与质量流量的关系是

$$q_v = q_m/\rho \tag{10-9}$$

式中，ρ 是流体密度，常用单位有 t/m^3、kg/m^3、g/cm^3 等。

③ 标准状态下的体积流量 q_{vn}，气体是可压缩的，q_v 会随工作状态而变化，q_{vn} 就是折算到标准的压力和温度状态下的体积流量。在仪表计算上多数以20℃及1个物理大气压为标准状态。

q_{vn} 与 q_m 和 q_v 的关系是

$$q_{vn} = q_m/\rho_n \text{ 或 } q_m = q_{vn}\rho_n \tag{10-10}$$

$$q_{vn} = q_v\rho/\rho_n \text{ 或 } q_v = q_{vn}\rho_n/\rho \tag{10-11}$$

式中，ρ_n 是气体在标准状态下的密度。

2. 流量检测方法的分类

流量检测方法可以分为三大类，即速度式、容积式、质量式。工业上的流量检测常要求

知道瞬时流量。有时也需要知道在一段时间内流过的总体积和总质量，例如，知道一天或一月内的物料用量以便进行经济核算。在单元组合式仪表方面，有电的和气的积算单元（流量积算仪），它接在变送器的输出端。

① 速度式流量计使用最多，品种也很多。包括差压式流量计、转子流量计、靶式流量计、涡轮流量计、电磁流量计、漩涡流量计、超声波流量计等。

速度式流量计以流体一元流动的连续方程为理论依据，当流通截面 A 确定时，流体的体积流量 q_v 与截面上的平均流速 v 成正比，即

$$q_v = vS \tag{10-12}$$

因此，通过测量流通截面上的流体流速或与流速有关的各种物理量，就可以根据式(10-12) 得到所需流量。这类流量计都有良好的使用性能，可用于高温、高压的流体测量，且精度较高。但是由于它们以平均流速为测量依据，因此测量结果受介质流动条件（如雷诺数、涡流、截面上的流速分布等），介质物理性质（液体、气体），介质外部条件（温度、压力等）等诸多影响，这给精确测量带来困难。

② 容积式流量计测量流量的基本依据是，单位时间内被测流体充满（或排出）某一容积为 V 的容器次数 n，即

$$q_v = nV \tag{10-13}$$

容积式流量计的工作原理比较简单，适合于测量高黏度、低雷诺数的流体。其特点是流动状态对测量结果的影响较小，精确度较高。但不适用于高温、高压和脏污介质的流量测量。这种类型的流量计有：椭圆齿轮流量计、腰轮流量计、刮板式流量计、伺服式容积流量计等。

③ 质量流量计以测量与物质质量有关的物理效应为基础，分为直接式、推导式两种。

直接式质量流量计利用与质量流量直接有关的原理（如牛顿第二定律）进行测量。目前常用的有量热式、微动式（科里奥里）、角动量式、振动陀螺式等。

推导式质量流量计是同时测取流体的密度和体积流量，通过运算而推导出质量流量的。也可以同时连续测量温度、压力，将其值转换成密度，再与体积流量进行运算而得到质量流量。工业上大多采用温度、压力补偿式。

二、差压式流量计

差压式流量计是目前工业生产中检测气体、蒸汽、液体流量最常用的一种检测仪表。据统计，在石油化工厂、炼油厂以及一些化工企业中，所用的流量计约 70%～80%是差压式流量计。这种流量计所以能广泛应用于生产流程中，是因为它具有一系列优点，检测方法简单，没有可动部件，工作可靠、适应性强，可不经实流标定而能保证一定的精度。但是其缺点为，量程比较小，即量程范围狭窄，最大流量与最小流量之比为 3∶1，压力损耗较大，刻度为非线性。

差压式流量计主要由三部分组成，如图 10-22 所示。第一部分为节流装置，它将被测流量值转换成差压值；第二部分为信号的传输管线；第三部分为差压变送器，用来检测差压并转换成标准电流信号，由显示仪显示出流量。这种流量计又称为节流式流量计。

差压式流量计是发展较早，研究比较成熟及比较完善的检测仪表。目前国内外已把工业中常用的孔板、喷嘴、文丘里喷嘴和文丘里管四种节流装置标准化，称为“标准节流装置”。此外在工业上还应用着许多其他形式的节流装置。

1. 测量原理

差压式流量计的节流装置包括孔板、喷嘴和文丘里管。以孔板为例，流体在管内流动，

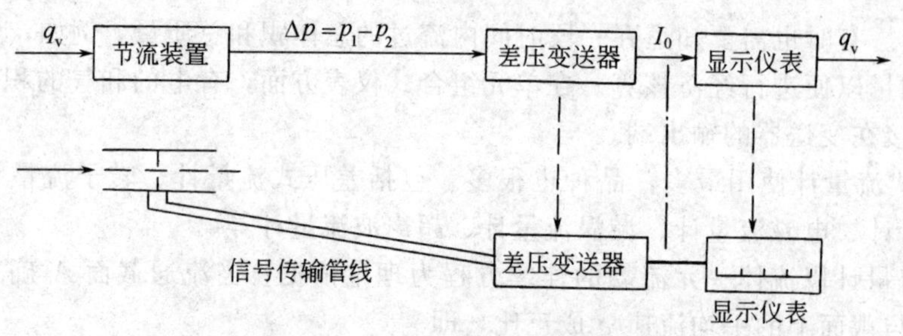

图 10-22　差压式流量计系统示意图

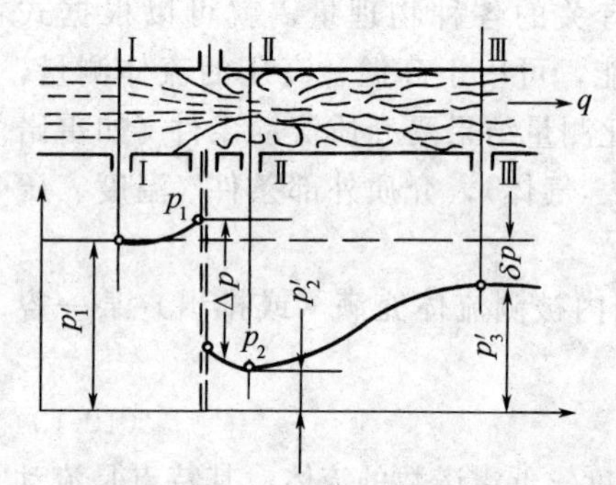

图 10-23　节流装置前后的压力分布情况

经过节流孔时，通道截面积突然变小，流速加大，由于在总的能量中动能增大，势必导致静压力也有所回升，但因有阻力损失，所以恢复不到原来的数值，压力分布大致如图 10-23 所示。

当节流装置形状一定，测压点位置也一定时，根据测得的压差就可求出流量。孔板的测压点选取有两种标准方式：一种是紧邻着孔板，称为角接法；另一种是离开孔板上下游各 1in，称为一英寸法兰接法。

如图 10-23 所示，设在水平管道中做连续稳定流动的理想流体（无黏性、且不可压缩）在截面 I—I 到 Ⅱ—Ⅱ之间没有发生能量损失。当节流件前的取压点静压为 p_1，相应的流速 v_1，流体流通截面为 $S_1=\frac{\pi}{4}D^2$，介质密度为 ρ；节流件后取压点静压为 p_2，相应的流速为 v_2，流体流通截面为 $S_0=\frac{\pi}{4}d^2$，若为不可压缩流体，则密度仍为 ρ_0。根据能量守恒定律

$$\frac{p_1}{\rho}+\frac{v_1}{2}=\frac{p_2}{\rho}+\frac{v_2}{2} \tag{10-14}$$

由质量守恒定律

$$\rho v_1 S_1=\rho v_2 S_0 \tag{10-15}$$

可得到

$$v_2=\frac{1}{\sqrt{1-\beta^4}}\sqrt{\frac{2\Delta p}{\rho}} \tag{10-16}$$

式中　β——节流件开孔直径与工艺管道相比，$\beta=\frac{d}{D}$；

Δp——节流件前后的压差，$\Delta p=p_1-p_2$。

考虑到实际流体的可压缩性，以及由于取压点位置的调整所带来的影响，节流装置流量与差压的关系可表示为

$$q_v=C\varepsilon A_0 v_2=\frac{C}{\sqrt{1-\beta^4}}\varepsilon\ \frac{\pi}{4}d^2\sqrt{\frac{2\Delta p}{\rho}} \tag{10-17}$$

$$q_m=q_v\rho=\frac{C}{\sqrt{1-\beta^4}}\varepsilon\ \frac{\pi}{4}d^2\sqrt{2\Delta p\rho} \tag{10-18}$$

式中　C——流出系数，取决于 D、β、流动状态等因素；

ε——体积膨胀校正系数，它的值取决于上游压力 p_1、压差 Δp 及流体性质，对不可压缩流体（液体），或虽为其他而 Δp 不大时，$\varepsilon=1$；对于气体，当 Δp 较大时，$\varepsilon<1$。

式（10-17）和式（10-18）称为差压式流量计的流量方程式。它表明，在流量测量过程中，流量 q 与差压 Δp 之间成开方关系，即可简单表达为

$$q = K\sqrt{\Delta p} \tag{10-19}$$

2. 差压式流量计的应用

要使仪表的指示值与通过管道的实际流量相符，必须做到以下几点。

① 差压变送器的压差和显示仪表的流量标尺有若干种规格，选择时应与节流装置孔径匹配。

② 在测量蒸汽和气体流量时，常遇到工作条件下的密度 ρ 与设计时的密度 ρ 不相同，这时必须对显示数值进行修正。

③ 显示仪表刻度通常是线性的，测量值（差压信号）要经过开方运算进行线性化处理后再送显示仪表。应用智能型差压变送器（如 3051 系列、ST3000 系列等）可直接完成线性化处理。

④ 节流装置应正确安装。例如，节流装置前后应有一定长度的直管段；流向要正确；要装在充满流体的管道内；而且流体必须是单相的等。

⑤ 接至差压变送器的压差信号应该与节流装置前后压差相一致，就需要正确安装差压信号管路。介质为液体时，差压变送器应装在节流装置下面，取压点应从工艺管道的中心线以下引出（下倾 45°左右），导压管最好垂直安装，否则也应有一定斜度。当差压变送器放在节流装置之上时，要装置储气罐。

介质为气体时，要防止导压管内积聚液滴，因此差压变送器应装在节流装置的上面，取压点应由工艺管道的上半部引出。

介质为蒸汽时，应使导压管内充满冷凝液，因此在取压点的出口处要装设凝液罐，其他安装同液体。

介质具有腐蚀性时，可在节流装置和差压变送器之间装设隔离罐，内放不与介质互溶的隔离液来传递压力，或采用喷吹法等。

三、容积式流量计

工业上应用的容积式流量计的检测原理与日常生活中用容器计量体积的方法类似。但是为适应工业生产的要求，应是连续地对密闭管道中的流体流量进行测量，以确定生产所需物料、能量等的用量及产量。此类流量计测量精度高，可达 0.1～0.2 级，所以广泛用于贸易和精密的仓库管理，在石油方面的流量测量更具主导地位，并已有国际统一的测量标准。

1. 检测原理

为了在密闭管道中连续检测流体的流量，采用容积分界的方法。如图 10-24 所示。流量计内部的转子在流体的压力作用下转动，随着转子的转动，使流体从流入口流向出口，在转子转动中，转子和流量计壳体形成一定容积的空间 V'_0，流体不断充满这一空间，并随着转

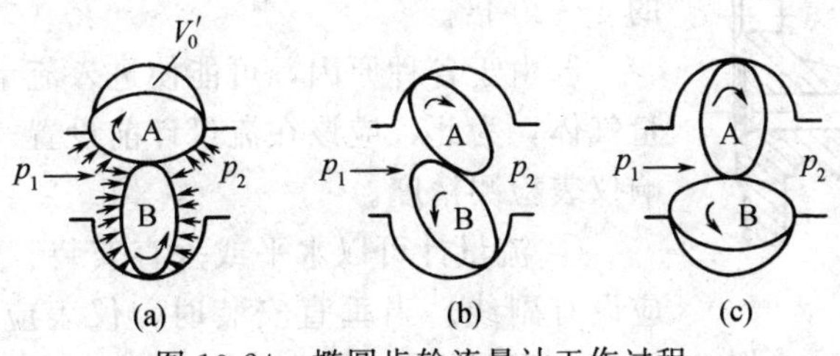

图 10-24　椭圆齿轮流量计工作过程

子的转动，流体被一份一份从计量室送出。当AB转子分别转动一圈，共送出4倍的V'_0的流体，即$V_0=4V'_0$。在已知计量容积V_0的情况下，测量出转子的转动次数，就可求出在这段时间内流体通过仪表的体积量，从而确定流体的流量。

$$V=N\ V_0 \tag{10-20}$$

式中　V——流量计测得的体积流量；

V_0——流量计内所具有的标准计量空间；

N——流量计内转子转动的次数。

如果，转子的转数N是在单位时间内测定的，则可获得流体瞬时流量的大小。如果转子的转数N是在一段时间里测定的，则可以得到在这段时间通过流量表的流体总量。因此又称该流量表为计量表，如图10-25所示为远传椭圆齿轮流量计组成框图。

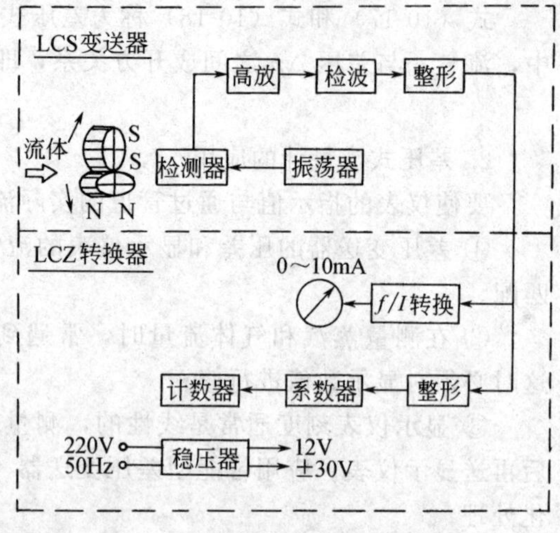

图10-25　远传椭圆齿轮流量计组成框图

2. 容积式流量计的特性

应用容积分界法检测流量的原理，实质上是精密检测体积的办法。因此，与其他流量检测方法相比，它的流量大小以及流体密度、黏度等物理条件对精度影响较小，因而可以得到较高的检测精度（一般可达0.1%～0.2%）。

容积式流量计检测误差随流体的黏度、密度和润滑性能而变化，特别是黏度的影响起主要作用。这是由于仪表存在着运动部件，运动部件与器壁间的间隙产生流体的泄漏，此泄漏量是随流体物理条件的变化而变化的。由于随着流量的增大，仪表入、出口间的压力降也增大，使间隙处泄漏量增大。对于低黏度液体（例如水），泄漏特别严重。对高黏度液体（例如重油），由于泄漏相对较小，因此误差变化不大。

黏度变化对压力损失的影响要明显一些，当黏度增大时，压力损失也增大。

容积式流量计精度高，量程宽可达10∶1，可以测小流量，几乎不受黏度等因素变化的影响，对检测器前的直管段长度，没有严格的要求。其缺点是：对于大流量的检测来说成本高、质量大、维护不方便。

使用中应注意以下几点。

① 选择容积式流量计，虽然没有雷诺数的限制，但应该注意实际使用时的测量范围，必须是在此仪表的量程范围内，不能简单地按连接管道的尺寸去确定仪表的规格。

② 为了保证运动部件的顺利转动，器壁与运动部件间设计有一定的间隙，流体中如有尘埃颗粒会使仪表卡住，甚至损坏。为此在流量计前必须要装过滤器（或除尘器）。如图10-26所示，小型流量计过滤器的金属网为50～200目，大型流量计为20～50目，有效过滤面积应为连接管线面积的4～20倍。

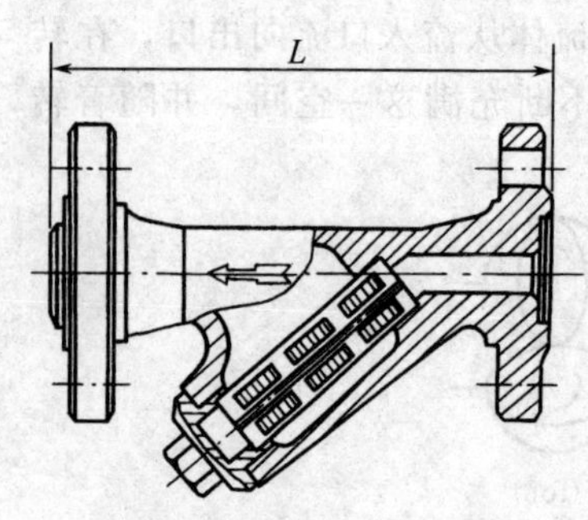

图10-26　过滤器结构示意图

③由于各种原因，可能使进入流量计的液体中夹杂有少量气体，为此，应该在流量计前设置气体分离器，否则会影响仪表检测精度。

④ 流量计可以水平或垂直安装。安装在水平管道上时，应设有副线。当垂直安装时，仪表应装在副线上，以免铁屑、杂质等落入仪表的测量部分。如图10-27所示。

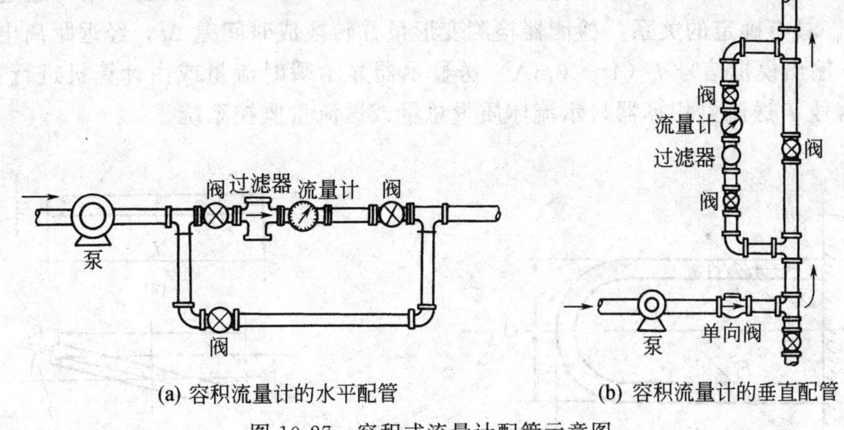

图 10-27　容积式流量计配管示意图

四、微动流量计

微动流量计是一种直接质量流量计，这种流量计是基于哥里奥利效应工作的。它的输出信号与质量成线性关系，不受被测流体的温度、压力、密度、流速分布、黏度和电导性变化的影响。其检测精确度高（±0.2%），检测范围宽（20：1），可靠性高，维修量小，不需要直管段，易于满足耐腐蚀要求，在测流量的同时还可测流体的密度。它既可输出模拟信号，又可输出频率信号，便于和计算机连用，可以构成本质安全系统。由于以上这些特点，这种流量计可在各种工业部门检测各种流体的流量，虽然它的价格很贵，还是得到了迅速的推广。

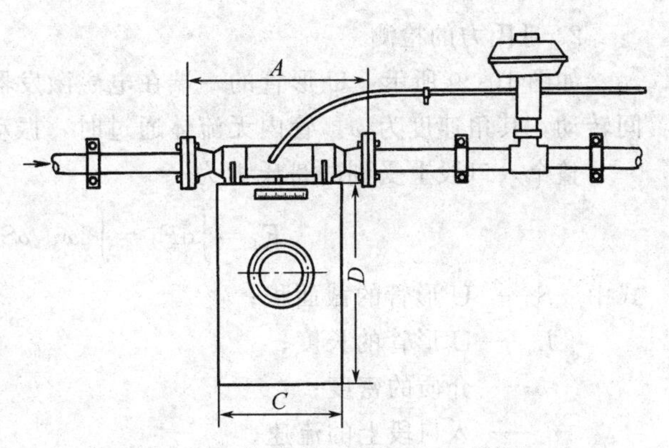

图 10-28　微动流量计外形及安装图

微动流量计的检测系统由传感器、远距离电子装置及显示仪表三部分组成。其外形及安装方式如图 10-28 所示。

1. 工作原理

微动流量计是根据哥里奥利效应进行工作的直接式质量流量计。当质量为 m 的流体以速度 v 流过一根以角速度 ω 绕其一端转动的管子时，这个流体就具有一个加速度 $a=2\omega v$，说明流体受到一个管子施加的力 F 的作用，即

$$F=ma=2m\omega v$$

根据牛顿第三定律，流体对管子有一个反作用力：$f=-F$。这个现象就称为哥里奥利效应，a 和 F 简称为哥氏加速度和哥氏力，f 称为哥氏惯性力。

如图 10-29 所示，U 形管的开口端被固定住，另一端用电磁激励，使其产生垂直于图面方向的振动。设流体从图中下面的管口流入，从上面的管口流出，因而在 U 形管两臂中的流体，一方面沿管道流动，另一方面又随管子一起振动。结果流体质点便受一个哥里奥利力的作用，流体质点也对管子产生一个大小相等方向相反的作用力。由于流体在 U 形管两臂内流动的方向相反，所以 U 形管两臂承受的这个力的方向也相反，故 U 形管受到一个力矩。

在这个力矩的作用下，U 形管产生扭转变形 θ，如图 10-30 所示，该变形量与通过流量计的质量流量 q_m 具有确定的关系。检测器检测变形量并转换成时间差 Δt，经远距离电子装置将其处理后，输出模拟信号 I（4～20mA）送显示器显示瞬时流量或由计算机进行数据处理，输出频率信号 f 送流量积算器显示流体质量总量或送流量监控系统。

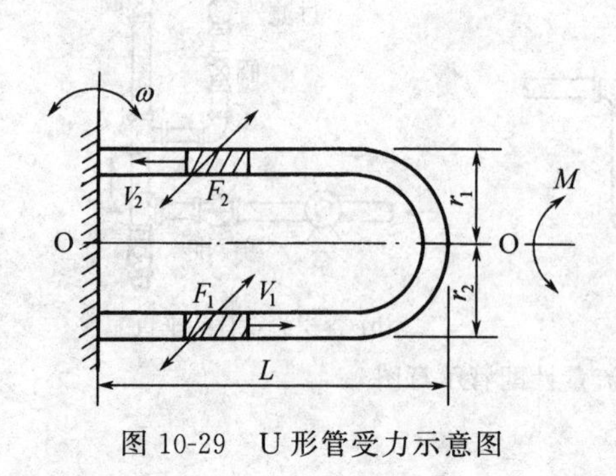

图 10-29　U 形管受力示意图

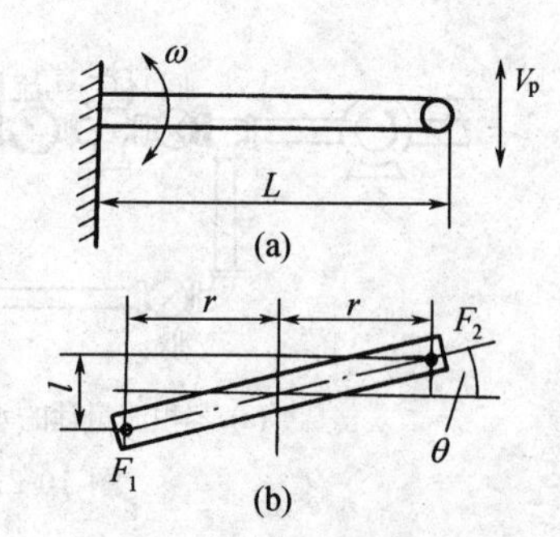

图 10-30　U 形管变形示意图

2. 哥氏力的检测

如图 10-29 所示，U 形管的一端在电磁激发器的作用下的振动，可看作是绕固定端的瞬间转动，其角速度为 ω。管内无流体通过时，振动频率约为 80Hz，振幅＜1mm。

整个入口段上受到的哥氏力为

$$F_1=\int dF_1=\int 2\omega v_1\rho S\,dL=2\omega v_1\rho SL \tag{10-21}$$

式中　S——U 形管的截面积；

L——U 形管的长度；

ρ——介质的密度；

v_1——入口段上的流速。

同样，U 形管整个出口段上受到的哥氏力为

$$F_2=2\omega v_2\rho SL \tag{10-22}$$

式中　v_2——出口段上的流速。

哥氏力 F 的方向按右手螺旋规则，从 v 到 ω 来确定。如果 ω 是一个按正弦规律变化的角速度，则 F 也将是一个按正弦规律变化的力。从图 10-29 可以看出，流速矢量 v_1 和 v_2 与管子振动角速度矢量 ω 垂直。由于 v_1 和 v_2 大小相等、方向相反，所以哥氏力 F_1 和 F_2 也大小相等、方向相反。当流量计工作时，两者相位差 180°。结果以 O—O 轴为中心产生一个的交变的力矩，此力矩为 M，此力矩为

$$M=F_1r_1+F_2r_2$$

式中　r_1、r_2——为 U 形管各臂到 O—O 轴线的垂直距离。

如果结构完全对称，则可写成

$$M=2F_1r_1=4\omega\rho vSLr \tag{10-23}$$

力矩 M 使 U 形管扭转一个角度。对于一定的 U 形管系统

$$M=K\theta \tag{10-24}$$

式中　θ——U 形管扭转变形角；

K——U 形管系统的扭转弹性洗漱。

由式（10-23）和式（10-24），可得

$$\rho v S=\frac{K\theta}{4\omega r L}$$

而 $\rho v S$ 即管中的流体的质量，则有

$$q_{m}=\frac{K\theta}{4\omega r L} \tag{10-25}$$

式（10-25）即是微动流量计的基本方程式。对一台已造好的微动流量计，K、r、L、ω 都是常数。因此，被测流体的质量流量 q_m 与扭转角 θ 成正比。

3．扭转角 θ 的检测

利用检测器来检测 U 形管的扭转变形。U 形管的扭转变形如图 10-30。在 U 形管的平衡位置两侧各装一个光电位置检测器。U 形管在哥氏力的作用下绕 O—O 轴扭转变形，当通过左右两个检测器时，检测器就分别发出一个电脉冲信号 N_1 和 N_2。

如果流量为零，可知 U 形管无扭转变形，$\theta=0$。通过左右两个检测器的时间是一样的，无时间差 Δt。

当有流量通过传感器时，U 形管出现扭转变形，由图 10-30（b）可见，其幅度为

$$l=2r\theta=v_{p}\Delta t \tag{10-26}$$

式中　v_p——U 形管通过检测器时在检测器处的线速度；

l——U 形管端点变形幅度；

Δt——检测器分别发出电脉冲 N_1 和 N_2 的时间间隔。

U 形管在检测器处的线速度 v_p 可由角速度 ω 决定，如图 10-30（a）

$$v_{p}=\omega L \tag{10-27}$$

由式（10-26）和式（10-27），可得

$$\theta=\frac{\omega\Delta t}{2r}L \tag{10-28}$$

式中　L——U 形管的长度。

将式（10-28）代入式（10-25），得

$$q_{m}=\frac{KL\omega\Delta t}{8r^{2}\omega}=\frac{KL}{8r^{2}}\Delta t \tag{10-29}$$

可以看出，质量流量 q_m 是 U 形管结构参数和电脉冲时间间隔 Δt 的函数。不受流体的温度、压力等参数的影响，也与 U 形管的振动角速度 ω 无关。

微动流量计用远距离电子装置输出与质量流量 q_m 成正比的模拟量或频率量。

同时，电子装置接收传感器中温度敏感元件来的信号，用以补偿温度对 U 形管的弹性模数 K 的影响。电子装置输出控制信号驱动电磁激发器工作，保证 U 形管的振动幅度。

4．主要性能

微动流量计可测气体、液体的质量流量，不受温度、压力、黏度影响，也可测量多相流体等的质量流量。这种流量计的二次仪表均带有微处理机，配合被测液体的温度信号，经微处理机查双相被测液体各组分的密度表（此表存于微机的内存中），再经运算，可给出被测双相液体各组分所占百分数。如测量含有水分的油，不但给出其总的质量流量，还给出油、水各占的百分比。

微动流量计的优良性能只有在合适地安装和调整的情况下才能获得。安装前应仔细阅读使用说明书，安装时要注意以下几点。

① 传感器应远离大的干扰电磁场，如大的变压器、电机等。

② 小口径传感器应安装在平整的、坚硬的底座上，四个安装点应在同一平面上。大口

径的传感器直接安装在工艺管道上，在距离连接件10～20倍管径处要安装工艺管道的支架。不管哪种安装方式，都应注意避免造成大的应力。不能安装在有大的振动的地方。

③ 对于大口径及以上的传感器，检测浆料流量时，应安装在垂直的管道上，以避免固体的积累，便于用气体或蒸汽吹扫；检测液体流量时，安装在水平管道上，外壳顶部朝下，不让气体在U形管内积聚；测量气体流量时，外壳顶部朝上，以避免冷凝液的积聚。

④ 传感器上的箭头表示的是正向流动方向，如果流动方向相反也可做同样准确的检测，但为了在显示仪表上有合适的显示，应在远距离电子单元中改变有关的接线。

⑤ 在传感器的下游最好装一个截止阀，用来确保作一次调零（PIA）时流量为零。

⑥ 传感器上的电缆入口尽可能在水平方向，防止雨水进入。传感器与远距离电子单元的距离不大于150m，按说明书的要求连接电线、电缆，特别是本安装系统的接线一定要严格按要求进行。

五、流量计的选用

由于流量计的种类多，适应性也不同，因此正确选用流量计对保证流量测量精度十分重要。最基本的有以下几点。

① 根据被测介质的性质选择，必须首先明确被测流体的物态及其特性。

② 根据用途选择，各种流量计的功能不同、测量精度和价格不同，而不同的使用场所对流量计的这些性能要求也有侧重。

③ 根据工况条件选择，工况条件包括被测流体的流量变化范围、温度和压力的高低等。

④ 其他还应该考虑流量计的安装条件、管道情况、费用等。

总之，没有一种流量计能够适用于所有的流体和各种流动状况。因此，在选用时应该对各类测量方法和仪表特性有所了解，在全面比较的基础上选择符合实际测量要求的最佳形式。各类流量仪表的性能比较如表10-3所示。

表10-3 各类流量仪表的性能比较

对比项目	流量计名称							
	电磁流量计	容积流量计	孔板流量计	涡轮流量计	YF-100型漩涡流量计	转子流量计	靶式流量计	微动流量计
理论公式	$q=\frac{\pi D}{4}\frac{e}{B}$	$q=KN$	$q=K\sqrt{\Delta p}$	$q=\xi f$	$q=Kf$	$q=KH$	$q=K\sqrt{F}$	$q_m=K\theta$
检测原理	感应电动势 e	转一周容积排量	压差 Δp	叶轮转数	漩涡数	转子的高度	靶上作用力 F	U形管扭转角 θ
输出信号与流量关系	成比例	成比例	成开方	成比例	成比例	成比例	成开方	成比例
测量范围	20～30	5～10	3	5～10	10～13	10	3	20
精确度	量程值±0.5%	量程值±0.2%～0.5%	量程值±2%	测量值±0.2%～0.5%	测量值±1%	测量值±1%～4%	测量值±1%	±0.2%
主要测量介质	导电液体	液体（气体）	液体、气体、蒸汽	液体（气体）	液体、气体、蒸汽	液体、气体	液体	各种流体
介质温度	−10～120℃	100℃范围	约600℃	约120℃范围	−40～300℃，400℃	<70℃	<200℃	−240～200℃

续表

对比项目	流量计名称							
	电磁流量计	容积流量计	孔板流量计	涡轮流量计	YF-100 型旋涡流量计	转子流量计	靶式流量计	微动流量计
压力损失	很小	（包含过滤器）大	大	（包含过滤器）较大	小	小且恒定	大	小
直管段要求	上游侧 5～10D 下游侧无	无	上游侧 10～62D 下游侧 5～7D	上游侧 20D 下游侧 5D	上游侧 10～20D 下游侧 5D	无	上游侧>5D 下游侧>3D	无
可动部件	无	有	无	有	无	有	有	有
注	测量导电流体	气、液结构不同；温度区域不同，结构不同	与差压变送器配合使用，导压孔易阻塞，冷天要保温	气、液不同结构	液、气和蒸汽转换器不同	就地指示为玻璃锥管运转指示为金属锥管	测黏性介质	测流体质量流量

第五节　温度测量

温度是一个重要的物理参数，自然界中任何物理、化学过程都与温度紧密联系。在生产生活中，温度是产品质量、生产效率、节约能源等的重大经济指标之一，是安全生产生活的重要保证。

温度是表征物体冷热程度的物理量。对于热力学过程，温度是物体内部分子无规则运动剧烈程度的标志，它决定一个系统是否与其他系统处于热平衡状态的宏观性质。任意两个冷热程度不同的物体相接触，必然发生热交换，热量将从热物体传向冷物体，直至两者的冷热程度完全一致，即达到温度相等。

温度是国际单位制（SI）七个基本物理量之一。

一、温标及温度仪表的分类

温标是温度的数值表示，它规定了温度的读数起点（零点）和温度测量的基本单位。

温度不能直接加以测量，只能借助于冷热不同物体间的热交换以及物体的某些物理性质随冷热程度不同而变化的特性来加以间接测量。由于不同物质的物理参数与温度的函数关系是不相同的，因此必须建立一个客观、合理、适用的温度标准。

（一）热力学温标

热力学温标是以热力学第二定律为基础的理论温标，与物体任何物理性质无关，国际权度大会采纳为国际统一的基本温标。热力学温标有一个绝对零度，它规定分子运动停止时的温度为绝对零度，因此它又称为绝对温标。热力学温度是基本物理量，温度变量记作 T，其单位为开尔文（K），温标单位大小定义为水三相点的热力学温度的 1/273.16。热力学温标是依据理想的卡诺循环为基础的，因此不能付诸实用。

（二）国际温标

国际温标是用来复现热力学温标的。它的指导思想是采用气体温度计测出一系列标准固定温度（相平衡点），以它为依据在固定点中间规定传递的仪器及温度值的内插公式。自1927年建立国际温标以来，随着社会生产及科学技术的进步，温标的复现也在不断发展，内插仪器的研制、内插公式的探索等方面都取得了很大的进展。中国于1994年1月1日起全面实施1990年国际温标。

1. 国际温标的单位

1990年国际温标（ITS－90）同时定义国际开尔文温度（变量符号为 T_{90}）和国际摄氏温度（变量符号为 t_{90}）。水三相点的热力学温度为273.16K，T_{90} 和 t_{90} 之间关系保留以前的温标定义中使用的与273.15K的差值表示温度，即

$$t_{90}/℃=T_{90}/K-273.15 \tag{10-30}$$

T_{90} 的单位为K（开尔文），而 t_{90} 的单位为℃（摄氏度）。

2. 1990年国际温标（ITS－90）的定义

0.65K到5.0K之间，T_{90} 由 ^3He 和 ^4He 蒸气压与温度的关系式来定义。

由3.0K到氖三相点（24.5561K）之间，T_{90} 是用氦气体温度计来定义的。它使用三个定义固定点及利用规定的内插法来分度。三个定义固定点为氖三相点（24.5561K）、平衡氢三相点（13.8033K）以及3.0K到5.0K之间的一个温度点，这三个定义固定点是可以实现复现，并具有给定值的。

平衡氢三相点（13.8033K）到银凝固点（961.78℃）之间，T_{90} 是用铂电阻温度计来定义的，它使用一组规定的定义固定点及利用所规定的内插方法来分度。

银凝固点（961.78℃）以上，T_{90} 借助于一个定义固定点和普朗克辐射定律来定义。可使用单色辐射温度计或光学高温计来复现。

ITS－90的定义固定点如表10-4。

表10-4　ITS-90定义固定点

序号	温度		物质	状态	序号	温度		物质	状态
	T_{90}/K	t_{90}/℃	a	b		T_{90}/K	t_{90}/℃	a	b
1	3～5	－270.15～－268.15	He	V	10	302.9146	29.7646	Ga	M
2	13.8033	－259.3467	$e-H_2$	T	11	429.7485	156.5985	In	F
3	≈17	≈－256.15	$e-H_2$ 或 He	V或G	12	505.078	231.928	Sn	F
4	≈20.3	≈－252.89	$e-H_2$ 或 He	V或G	13	692.677	419.527	Zn	F
5	24.5561	－248.5939	Ne	T	14	933.473	660.323	Al	F
6	54.3584	－218.7961	O_2	T	15	1234.93	961.78	Ag	F
7	83.8058	－189.3442	Ar	T	16	1337.33	1064.18	Au	F
8	234.3156	－38.8344	Hg	T	17	1357.77	1084.62	Cu	F
9	273.16	0.01	H_2O	T	—				

注：1. a列除 ^3He 外，其他物质均为自然同位素成分，$e-H_2$ 为正、仲分子态处于平衡浓度时的氢；b列可参阅“ITS－90补充资料”。

2. 各符号的含义为：V—蒸汽压点；T—三相点，在此温度下，固、液、蒸汽相呈平衡；G—气体温度计点，M、F—熔点和凝固点，在101325Pa压力下，固、液相平衡温度。

3. 摄氏温度和华氏温度

常用的摄氏温度值和华氏温度值原来是根据液体受热后体积膨胀的性质建立起来的。现在都已由国际温标给予标定。

摄氏温标规定在标准大气压下纯水的冰融点为0度，水沸点为100度，在0到100度之间一百等分，每一等分为1摄氏度，单位符号为℃。温度变量记作t。华氏温标规定在标准大气压下纯水的冰融点为32度，水沸点为212度，中间180等分，每一等分为1华氏度，单位符号为℉。温度变量记作t_F。摄氏温度值t和华氏温度值t_F之间的关系为

$$t=\frac{5}{9}(t_F-32)℃$$

$$t_F=\frac{9}{5}t+32\ ℉$$

(三) 温度标准的传递

根据国际温标的规定，各国都要相应地建立起自己国家的温度标准。为保证这个标准的准确可靠，还要进行国际对比。通过这些方法建立起的温度标准，就可以作为本国温度测量的最高根据——国家标准。中国的国家标准保存在中国计量科学研究院，而各地区、省、市计量局保存次级标准，以保证全国以及和各地区间标准的统一。

温标的传递包括两个方面，一是对各种测温仪表的分度，把标准传递到测温仪表；二是对使用中或修理后的测温仪表进行检定，保证仪表的准确可靠。

温度检测仪表按精度不同可分为基准、工作基准、一等标准、二等标准、工作用仪表(实验室用和工业用、民用)。

(四) 温度的检测方法和分类

温度测量仪表按其测温方式可以分为接触式和非接触式两类。

接触式测温仪表结构原理比较简单、可靠、测温精度高。但由于测温元件与被测介质需要进行充分的热交换，需要一定的时间才能达到热平衡，所以存在测温的延迟现象。而且测温元件容易破坏被测对象的温度场，并有可能与被测介质产生化学反应。同时由于受到高耐温材料的限制，也不能应用于很高的温度测量。

非接触式测温仪表是通过热辐射原理来测量温度的。测温敏感元件不需与被测介质接触，其测温范围广，原理上不受温度上限的限制，也不会破坏被测物体的温度场，反应速度一般也比较快。但受到物体的发射率、对象到仪表之间的距离、烟尘和水蒸气的影响，其测量误差比较大。

常用温度检测仪表的分类如表10-5。

表10-5　常用温度检测仪表的分类

测温方式	测温原理或敏感元件		温度传感器或测温仪表
接触式	体积变化	固体热膨胀	双金属温度计
		液体热膨胀	玻璃液体温度计、液体压力式温度计
		气体热膨胀	气体温度计、气体压力式温度计
	电阻变化	金属热电阻	铂、铜、铁电阻温度计
		半导体热敏电阻	碳、锗、金属氧化物等半导体温度计
	电压变化	PN结电压	PN结数字温度计

续表

测温方式	测温原理或敏感元件		温度传感器或测温仪表
接触式	热电势变化	廉价金属热电偶	镍铬-镍硅热电偶、铜-康铜热电偶等
		贵重金属热电偶	铂铑$_{10}$-铂热电偶、铂铑$_{30}$-铂$_{6}$ 热电偶等
		难熔金属热电偶	钨铼系热电偶、钨钼系热电偶等
		非金属热电偶	碳化物-硼化物热电偶等
	频率变化	石英晶体	石英晶体温度计
	其他	其他	光纤温度传感器、声学温度计等
非接触式	热辐射能量变化	比色法	比色高温计
		全辐射法	辐射感温式温度计
		亮度法	目视亮度高温计、光电亮度高温计等
		其他	红外温度计、火焰温度计、光谱温度计等

二、固体膨胀式温度计

利用固体的热胀冷缩特性来制造的温度计即固体膨胀式温度计。

（一）双金属温度计组成原理

双金属温度计的感温元件是用两片线膨胀系数不同的金属片叠焊在一起制成的。双金属片受热后由于膨胀系数大的主动层 B 形变大，而膨胀系数小的被动层 A 形变小，造成双金属片向被动层 A 一侧弯曲，如图 10-31 所示。双金属温度计就是利用这一原理制成的。

（二）双金属温度计的应用

双金属温度计结构简单、耐振动、耐冲击、使用方便、维护容易、价格低廉，适于振动较大场合的温度测量。

双金属片常被用做温度继电器控制器、极值温度信号器或仪表的温度补偿器。其原理如图 10-32 所示。当温度上升时，双金属片产生弯曲，直至与调节螺钉接触，使电路接通，信号灯亮。若用继电器代替信号灯，就可以实现继电器控制，进行位式温度控制。调节螺钉与双金属片之间距离可以调整温度限值（控制范围）。

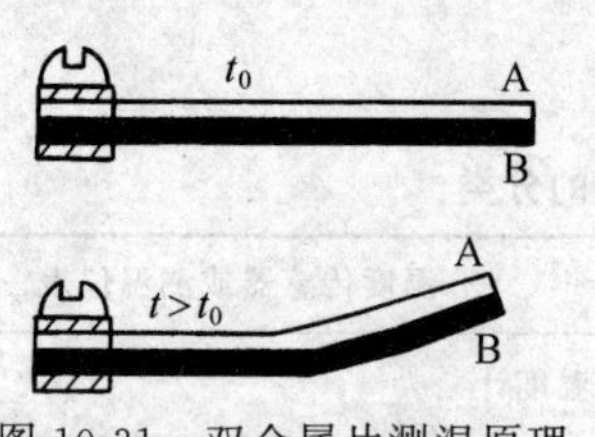

图 10-31　双金属片测温原理

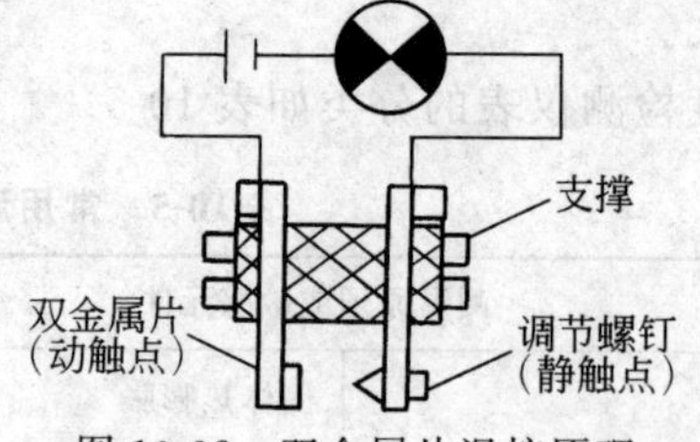

图 10-32　双金属片温控原理

1. 工业用双金属片温度计

工业上广泛应用的就地指示式双金属片温度计如图 10-33 所示。其感温元件为直螺旋形双金属片，一端固定，另一端连在度盘指针的芯轴上。为了使双金属片的弯曲变形显著，要尽量增加双金属片长度。在制造时把双金属片制成螺旋形状，当温度发生变化时，双金属片产生角位移，带动指针指示出相应温度。在规定的温度范围内，双金属片的偏转角与温度成线性关系。

2. 双金属片光线温度传感器

在两根光纤之间的平行光位置上放置一个双金属片，这就构成了一个温度传感器。如图10-34所示。当温度变化时，双金属片带动端部的遮光片在平行光中作垂直方向的位移，并使透过的光强度发生变化，通过光电检测器，将透射到输出光纤中的光信号转换成电信号，由此检测出被测温度。

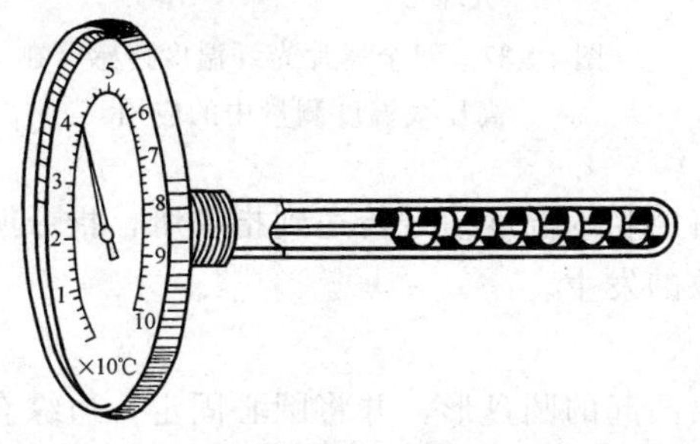

图10-33 工业用就地指示式双金属片温度计

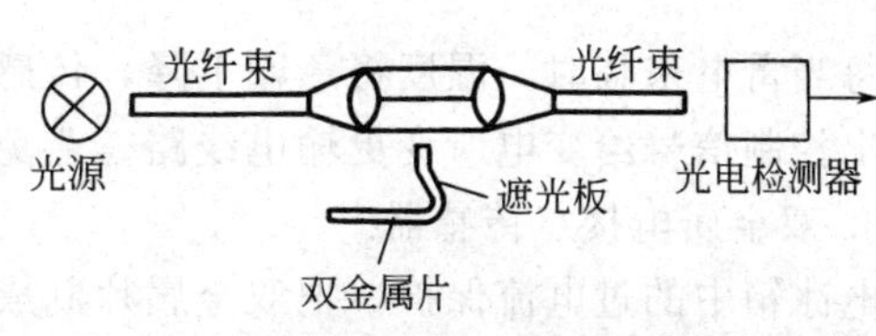

图10-34 双金属片光纤温度传感器工作原理

透射到输出光纤中的光强度与遮光量的多少有关，遮光量的多少由双金属片的位移量所决定。因此，随着温度 t 的升高，双金属片的位移量 x 增大，使遮光量增加，引起光束的透射率 T 下降，从而输出光纤中的光强 I_T 减少。通过光电检测器检测出被测温度。温度与光射率的关系如下式所示

$$x=\frac{kl^2\Delta t}{n} \tag{10-31}$$

式中 x——双金属片端部的位移；

k——由两种金属热膨胀之差、弹性系数之比和厚度比所决定的常数；

l——双金属片的长度；

Δt——温度变化量；

n——双金属片的厚度。

$$T=\frac{I_T}{I_0}\times 100\% \tag{10-32}$$

式中 T——光透射率；

I_T——局部遮光时的透射光强；

I_0——不遮光时的透射光强。

由式（10-30）和式（10-31）和图10-35可见，在一定范围内，当温度增加时，光的透射率将线性地降低。

（1）双金属片光纤温度传感器在油库中的应用　将双金属片固定在油库的壁上。用长光纤传输被温度调制的光信号，经光电探测器转换成电信号，再经放大后输出。由于光纤温度传感器的传感头不带电，因此在诸如油库等易燃、易爆场合进行温度检测是特别适合的。如图10-36所示。

（2）双金属片光纤温度传感器在高压线温度测量中的应用　具有双金属片的光纤温度传感器，可以在10～50℃温度范围内进行较为精确的温度测量。光纤的传输距离可达5000m，因此，由于光纤具有良好的绝缘性能，又不受

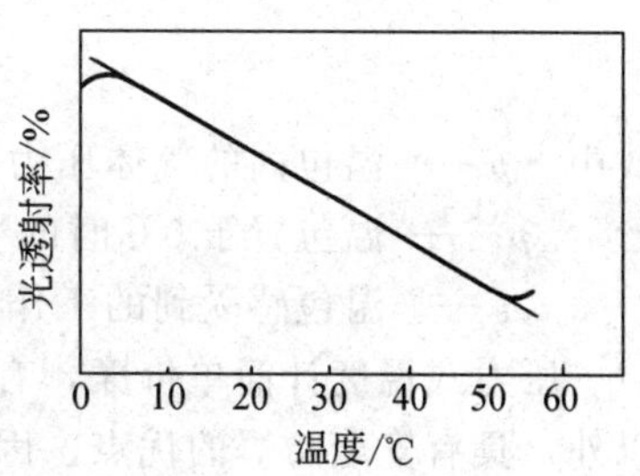

图10-35 温度与光透射率的关系

电磁干扰，所以，这种光纤温度传感器在多雷雨区高压线塔温度测量中，具有独特的优越性。如图 10-37 所示。

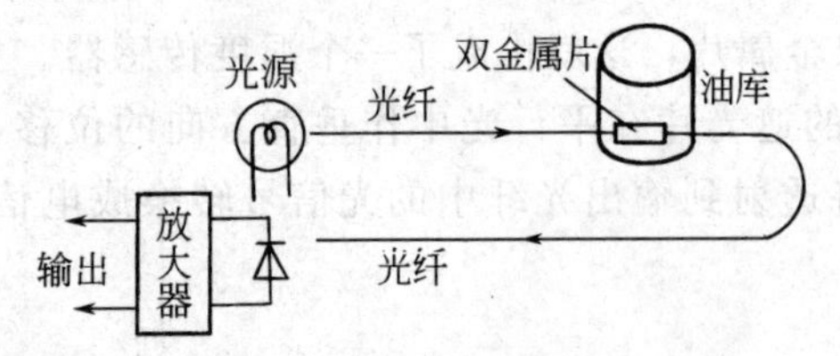

图 10-36　双金属片光纤温度传感器在油库中的应用

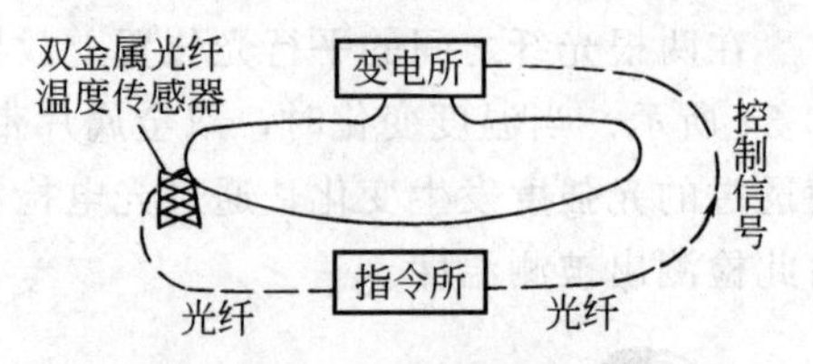

图 10-37　双金属片光纤温度传感器在高压线温度测量中的应用

每当雷电来临时，温度将急剧下降，传感器将感受的温度信号传送到指令所，指令所立即发出控制信号给变电所变更输电线路，避免事故的发生。

3. 双金属电接点传感器

电冰箱中的过电流保护，把双金属片制成中央凸起的圆盘形，并将圆心固定。边缘有两组电接点，串联在电路里，如图 10-38（a）。双金属片下方有电热丝，电热丝与被保护的冰箱压缩机相连，当压缩机电流过大时，电热丝对双金属片加热。起初双金属片并无明显变化，只是材料内部热应力增加。但到一定程度后，双金属片突然由中央凸起变为中央凹陷状态，其边缘上的电接点就在一瞬间断开，如图 10-38（b）。由于动作极快，又是两组电接点串联，可以有效地避免电弧的形成。

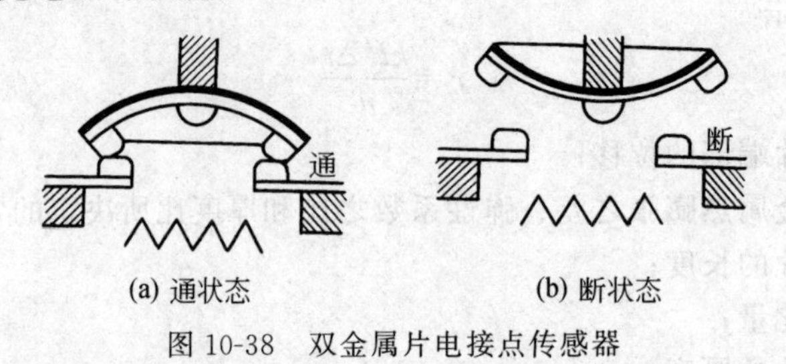

图 10-38　双金属片电接点传感器

三、压力式温度计

在封闭系统中的液体、气体或低沸点液体，其饱和蒸汽受热后体积膨胀会引起压力变化。压力式温度计就是根据这一原理制作的，用压力表来测量这种变化，从而测得温度。

压力式温度计主要由温包（感温元件）、毛细管、弹簧管等构成。如图 10-39 所示。毛细管连接温包和弹簧管，并传递压力，它是用铜或不锈钢冷拉而成的无缝圆管。弹簧管感测压力变化并指示出温度。

压力式温度计感受的温度与产生的压力之间的关系可近似为线性关系

$$p \approx \frac{p_0 T}{273} \tag{10-33}$$

式中　p——温包内的气体压力；

p_0——温包置于 0℃时的气体压力；

T——温包感受到的工作温度。

压力式温度计简单价廉，有一定的防振动能力，通过毛细管可将指示表安装在一定距离以外，具有安全防爆的优点。因此，常用于露天设备和交通工具上。如大型变压器的油温指示、车船坦克的动力机械温度指示等。

压力式温度传感器还可以用于位式控制中，电冰箱压缩机是间歇方式工作的。每当冰箱内温度上升到上切换值，电路接通，压缩机启动制冷。待温度下降到下切换值时，电路断开，压缩机停止工作。

如图 10-40 所示电冰箱的温度控制。在温包、毛细管和弹性膜盒中充有低沸点液体。当温度升高后，低沸点液体气化产生的压力作用于膜盒，由膜盒经杠杆推动电接点，使其接通制冷压缩机的电路。温度下降则相反，会使接点断开。调节温度的旋钮能改变凸轮的转角，从而改变电接点的接触压力，这就使其断开时所对应的温度值有所不同，从而使冰箱的运行温度得到调整。

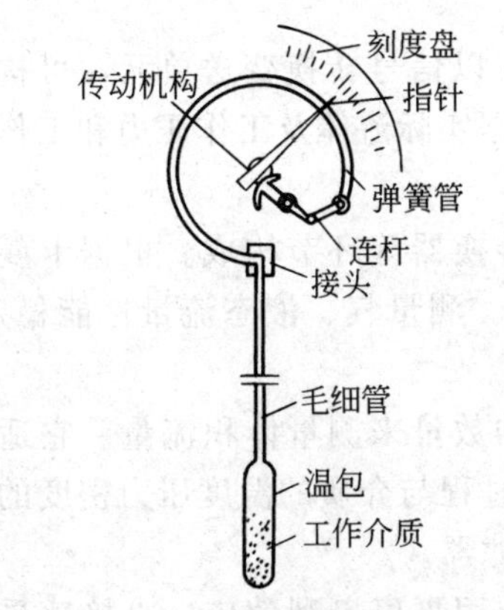

图 10-39　压力式温度计结构示意图

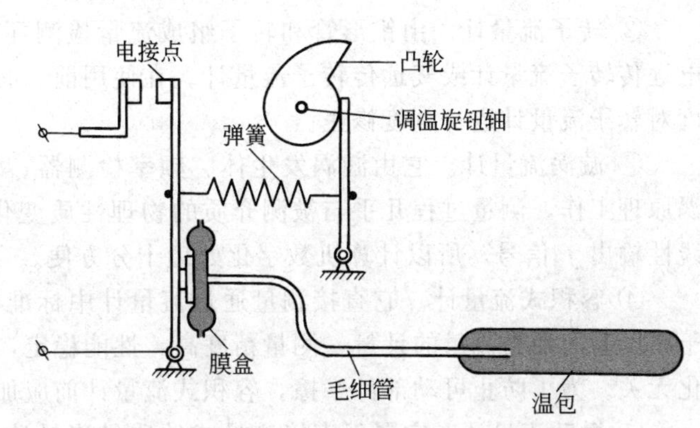

图 10-40　电冰箱的温度控制

本章小结

本章对石油、化工、电厂等企业常用传感器应用技术进行了翔实的介绍，意在通过大量的实例，了解和掌握常用传感器的使用和工程设计的主要方法。

1. 可燃性气体报警器

可燃气体报警器由传感器和报警器两部分组成。传感器连续测定工业设备周围、公共场所、室内等处的空气中可燃性气体的体积百分含量，转换成电信号，传送到报警器发出报警信号。

可燃气体传感器分为：半导体气敏传感器、接触燃烧式传感器、烟雾传感器。

2. 压力测量

① 压力测量方法有三种：液体压力平衡法、弹性变形原理平衡法、电测式转换法。

② 根据弹性元件的弹性特性进行工作的弹簧管压力表，结构简单，测量可靠，价格低廉，是应用范围广，应用时间长的就地指示式压力仪表。

③ 应用各种物理效应而工作的压力（差压）变送器，目前已达到智能化，对于提高自动化生产过程起到了重要的作用。

3. 液位测量

① 在大型储罐的液位连续测量及容积计量中，常采用浮子式液位表；而对某些设备里的液位进行连续测量控制时，应用浮筒式液位计则十分方便。它们是根据浮力原理工作的。

② 利用静压法测液位是液位测量最主要的方法之一。它测量原理简单，和差压变送器等配套使用构成通用型的液位显示，控制系统。在应用此法测液位时，应该考虑迁移问题。

③ 光纤式液位传感器属于非接触式液位测量仪表，适用于易燃易爆场合，但不能探测污浊液体以及会粘在测头表面的黏稠介质的液位。

4. 流量测量

流量测量仪表主要分为三大类：速度式体积流量表、容积式体积流量表、直接测量式质量流量表。

① 差压式流量计。由节流装置、引压管线及差压计（或差压变送器）三部分组成。它是根据节流原理进行工作的，差压式流量计的使用必须符合管道条件和使用条件，同时，安装是否正确，对测量的精度有很大的影响，因此必须十分重视。差压式流量计中节流装置的设计计算应按照国标 GB/T2624－93R 的要求进行。

② 转子流量计。由锥形管和转子组成流量检测环节，配以信号转换变送单元，可构成电远传转子流量计或气远传转子流量计。在使用前，必须根据实际流体及工作压力和工作温度对转子流量计进行刻度修正。

③ 漩涡流量计。它由漩涡发生体、频率检测器、信号转换器等环节构成。根据卡曼旋涡原理工作，测量过程几乎与被测介质的物理性质变化无关。测量气、液态流量性能稳定，线性输出 f 信号，所以计算机数字化处理十分方便。

④ 容积式流量计。它直接测量通过流量计中标准容积的数量来测量体积流量。它适用于精度高的油类流量的计量，测量精度高，性能稳定，测量过程与介质的温度压力密度的变化无关。为了防止可动部件摩擦，容积式流量计前应加装过滤器。

⑤ 微动流量计。它属于直接测量式的质量流量计。它应用哥里奥利效应，直接感受介质质量的变化。其优点是相当明显的，不受介质温度、压力、密度等变化的影响，精度可达计量表的要求（±0.2%），能方便计算机使用。

5. 温度测量

温度测量中均应采用国际温标，同时应掌握摄氏温度值和华氏温度值与国际温标的换算。温度测量仪表按其测温方式可以分为接触式和非接触式两类。

① 双金属温度计。是基于固体的热胀冷缩特性来制造的温度计。双金属片常被用作温度继电器控制器、极值温度信号器或仪表的温度补偿器。双金属温度计结构简单、耐振动、耐冲击、使用方便、维护容易、价格低廉，在工业生产和民用生活中得到广泛的应用。

② 压力式温度计。是根据在封闭系统中的液体、气体或低沸点液体的饱和蒸汽受热后体积膨胀引起压力变化这一原理制作的，并用压力表来测量这种变化，从而测得温度。压力式温度计由于简单价廉，有一定的防振动能力，通过毛细管可将指示表安装在一定距离以外，又具有安全防爆的优点。因此，常用于露天设备和交通工具上。

习题及思考题

10-1 半导体气敏传感器是根据什么原理工作的？举例说明它们的用途。

10-2 接触燃烧气敏传感器主要用于哪些场合？它是根据什么原理工作的？

10-3 弹性式压力表的测压原理是什么？简述弹簧管压力表的变换原理。

10-4 说明 1151MART 智能变送器的特点。

10-5 现有一标高为 1.5m 的弹簧管压力表测某标高为 7.5m 的蒸汽管道内的压力，仪表指示 0.7MPa，已知，蒸汽冷凝水的密度为 $\rho=966\text{kg/m}^3$，重力加速度为 $g=9.8\text{m/s}^2$，试求蒸汽管道内压力值为多少兆帕？

10-6 利用差压变送器测液位时，为什么要进行零点迁移？如何实现迁移？其实质是什么。请举例说明。

10-7　平衡容器在液位测量中起到什么作用？

10-8　恒浮力式液位计与变浮力式液位计测量原理的异同点？

10-9　电极式水位计的使用有何特点？

10-10　光纤式液位传感器是如何工作的？

10-11　说明差压式流量计的组成环节及作用。介质的工作状态对流量计的选用有哪些影响？

10-12　用孔板测量流量，孔板装在调节阀前为什么是合理的？怎样操作三阀组，须注意什么？

10-13　微动质量流量计的工作原理是什么？

10-14　转子流量计、旋涡流量计是如何工作的？适用于什么场合？

10-15　椭圆齿轮流量计是如何工作的？适用于什么场合？

10-16　什么是温标，常用温标有哪几种？现在执行的是哪种国际实用温标？各温标之间的转换关系如何？

10-17　双金属温度计是怎样工作的？它有什么特点？

10-18　压力式温度计的温包内充灌的是什么物质？它们是怎样工作的？

附录一　传感器实验指导

实验一　电阻应变片特性实验

一、实验目的

① 了解电阻应变片的特性，掌握传感器的工作原理。

② 明确掌握应变片在直流电桥中的几种接法，并通过每种接法的输入输出特性，分析应变式传感器和应变片的灵敏度和线性度。

二、实验设备

① 四只规格、型号完全相同的电阻应变片（初始电阻值为 120Ω）。

② 如实图 1 所示的金属等强度悬臂梁实验架一台。

③ 如实图 2 所示的直流电桥接线板一块。

④ 数字电压表一块。

⑤ 可调（0～5V）直流稳压电源一台。

⑥ 0.1kg 的黄铜砝码五块。

三、实验原理

应变片电阻式传感器采用悬臂梁，在梁的正反面贴有应变片电阻如实图 1 所示。利用这四个应变片电阻可构成一个测量桥路。当在应变梁的自由端加载时，梁产生弯曲变形。粘贴在表面的电阻应变片也随之变形，从而阻值也偏离初始值。若将应变片电阻构成不同的桥路，电桥的输出电压与所加载荷之间的关系就是应变特性。实图 2 所示电阻检测电路上的虚线是供使用者接上应变电阻或固定电阻值的电阻，并构成电桥，本身没接电阻。

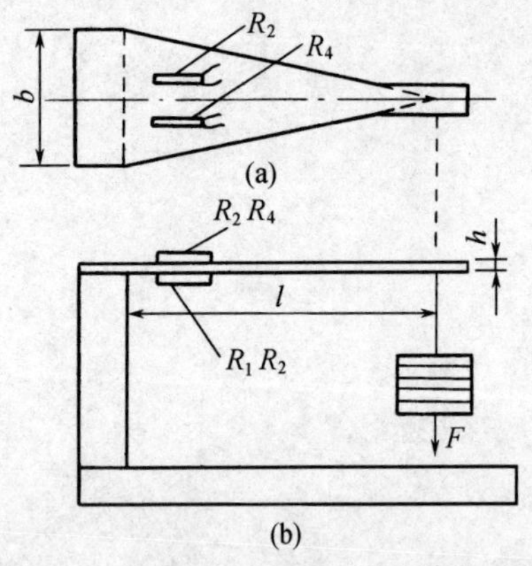

实图 1　金属等强度悬臂梁实验架

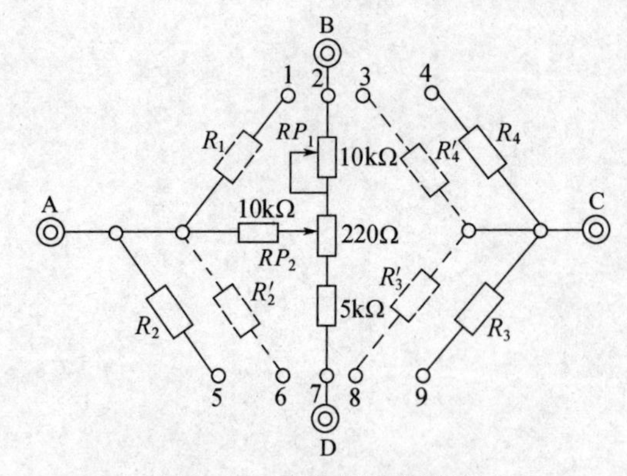

实图 2　直流电桥接线板

以单臂电桥为例，直流电桥的输出表达式为

$$U_o=U\frac{R_1R_3-R_2R_4}{(R_1+R_4)(R_2+R_4)}$$

当 R_1 感受应变 ε 产生电阻增量 ΔR_1 时，电桥输出为

$$U_o = \frac{U\Delta R}{4R} = K\varepsilon \frac{U}{4}$$

由此可见，应变片电阻发生变化时，电桥的输出电压也随着变化，当 $\Delta R \leqslant R$ 时，电桥的输出与应变成线性关系。

四、实验内容

① 组成单臂电桥，测定输入输出特性，绘出特性图。

② 组成邻臂电桥，测定输入输出特性，绘出特性图。

③ 组成对臂电桥，测定输入输出特性，绘出特性图。

④ 组成全臂电桥，测定输入输出特性，绘出特性图。

五、实验步骤

1. 电阻应变式传感器（单臂电桥测量线路）输入输出特性实验

① 将实图 2 所示接线板中的 1、2、3 端子短接，6、7、8 端子短接，组成实图 3(a) 单臂电桥实验电路。

② 将电压信号源和数字电压表分别接入直流电桥接线板的 A、C 端和 B、D 端。

③ 经教师检查后接通电源。

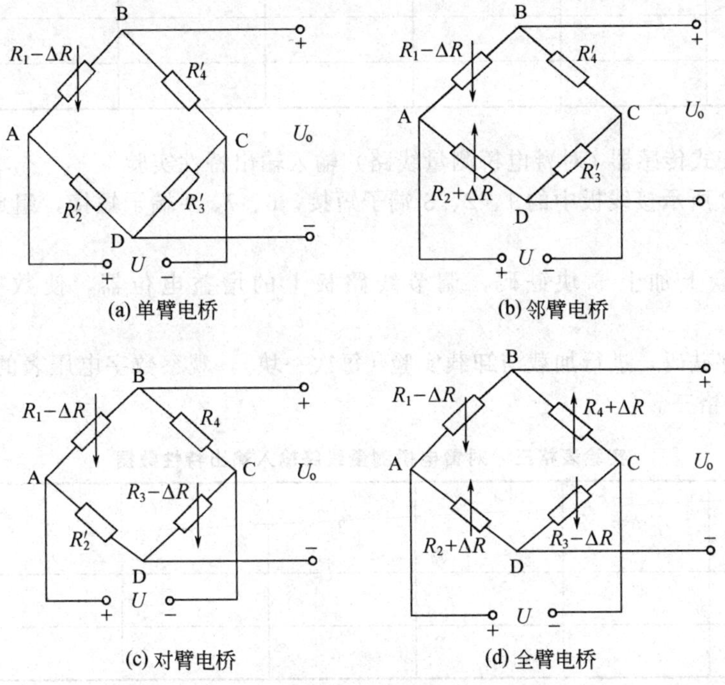

实图 3　电阻应变电桥

④ 调节接线板上的粗调电位器 RP_1 与细调电位器 RP_2，使电桥处于初始平衡状态。数字电压表显示为 0。

⑤ 在砝码盘上加上 5 块砝码，调节线路板上的增益电位器，使数字电压表显示为 25mV。

⑥ 取下全部砝码，进行加载与卸载实验（每次一块），观察数字电压表的显示值，并将数据填入实验表格一。

实验表格一　单臂电桥测量线路输入输出特性数据

砝码数 电压/mV	0	1	2	3	4	5
加载						
卸载						

2. 电阻应变式传感器（邻臂电桥测量线路）输入输出特性实验

① 将实图2所示接线板中的1、2、3端子短接，5、7、8端子短接，组成实图3(b)邻臂电桥实验电路。

② 在砝码盘上加上5块砝码，调节线路板上的增益电位器，使数字电压表显示为50mV。

③ 取下全部砝码，进行加载与卸载实验（每次一块），观察数字电压表的显示值，并将数据填入实验表格二。

实验表格二　邻臂电桥测量线路输入输出特性数据

砝码数 电压/mV	0	1	2	3	4	5
加载						
卸载						

3. 电阻应变式传感器（对臂电桥测量线路）输入输出特性实验

① 将实图2所示接线板中的1、2、3端子短接，6、7、9端子短接，组成实图3(c)对臂电桥实验电路。

② 在砝码盘上加上5块砝码，调节线路板上的增益电位器，使数字电压表显示为50mV。

③ 取下全部砝码，进行加载与卸载实验（每次一块），观察数字电压表的显示值，并将数据填入实验表格三。

实验表格三　对臂电桥测量线路输入输出特性数据

砝码数 电压/mV	0	1	2	3	4	5
加载						
卸载						

4. 电阻应变式传感器（全臂电桥测量线路）输入输出特性实验

① 将实图2所示接线板中的1、2、4端子短接，5、7、9端子短接，组成实图3(d)全臂电桥实验电路。

② 在砝码盘上加上5块砝码，调节线路板上的增益电位器，使数字电压表显示为100mV。

③ 取下全部砝码，进行加载与卸载实验（每次一块），观察数字电压表的显示值，并将数据填入实验表格四。

实验表格四　全臂电桥测量线路输入输出特性数据

砝码数 / 电压/mV	0	1	2	3	4	5
加载						
卸载						

六、实验报告

① 绘出实验装置及实验原理图，并加以说明。

② 用表格列出各项实验的测试数据及条件，并绘出相应的特性曲线 $U_0=f(F)$。

③ 分析求取灵敏度。

七、思考题

① 分析特性曲线产生误差的原因。

② 电阻应变式传感器的灵敏度与哪些因素有关？

③ 电桥电源的大小与稳定性，对测量会产生什么影响？

实验二　电感传感器特性实验

一、实验目的

① 通过电感传感器测定小位移实验，进一步熟悉和掌握电感传感器的结构、工作原理和特性。

② 观察零点残余电压对传感器输出特性的影响。

③ 比较电感传感器的交流输出特性和直流输出特性。

二、实验设备

① 差动变压器式传感器一个。

② 螺旋测微仪一台。

③ 交流信号源一台。

④ 检测线路板一块。

⑤ 交流数字电压表一只。

⑥ 数字电压表一只。

⑦ 直流稳压电源一台。

三、实验原理

差动变压器的工作原理如实图 4 所示。

差动变压器原、副边间的互感，随铁芯的移动而变化。当铁芯处于中间位置时，副边线圈之互感系数相等。由于副边两线圈绕向相反，所以输出电压为零。

当铁芯移动时，副边两线圈产生的感应电压不一样，因此输出电压不为零。通过测量输出电压的大小可以反应铁芯位移的大小。

本实验铁芯的位移量通过螺旋测微器来调节。

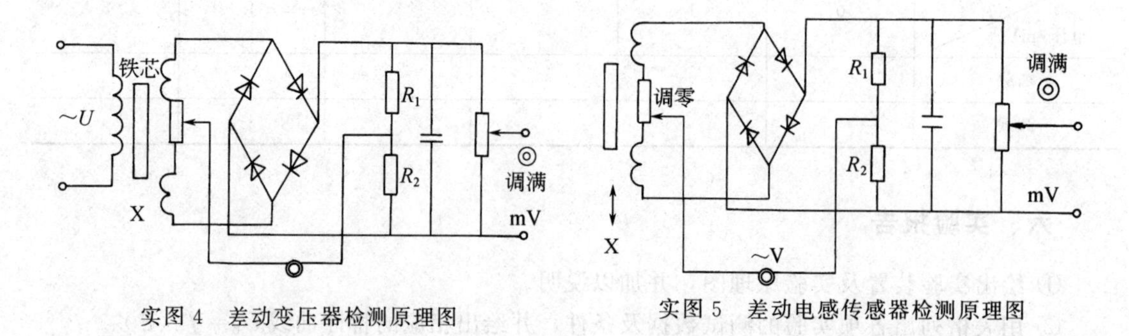

实图 4　差动变压器检测原理图　　实图 5　差动电感传感器检测原理图

实图 4、实图 5 调零是用来调节差动变压器不对称的，仪器做好时已调好，一般不调。只有两边输出不对称超过 5mV 时，才调此电位器。传感器的线圈结构示意图如实图 6 所示。

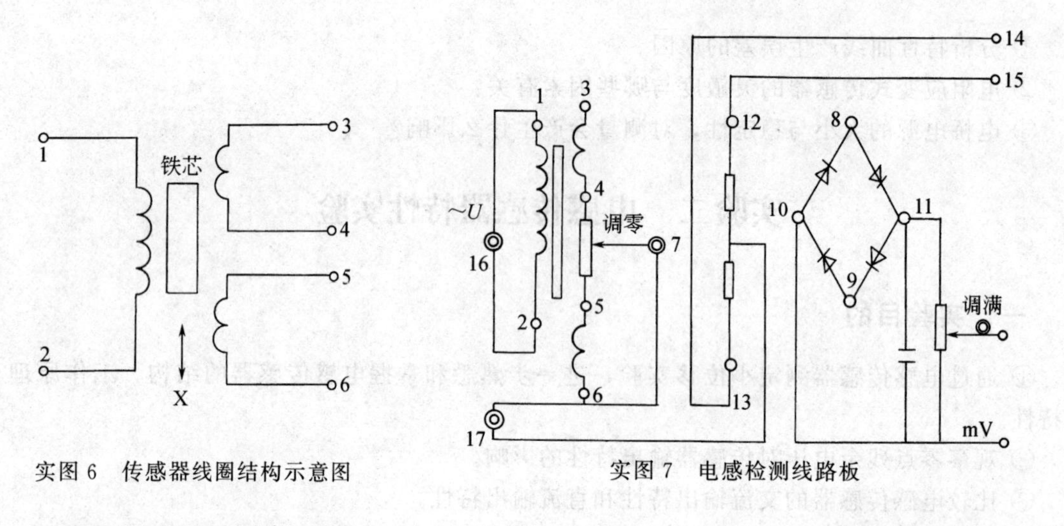

实图 6　传感器线圈结构示意图　　实图 7　电感检测线路板

四、实验内容及步骤

1. 差动变压器特性实验

① 先打开电感信号源开关。其余信号源开关勿开。

② 将螺旋测微器用两只滚花螺母固定在（如实图 8）支架上并将铁芯插入传感器螺线管内。

③ 将传感器（如实图 6）的各接线端 1、2、3、4、5、6 分别与检测线路板（如实图 7）的 1、2、3、4、5、6 端相连。

④ 将检测线路板上的 3 与 8 端、6 与 9 端相连；11 与 12、10 与 13 相连；16 孔与电感信号源相连；并将输出端接至数字电压表；连好线后检查一遍。经教师检查后通电。

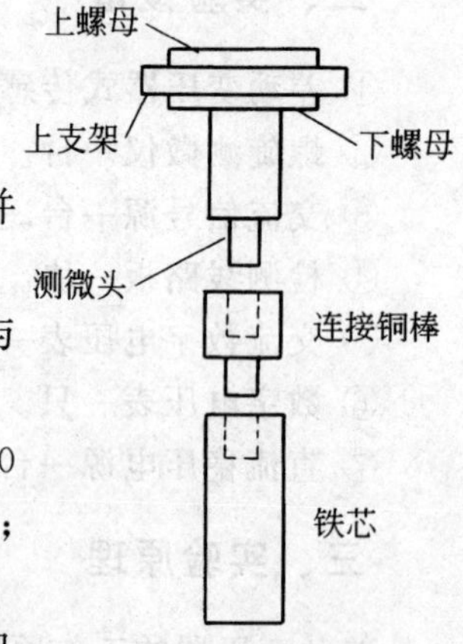

实图 8　安装示意图

⑤ 进行机械调零。先将螺旋测微器转到中间 12mm 处，做机械零点；然后调节支架上、下滚花螺母使铁芯位于中间位置。这时

数字电压表应指示为零。将螺母固定紧。

⑥ 调满：将螺母固定后调节测微头上、下各位移 10mm（即测微器指示 2mm 和 22mm）；这时数字电压表应指示±100 mV（或 50mV）。如不为 100 mV（或 50 mV）则要调节检测线路板上的调满电位器，零、满重复调节几次，即可进行性能试验。

⑦ 直流特性实验。每次位移 2mm 进行正、反行程操作；（测量范围：2～22mm，即 20mm）同时记录下数字电压表的数据并填在实验表格五中。

⑧ 交流特性实验。将前面的接线孔 3 与 12、6 与 13 相连（原先 3 与 8、6 与 9 端断开；11 与 12 断开；10 与 13 断开），由 14、15 端输出至交流毫伏表。实验方法同上。

注意零点参与电压的测量；

注意调节合适的量程（交流输出一般在 20～400mV 之间）。

2. 差动电感特性实验

将电感信号源的输出改接至检测线路板的孔 17，其他实验步骤与差动变压器一样，实验数据填在实验表格六中。

五、实验报告

整理实验数据，画出 *V-d* 曲线。

六、思考题

① 如何测量零点残余电压，分析其产生的原因及如何减少传感器的零点残余电压。

② 电感传感器与变压器传感器的区别是什么？

③ 分析产生测量误差的原因。

实验表格五 差动变压器实验数据

行程 \ 输出 mV \ 位移/mm		−10	−8	−6	−4	−2	0	2	4	6	8	10
正行程	直流											
	交流											
反行程	直流											
	交流											

实验表格六 差动电感实验数据

行程 \ 输出 mV \ 位移/mm		−10	−8	−6	−4	−2	0	2	4	6	8	10
正行程	直流											
	交流											
反行程	直流											
	交流											

实验三　电容式传感器特性实验

一、实验目的

① 了解和掌握电容传感器的工作原理及特性。

② 了解 S 参数对测量的影响，以及如何提高传感器灵敏度的方法。

二、实验仪器及设备

① 电容式传感器一个。

② 螺旋测微仪一台。

③ 交流信号源一台。

④ 检测线路板一块。

⑤ 交流数字电压表一只。

⑥ 数字电压表一只。

⑦ 直流稳压电源一台。

三、实验原理

由公式 $C=\frac{\varepsilon S}{d}$ 知，当 S、d、ε 某一个或几个发生变化时，电容量将发生变化。电容传感器就是根据这个道理，将三个参数中的两个保持不变，而改变另一个参数来使电容发生变化。这个变化直接反映被测物理量的变化。

电容式传感器可分为变间歇式、变面积式和变介电常数式三种形式。它们具有进行无接触测量、灵敏度和分辨率高、动态响应好等优点。广泛用于测量位移、振动厚度、荷重、压力等非电量参数。

本实验采用的电容式传感器结构如实图 9 所示。实图 9(a) 是圆桶形电容器，实图 9(b) 是测微头的连接方式。圆桶形电容器由动电极 1 及定电极 2、3 组成。定电极 2、3 分别由接线座引出用于接线用。电容检测线路板如实图 10 所示。

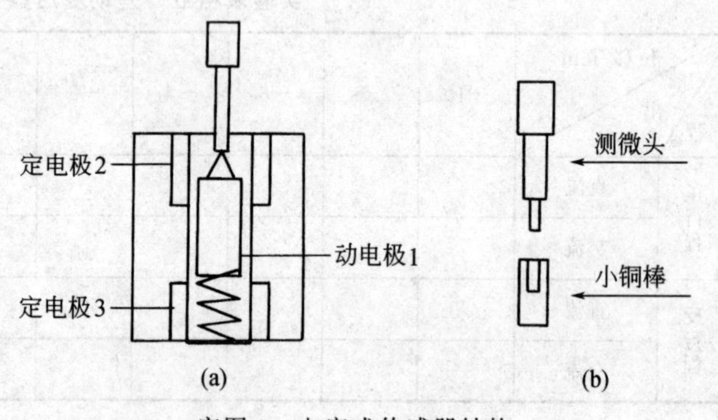

实图 9　电容式传感器结构

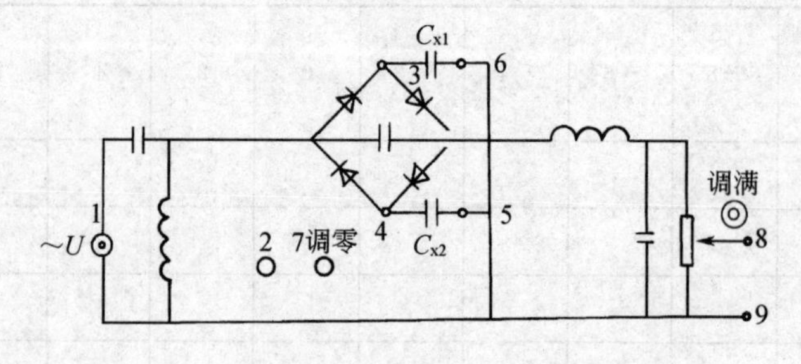

实图 10　电容检测线路板

四、实验内容及步骤

1. 差动电容传感器特性实验

① 将电容信号源开关打开。其余开关关上。

② 将螺旋测微器固定在检测实验系统电容支架上，并旋上滚花螺母。

③ 将动电极 1 接到电容检测线路板 5、6 端，定电极 2、3 接到电容检测线路板的 3、4 点。

④ 将电容信号源接至电容检测线路板上的 1 孔；8、9 两孔接至数字电压表的两端。

⑤ 经实验老师检查后通电进行性能实验。

⑥ 机械调零和调满确定测量范围，将螺旋测微器旋至 12mm 处调节上支架上的上、下两个滚花螺母，使数字电压表指示为零。然后调节测微头向上、向下各移动 10mm 即测微器指示 2mm 和 22mm 处，数字电压表指示±100mV（或±50mV）。否则调节电容检测线路板上的调满电位器使输出为±100mV（或±50mV）。零满重复几次调准后，就可进行性能实验。

⑦ 以 12mm 处为测量零点，上、下从小到大，再从大到小进行正、反行程操作。每次位移量为 2mm，将数据记录表格中。

2. 变面积电容实验

① 在原先差动电容器实验的基础上，将定电极的 3 端与电容检测线路板 4 端的连线断开。再将电容检测线路板 4 端与 2 端相连，其余接线不变，7 为调零孔。

② 机械调零：将螺旋测微器旋至零位，松开滚花螺母将测微头一直压到底并旋紧螺母。此时数字电压表指示应为零（否则调节 7 孔的微调电容）然后调节测微头向上移动至 15mm 处，数字电压表指示±100mV（或±50mV）。否则调节电容检测线路板上的调满电位器使输出为±100mV（或±50mV）。零满重复两次调准后，就可进行性能实验。

五、实验报告

① 整理实验数据，将数据分别填在相应的实验表格七、实验表格八内，并作出特性曲线。

② 要求将正、反行程的数据进行平均值处理，作出一条曲线。

六、分析与思考

① 进行误差分析。

② 如何提高电容传感器的灵敏度？

实验表格七　差动电容传感器实验

位移/mm 电压/mV	−10	−8	−6	−4	−2	0	2	4	8	10
正行程										
反行程										

实验表格八　变面积电容传感器实验

电压/mV ＼ 位移/mm	−10	−8	−6	−4	−2	0	2	4	8	10
正行程										
反行程										

实验四　光电转速传感器、霍尔传感器

一、实验目的

了解光电传感器和霍尔传感器的工作原理，学会测速的方法。

二、实验设备

① 光电传感器一个。
② 霍尔传感器一个。
③ 光电盘一个。
④ 小电机一个。
⑤ 示波器一台。
⑥ 数字频率计一台。
⑦ 检测线路板一块。

三、实验原理

① 光电传感器　如实图 11，电机带动光电盘转动后，光电传感器通电工作。发射管发出红外光，假定原先红外线穿过 A 孔，光电传感器输出为高电平；当光电盘转动至 B 位时，红外光反射回来，接收管接收到，光电传感器输出为低电平。

② 霍尔传感器　当转动的磁缸经过霍尔集成块时，在输出端产生一个低电平信号。

四、实验步骤

1. 光电传感器

① 将＋20V 和＋5V 直流电源接至检测线路板上（注意极性），并将其输出孔 1、2 两端接至数字频率计的 1、2 两端。

② 调节调速电位器使光电盘转动，经过约 5s 的时间待转速稳定下来再进行读数。
转速计算公式

$$n=\frac{\text{读数}}{\text{盘孔数}}$$

2. 霍尔传感器

① 将＋5V 直流电源接至检测实验线路板上（注意极性），并将其输出孔 3、4 两端接至

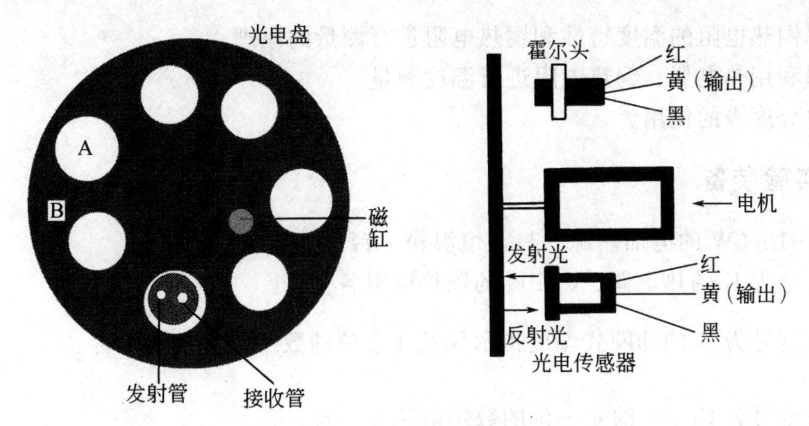

实图 11 光电传感器示意图

数字频率计的 1、2 两端。

② 调节调速电位器使光电盘转动，经过约 5s 的时间待转速稳定下来再进行读数。

转速计算公式

$$n=\frac{\text{读数}}{\text{磁缸个数}}$$

这两个实验都可以用示波器来观察波形。

五、实验内容

① 在调速电位器调至电机刚刚开始转动时，测量一次数据 $f_{\min}$。

② 在调速电位器调至最大时，测量一次数据 $f_{\max}$。

③ 在调速电位器调至最小和最大之间，测量一次数据 f。

④ 整理并将实验数据填写到实验表格九中。

实验表格九 光电测速实验数据表

项目 \ 频率	$f_{\min}$	f	$f_{\max}$
光电频率			
霍尔频率			
转速 n			

六、思考题

① 光电传感器测速的精度取决于什么？

② 光电传感器和霍尔传感器各有什么优点？各适用于什么场合？

实验五 热电式传感器

一、实验目的

① 了解热电偶测温系统的组成和测温原理，加深对热电效应的理解。

② 观察并验证热电偶冷端补偿的作用。

③ 了解铜热电阻的温度特性和铜热电阻进行测量的原理。

④ 掌握利用热电偶、铜热电阻进行温度测量。

⑤ 了解分度表的使用。

二、实验装备

① 500～1000W的电加热源一只，恒温箱一台。

② 分度号为K的热电偶、Cu100的铜热电阻各一只。

③ 配分度号为K的动圈式温度指示仪及$4\frac{1}{2}$位的数字电压表各一台。

④ 配分度号为Cu100的$4\frac{1}{2}$位的数字电压表一台。

⑤ 冰点槽一个。

⑥ 开关、接线板等辅件。

⑦ 双路直流稳压电源一台。

⑧ 0～100℃的标准温度计一套。

三、实验原理

1. 热电偶

① 热电偶测温是基于热电效应的原理。将两种不同材料的金属导体A和B（亦称两热电极）组成一个闭合回路（组成热电偶），当两导体材料确定时，该电势仅仅是两结点温度函数的差值，即

$$E_{AB}(T,T_0)=f(T)-f(T_0)$$

利用上式，不仅可以测量两结点的温差（即$\Delta T=T-T_0$），而且当一个结点的温度为常数时，还可以测量另一个结点的温度T。以上就是利用热电效应来测温的理论基础。

② 中间导体定律。如果保持导体C两端的温度相同（如均为T_0），导体C的引入不会对回路总电势产生影响，这就是中间导体定律。根据这一定律，可以解决热电偶中总电势的检测问题，即只要用指示仪表作为第三导体C，就可对总电势进行测量，这对用热电偶测温具有关键的现实意义。

③ 热电偶实用中的另一个关键问题是冷端处理问题。如上所述，只有在热电极材料一定，其自由端温度T_0保持不变的情况下，热电偶的热电势E_{AB}（T，T_0）才是其工作端温度T的单值函数。中国标准化热电偶的分度表均以自由端温度$t_0=0℃$（$T_0=273.15K$）为基础的，但在实际应用中，不仅自由端的温度不等于0℃，而且通常还随环境温度的变化而变化，因此将引入误差。消除或补偿此误差的方法有零度恒温法、计算修正法、电桥补偿法和延伸热电极法等。本实验采用计算修正法。此法的基本思路是：若已知热电偶自由端温度$t_n\neq0℃$，此时用热电偶实际测得的热电势为$E_{AB}(t,t_n)=E_{AB}(t)-E_{AB}(t_n)$，而标准分度表中只能查得$E_{AB}(t,t_0)$和$E_{AB}(t,t_n)$根据热电势的基本关系可得

$$E_{AB}(t,t_0)=E_{AB}(t,t_n)+E_{AB}(t_n,t_0)$$

式中　$E_{AB}(t,t_n)$——热电偶热端温度为t，冷端为环境温度t_n时的实测电势；

$E_{AB}(t_n,t_0)$——热电偶热端为环境温度t_n，冷端温度为恒定温度（$t=0℃$）时的实测电势；

$E_{AB}(t,t_0)$——可运用热电偶分度表直接查找温度t的电势值。

综上所述，只要用热电偶分别测出 $E_{AB}(t,t_n)$ 和 $E_{AB}(t_n,t_0)$ 值，求和后得 $E_{AB}(t,t_n)$，再对照标准分度表，即可查找被测介质的真实温度。

④ 热电偶测温系统原理框图，如实图 12 所示，由热电偶、热源、冰点槽、数字表和动圈仪表等组成测温系统。

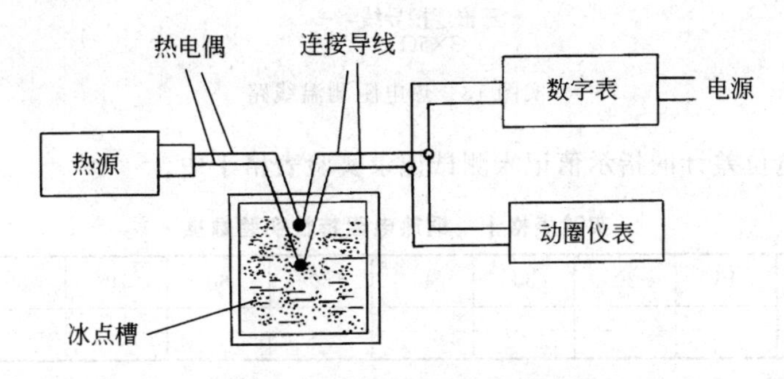

实图 12　热电偶测温系统原理框图

2. 热电阻

铜热电阻的温度特性，在－50～150℃的温度范围内为

$$R_t = R_0(1 + at)$$

式中　R_t——温度为 t℃时铜热电阻的电阻值；

R_0——铜热电阻的初始电阻，表示在 0℃时的电阻值；

a——电阻温度系数，铜热电阻为正的常数；

t——温度。

由上式可知，在上述温度范围内，铜热电阻具有正温度系数的线性特性。

四、实验内容与步骤

1. 观察热电偶的冷端补偿作用

① 按实图 12 所示原理图及所用动圈式仪表背面接线要求接好线路。

② 调整动圈式仪表的机械零位，使其置于刻度起点（0℃）位置上。

③ 热电偶 K 的冷端置于冰点槽内。

④ 几分钟后，观察并记录下此时动圈仪表所指示的温度值和数字式电压表所显示的电压值。

⑤ 将热电偶 K 的冷端抽出冰点槽，放置于室温环境下几分钟，再观察此时动圈仪表和数字电压表的示数，并与④中的结果比较，观察热电偶冷端有无补偿的区别。

然后，再将动圈仪表的机械零位调整到环境温度下，热电偶 K 的冷端重新插入冰点槽内，重复步骤④和⑤。

2. 铜热电阻测温实验

① 按实图 13 所示进行接线。

② 经指导教师检查无误后再给直流稳压电源通电，并进行测温实验。

③ 将恒温箱的温度调到 0℃，此时铜热电阻的阻值为 $R_t = R_{t0} = 100\Omega$，调节实验线路板中粗调电位器 W_1 和细调电位器 W_2，使直流电位差计示值为零，即电桥处于初始平衡位置。

④ 调节恒温箱温度，使之由 0℃上升为 100℃，其中每隔 10℃为一个测试点，将每个测

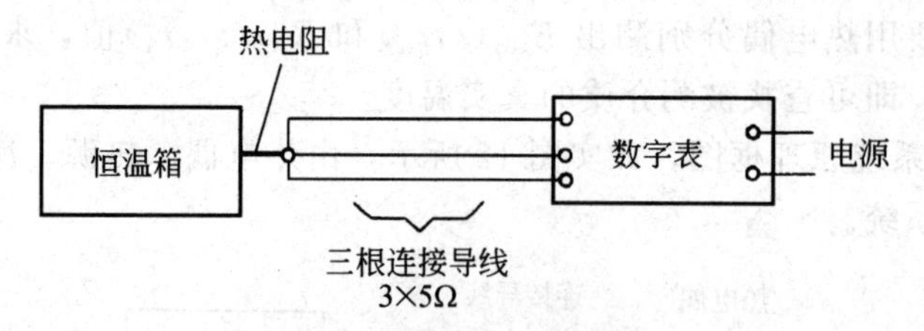

实图 13　热电阻测温线路

试点对应的直流电位差计的指示值记入测试记录实验表格十中。

实验表格十　铜热电阻特性实验数据

被测温度/℃	0	10	20	30	40	50	60	70	80	90	100
V_{AB}/V											

五、实验报告

① 分别画出热电偶和热电阻的测温实验接线图，并说明实验所用仪表设备。

② 根据测试数据，绘出热电偶、热电阻的实际输出特性曲线，再根据分度表绘出理想曲线。比较实际曲线和理想曲线的误差，说明产生误差的原因。

六、思考题

① 说明热电偶冷端温度补偿的重要性。

② 说明热电阻三线制测温的要点及测温过程。

附录二 传感器实训指导

实训一 电冰箱温度超标指示器

① 查阅《传感器手册》，熟悉温度传感器性能技术指标及其表示的意义。

② 电冰箱冷藏室温度一般都保持在 50℃以下，利用负温度系数热敏电阻制成的电冰箱温度超标指示器，可在温度超过 5℃时，提醒用户及时采取措施。

电冰箱温度超标指示器电路如实训图 1 所示。电路由热敏电阻 R_T 和作比较器用的运放 IC 等元件组成。运放 IC 反相输入端加有 R_1 和热敏电阻 R_T 的分压电压。该电压随电冰箱冷藏室温度的变化而变化。在运放 IC 同相输入端加有基准电压，此基准电压的数值对应于电冰箱冷藏室最高温度的预定值，可通过调节电位器 RP 来设定电冰箱冷藏室最高温度的预定值。当电冰箱冷藏室的温度上升，负温度系数热电阻 R_T 的阻值变小，加于运放 IC 反相输入端的分压电压随之减小。当分压电压减小至设定的基准电压时，运放 IC 输出端呈现高电平，使 VD 指示灯点亮报警，表示电冰箱冷藏室温度已超过 5℃。

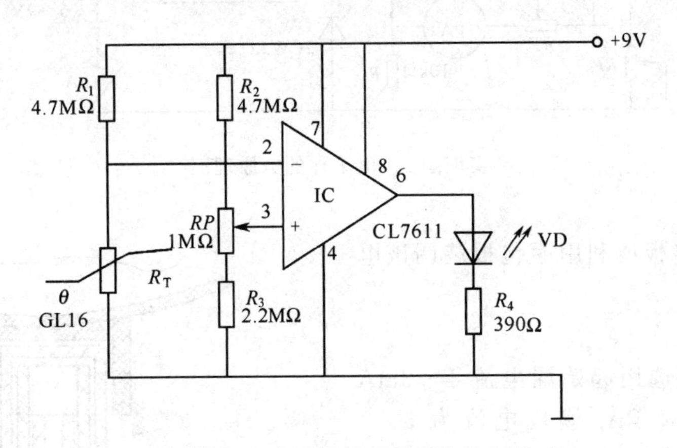

实训图 1 电冰箱温度超标指示电路

制作印制电路板或利用面包板装调该电路，过程如下：

· 准备电路板和元器件，认识元器件；

· 电路装配调试；

· 电路各点电压测量；

· 记录实训过程和结果；

· 调节电位器 RP 于不同值，观察和记录报警温度，进行电路参数和实验结果分析。

③ 思考该电路的扩展用途。

实训二 家用电子秤

① 查阅《传感器手册》，熟悉测力传感器性能技术指标及其表示的意义。

② 家用电子秤的基本原理与普通的弹簧秤相似的，即弹簧的应变正比于物体的重量。

但是，它与普通弹簧秤结构不同，测量指示采用电子线路。电子秤的电原理图如实训图2所示，它由电阻RP_1、RP_2、R_1、R_2组成测量桥路，在桥的对角线上经电阻RP_3接指示微安表PA。测量桥路的电源由参数稳压器DW、VT稳定。滑动式线性可变电阻器RP_2作为物体质量弹性应变的传感器。物体的质量不同，弹簧压缩应变的程度不同，通过机械联动，带动电位器RP_2滑动，测量桥路中的RP_2阻值变化。电桥不平衡程度不同，指针式电表指示的数值也不同。无负荷质量时，滑动电阻器在测量桥路中引入的阻值最大；满测程（最大可测质量）时，RP_2引入的阻值最小，指示达满刻度。电子秤的机械部分如实训图3所示，在金属基板上固定一个导向支柱，在支柱上套上衬套，衬套支撑弹簧，而在弹簧上罩上压套，在压套上再套上一个护筒，在护筒上放置带底座的塑料容器盘。测量桥路中的滑动电阻（RP_2）用弯角固定在底座上，RP_2的滑动臂伸入可移动的护筒孔内。结构的高度与弹簧的刚性及选用的滑动电阻器有关，弹簧的选取原则是：在最大测量物体质量时，弹簧的压缩相对于滑动电阻器RP_2滑臂行程长度的50%～60%左右。为了在测重时自动接通电源，在底板上固定一个用电磁继电器弹簧片改制的接触10，与护筒之间的距离为0.5～1mm。

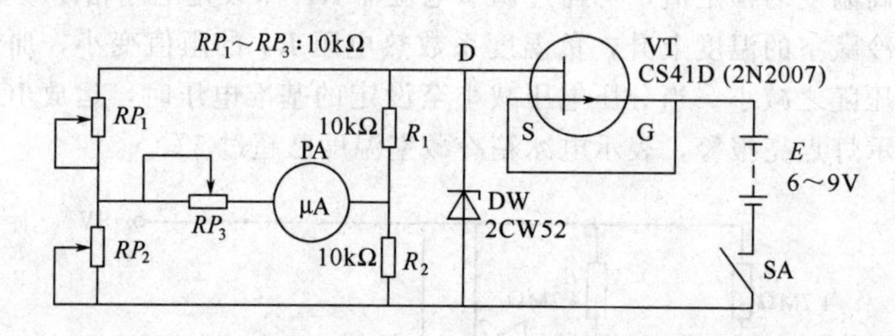

实训图2　电子秤的电原理图

制作印制电路板或利用面包板装调该电路，过程如下。

· 元件选择

VT场效应管选用起始漏电流4～8mA的管子。指示电表PA_1满度电流为50～200μA。电阻R_1、R_2选用精密金属膜电阻，电位器RP_1、RP_3采用螺杆调节式多圈电位器，以便调节电桥的平衡度。其他元件如图中标示，无特殊要求。

· 调试

电子秤的调试步骤为：在无负荷时，调节RP_1使电表的指针在“0”位置，然后在秤盘上放置相应于最大测量的标准质量的物体（如标准砝码），调节RP_3使电表指针在刻度的终端。刻度的线性，采用中间值的标准砝码进行校正，如果线性不好（特别在中间值位置），重新选用线性好的滑动电位器RP_2。误差过大，需要用标准质量的砝码依次进行负荷试验，重新对仪表PA刻度。

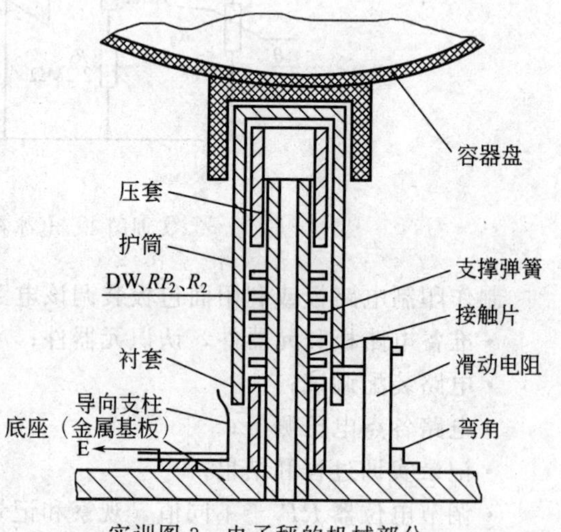

实训图3　电子秤的机械部分

· 思考该电路的扩展用途。

实训三 测光文具盒电路

在众多的光传感器中，最为成熟且应用最广的是可见光和近红外光传感器。测光文具盒电路如实训图 4 所示。学生在学习时，如果不注意学习环境光线的强弱，很容易损坏视力。测光文具盒是在文具盒上加装测光电路组成的，它不但有文具盒的功能，又能显示光线的强弱，可指导学生在合适的光线下学习，以保护视力。

① 查阅《传感器手册》，熟悉光电传感器性能技术指标及其表示的意义。

② 测光文具盒电路中采用 2CR11 硅光电池作为测光传感器，它被安装在文具盒的表面，直接感受光的强弱，采用两个发光二极管作为光照强弱的指示。当光照度小于 100lx 较暗时，光电池产生的电压较低，晶体管 VT 压降较大或处于截止状态，两个发光二极管都不亮。当光照度在 100～200lx 之间时，发光二极管 VD_2 点亮，表示光照度适中。当光照度大于 200lx 时，光电池产生的电压较高，晶体管 VT 压降较小，此时两个发光二极管均点亮，表示光照太强了，为了保护视力，应减弱光照。调试时可借助测光表的读数，调电路中的电位器 RP 和电阻 R 使电路满足上述要求。

制作印制电路板或利用面包板装调该电路，过程如下：

- 准备电路板和元器件，认识元器件；
- 电路装配调试；
- 电路各点电压测量；
- 记录测光实训过程和结果；
- 调电位器 RP 和电阻 R 再进行电路各点电压测量并与测光实验结果分析比较。

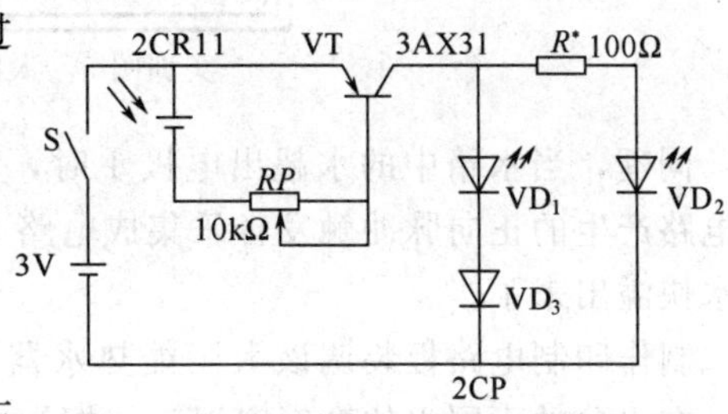

实训图 4 测光电路

③ 思考该电路的扩展用途。

实训四 太阳能热水器水位报警器

① 查阅《传感器手册》，熟悉各种位移传感器性能技术指标及其用途。

② 太阳能热水器一般都设在室外房屋的高处，热水器的水位在使用时不易观测。使用水位报警器后，则可实现水箱中缺水或加水过多时自动发出声光报警。

水位报警器的电路，如实训图 5 所示。导电式水位传感器的三个探知电极分别和 VT_1、VT_3 的基极及地端相连，电路的电源由市电经变压器降压、整流器整流提供。发光二极管 VD_5 为电源指示灯。报警声由音乐集成电路 9300 产生，R_8 及 VD_{10} 产生的 3.6V 直流电压供 9300 使用，VT_4、VT_5 组成音频功放级，将 IC 输出的信号放大后，推动扬声器发出报警声。当水位在电极 1、2 之间正常情况下，电极 1 悬空，VT_1 截止，高水位指示灯 VD_8 为熄灭状态。

电极 2、3 处在水中，由于水电阻的原因，使 VT_3 导通，VT_2 截止，低水位指示灯 VD_9 也处于熄灭状态。整个报警器系统处于非报警状态。

当热水器水箱中的水位下降低于电极 2 时，VT_3 截止，VT_2 导通，低水位指示灯 VD_9 点亮。由 C_3 及 R_4 组成的微分电路在 VT_2 由截止到导通的跳变过程中产生的正向脉冲，使触发音乐集成电路 IC 工作，扬声器发出 30s 的报警声。告知使用者水箱将要缺水了。

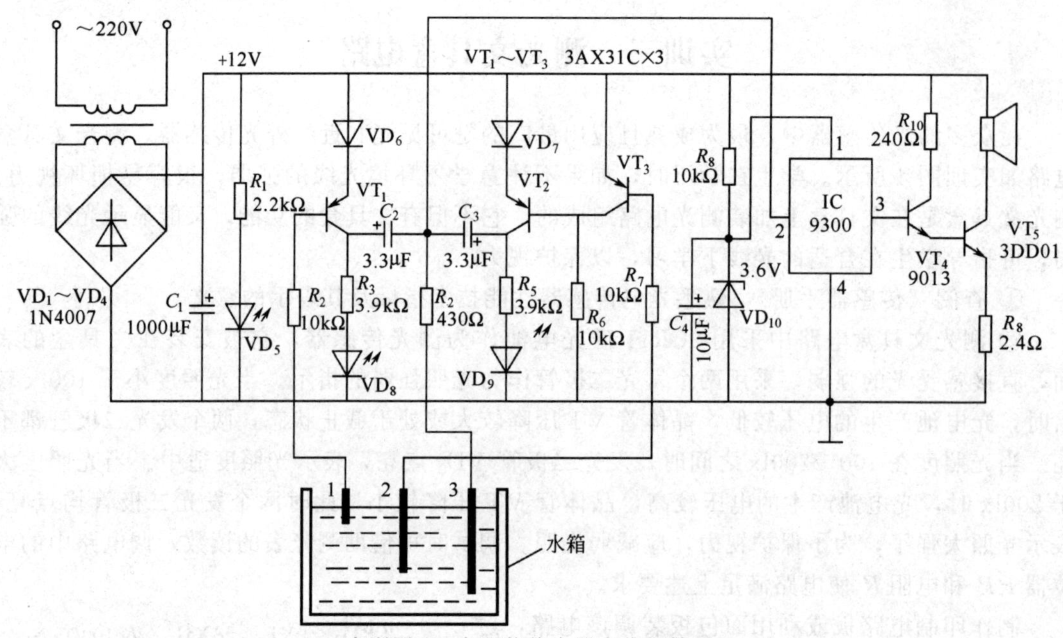

实训图 5　太阳能热水器水位报警器

同理，当水箱中的水超出电极 1 时，VT_1 导通，高水位指示灯点亮，同时 C_2 和 R_4 微分电路产生的正向脉冲触发音乐集成电路 IC 工作，使扬声器发出报警声，告知主人水箱中的水快溢出来了。

制作印制电路板装调该太阳能热水器水位报警器电路，并用一个水盆作为热水器的水箱，在水盆的不同水位高度安置三个探知电极，进行水位报警实验，过程如下：

· 准备电路板、晶体管、电极、报警器等元器件，认识元器件；

· 装配水位报警器电路；

· 将三个探知电极安置于水盆的不同水位高度，接通水位报警器电路，给水盆中慢慢加水；

· 在正常水位、缺水水位、超高水位对电路的报警效果进行电路调整；

· 进行正常水位、缺水水位、超高水位时电路的报警实验；

· 记录实训过程和结果。

③ 思考该电路的扩展用途。

参 考 文 献

[1] 刘君华．智能传感器系统．第一版．西安：西安电子科技大学出版社，1999.
[2] 王化祥，张淑英．传感器原理及应用．第二版．天津：天津大学出版社，1998.
[3] 王家桢，王俊杰．传感器与变送器．第一版．北京：清华大学出版社，1997.
[4] 方佩敏．新编传感器原理·应用·电路详解．北京：电子工业出版社，1994.
[5] 姜德谭．测量与传感电路．北京：中国计量出版社，2001.
[6] 常太华等．检测技术与应用．北京：中国电力出版社，2003.
[7] 梁森等．自动检测与转换技术．北京：机械工业出版社，2005.
[8] 杨震，毕厚杰，王健，胡海峰．物联网系统．北京：邮电大学出版社，2012.
[9] 传感器技术　杨帆主编．西安：西安电子科技大学出版社，2008.
[10] 物联网感知与控制技术，马洪连主编．北京：清华大学出版社，2012.
[11] 李现明，吴皓编著．自动检测技术．北京：机械工业出版社，2009.